MEMORIZE ANSWERS

'답'만 외우는

미용사
피부 필기
CBT

기출문제 + 모의고사 14회

시대에듀

답만 외우는 **미용사 피부** 필기

Always with you

사람이 길에서 우연하게 만나거나 함께 살아가는 것만이 인연은 아니라고 생각합니다.
책을 펴내는 출판사와 그 책을 읽는 독자의 만남도 소중한 인연입니다.
시대에듀는 항상 독자의 마음을 헤아리기 위해 노력하고 있습니다.
늘 독자와 함께하겠습니다.

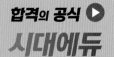
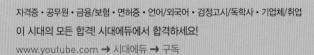

머리말

에스테틱(피부) 관리사는 병원(피부과, 성형외과), 프랜차이즈 샵, 피부관리실에 취업하거나 직접 피부샵을 운영할 수 있다. 또한 에스테틱(피부) 관리사로서의 전문적인 지식과 기술을 바탕으로 에스테틱(피부) 관리사의 지위가 향상되고 있다.

미용사(피부)가 되기 위해서는 국가기술자격법에 의한 미용사(피부) 자격을 획득한 후 미용사 면허를 취득해야 한다. 이에 미용사를 꿈꾸는 수험생들이 한국산업인력공단에서 실시하는 미용사(피부) 자격시험에 효과적으로 대비할 수 있도록 다음과 같은 특징을 가진 도서를 출간하게 되었다.

본 도서의 특징

1. 자주 출제되는 기출문제의 키워드를 분석하여 정리한 빨간키를 통해 시험에 완벽하게 대비할 수 있다.
2. 정답이 한눈에 보이는 기출복원문제 7회분과 해설 없이 풀어보는 모의고사 7회분으로 구성하여 필기시험을 준비하는 데 부족함이 없도록 하였다.
3. 명쾌한 풀이와 관련 이론까지 꼼꼼하게 정리한 상세한 해설을 통해 문제의 핵심을 파악할 수 있다.

이 책이 미용사를 준비하는 수험생들에게 합격의 안내자로서 많은 도움이 되기를 바라면서 수험생 모두에게 합격의 영광이 함께하기를 기원하는 바이다.

편저자 정홍자

시험안내

개 요

피부미용 업무는 국민의 건강과 직결되어 있는 중요한 공중위생 분야로 향후 국가의 산업구조가 제조업에서 서비스업 중심으로 전환되는 차원에서 수요가 증대되고 있다. 머리, 피부미용, 화장 등 분야별로 세분화 및 전문화되고 있는 미용의 세계적인 추세에 맞추어 피부미용 분야 전문인력을 양성하여 국민의 보건과 건강을 보호하기 위하여 자격제도를 제정하였다.

시행처 한국산업인력공단(www.q-net.or.kr)

자격 취득 절차

필기 원서접수
- **접수방법** : 큐넷 홈페이지(www.q-net.or.kr) 인터넷 접수
- **시행일정** : 상시 시행(월별 세부 시행계획은 전월에 큐넷 홈페이지를 통해 공고)
- **접수시간** : 회별 원서접수 첫날 10:00 ~ 마지막 날 18:00
- **응시 수수료** : 14,500원
- **응시자격** : 제한 없음

필기시험
- **시험과목** : 해부생리, 미용기기 · 기구 및 피부미용관리
- **검정방법** : 객관식 4지 택일형, 60문항(60분)

필기 합격자 발표
- **발표방법** : CBT 필기시험은 시험 종료 즉시 합격 여부 확인 가능
- **합격기준** : 100점 만점에 60점 이상

실기 원서접수
- **접수방법** : 큐넷 홈페이지 인터넷 접수
- **응시 수수료** : 27,300원
- **응시자격** : 필기시험 합격자

실기시험
- **시험과목** : 피부미용 실무
- **검정방법** : 작업형(2시간 15분 정도)
- **채점** : 채점기준(비공개)에 의거 현장에서 채점

최종 합격자 발표
- **발표일자** : 회별 발표일 별도 지정
- **발표방법** : 큐넷 홈페이지 또는 전화 ARS(1666-0100)를 통해 확인

자격증 발급
- **상장형 자격증** : 수험자가 직접 인터넷을 통해 발급 · 출력
- **수첩형 자격증** : 인터넷 신청 후 우편배송만 가능
  ※ 방문 발급 및 인터넷 신청 후 방문 수령 불가

검정현황

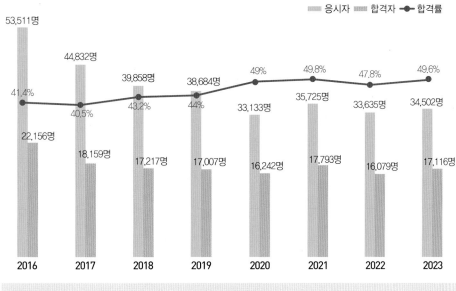

필기시험

응시자 합격자 합격률

- 2016: 53,511명 / 22,156명 / 41.4%
- 2017: 44,832명 / 18,159명 / 40.5%
- 2018: 39,858명 / 17,217명 / 43.2%
- 2019: 38,684명 / 17,007명 / 44%
- 2020: 33,133명 / 16,242명 / 49%
- 2021: 35,725명 / 17,793명 / 49.8%
- 2022: 33,635명 / 16,079명 / 47.8%
- 2023: 34,502명 / 17,116명 / 49.6%

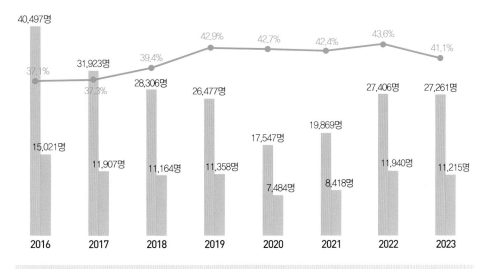

실기시험

응시자 합격자 합격률

- 2016: 40,497명 / 15,021명 / 37.1%
- 2017: 31,923명 / 11,907명 / 37.3%
- 2018: 28,306명 / 11,164명 / 39.4%
- 2019: 26,477명 / 11,358명 / 42.9%
- 2020: 17,547명 / 7,484명 / 42.7%
- 2021: 19,869명 / 8,418명 / 42.4%
- 2022: 27,406명 / 11,940명 / 43.6%
- 2023: 27,261명 / 11,215명 / 41.1%

시험안내

출제기준[필기]

필기 과목명	주요항목	세부항목	세세항목
해부생리, 미용기기 · 기구 및 피부미용관리	피부미용이론	피부미용개론	• 피부미용의 개념 　　• 피부미용의 역사
		피부분석 및 상담	• 피부 분석의 목적 및 효과　• 피부 상담 • 피부 유형 분석　　　　　• 피부분석표
		클렌징	• 클렌징의 목적 및 효과 • 클렌징 제품 • 클렌징 방법
		딥 클렌징	• 딥 클렌징의 목적 및 효과 • 딥 클렌징 제품 • 딥 클렌징 방법
		피부 유형별 화장품 도포	• 화장품 도포의 목적 및 효과 • 피부 유형별 화장품 종류 및 선택 • 피부 유형별 화장품 도포
		매뉴얼 테크닉	• 매뉴얼 테크닉의 목적 및 효과 • 매뉴얼 테크닉의 종류 및 방법
		팩 · 마스크	• 목적과 효과　　　　• 종류 및 사용방법
		제모	• 제모의 목적 및 효과　• 제모의 종류 및 방법
		신체 각 부위 (팔, 다리 등) 관리	• 신체 각 부위(팔, 다리 등) 관리의 목적 및 효과 • 신체 각 부위(팔, 다리 등) 관리의 종류 및 방법
		마무리	• 마무리의 목적 및 효과　• 마무리의 방법
		피부와 부속기관	• 피부구조 및 기능 • 피부 부속기관의 구조 및 기능
		피부와 영양	• 3대 영양소, 비타민, 무기질 • 피부와 영양 • 체형과 영양
		피부장애와 질환	• 원발진과 속발진　　　• 피부질환
		피부와 광선	• 자외선이 미치는 영향　• 적외선이 미치는 영향
		피부 면역	• 면역의 종류와 작용
		피부 노화	• 피부 노화의 원인　　• 피부 노화현상

필기 과목명	주요항목	세부항목	세세항목	
해부생리, 미용기기 · 기구 및 피부미용관리	해부생리학	세포와 조직	• 세포의 구조 및 작용	• 조직구조 및 작용
		뼈대(골격)계통	• 뼈(골)의 형태 및 발생	• 전신뼈대(전신골격)
		근육계통	• 근육의 형태 및 기능	• 전신근육
		신경계통	• 신경조직 • 말초신경	• 중추신경
		순환계통	• 심장과 혈관	• 림프
		소화기계통	• 소화기관의 종류	• 소화와 흡수
	피부미용기기학	피부미용기기 및 기구	• 기본 용어와 개념 • 기기 · 기구의 종류 및 기능	• 전기와 전류
		피부미용기기 사용법	• 기기 · 기구 사용법	• 유형별 사용방법
	화장품학	화장품학개론	• 화장품의 정의	• 화장품의 분류
		화장품 제조	• 화장품의 원료 • 화장품의 특성	• 화장품의 기술
		화장품의 종류와 기능	• 기초 화장품 • 모발 화장품 • 네일 화장품 • 에센셜(아로마) 오일 및 캐리어 오일 • 기능성 화장품	• 메이크업 화장품 • 바디(body)관리 화장품 • 향수
	공중위생관리학	공중보건학	• 공중보건학 총론 • 가족 및 노인보건 • 식품위생과 영양	• 질병관리 • 환경보건 • 보건행정
		소독학	• 소독의 정의 및 분류 • 병원성 미생물 • 분야별 위생 · 소독	• 미생물 총론 • 소독방법
		공중위생관리법규 (법, 시행령, 시행규칙)	• 목적 및 정의 • 영업자 준수사항 • 업무 • 업소 위생등급 • 벌칙 • 시행령 및 시행규칙 관련 사항	• 영업의 신고 및 폐업 • 면허 • 행정지도감독 • 위생교육

CBT 응시 요령

기능사 종목 전면 CBT 시행에 따른
CBT 완전 정복!

"CBT 가상 체험 서비스 제공"

한국산업인력공단
(http://www.q-net.or.kr) 참고

01 수험자 정보 확인

시험장 감독위원이 컴퓨터에 나온 수험자 정보와 신분증이 일치하는지를 확인하는 단계입니다. 수험번호, 성명, 생년월일, 응시종목, 좌석번호를 확인합니다.

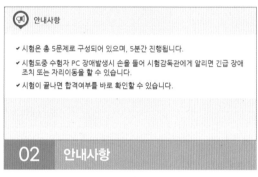

02 안내사항

시험에 관한 안내사항을 확인합니다.

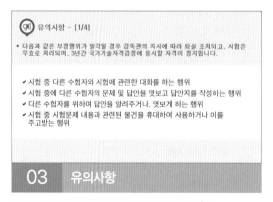

03 유의사항

부정행위에 관한 유의사항이므로 꼼꼼히 확인합니다.

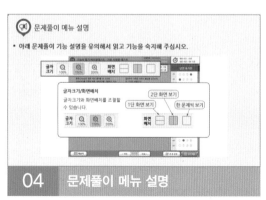

04 문제풀이 메뉴 설명

문제풀이 메뉴의 기능에 관한 설명을 유의해서 읽고 기능을 숙지해 주세요.

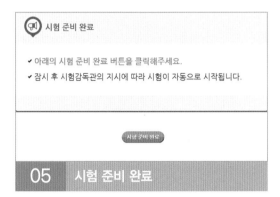

05 시험 준비 완료

시험 안내사항 및 문제풀이 연습까지 모두 마친 수험자는 시험 준비 완료 버튼을 클릭한 후 잠시 대기합니다.

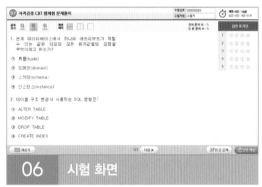

06 시험 화면

시험 화면이 뜨면 수험번호와 수험자명을 확인하고, 글자크기 및 화면배치를 조절한 후 시험을 시작합니다.

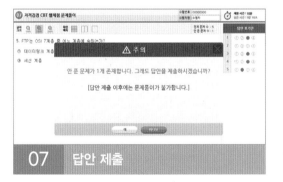

07 답안 제출

[답안 제출] 버튼을 클릭하면 답안 제출 승인 알림창이 나옵니다. 시험을 마치려면 [예] 버튼을 클릭하고 시험을 계속 진행하려면 [아니오] 버튼을 클릭하면 됩니다. 답안 제출은 실수 방지를 위해 두 번의 확인 과정을 거칩니다. [예] 버튼을 누르면 답안 제출이 완료되며 득점 및 합격여부 등을 확인할 수 있습니다.

CBT 완전 정복 Tip

내 시험에만 집중할 것
CBT 시험은 같은 고사장이라도 각기 다른 시험이 진행되고 있으니 자신의 시험에만 집중하면 됩니다.

이상이 있을 경우 조용히 손을 들 것
컴퓨터로 진행되는 시험이기 때문에 프로그램상의 문제가 있을 수 있습니다. 이때 조용히 손을 들어 감독관에게 문제점을 알리며, 큰 소리를 내는 등 다른 사람에게 피해를 주는 일이 없도록 합니다.

연습 용지를 요청할 것
응시자의 요청에 한해 연습 용지를 제공하고 있습니다. 필요시 연습 용지를 요청하며 미리 시험에 관련된 내용을 적어놓지 않도록 합니다. 연습 용지는 시험이 종료되면 회수되므로 들고 나가지 않도록 유의합니다.

답안 제출은 신중하게 할 것
답안은 제한 시간 내에 언제든 제출할 수 있지만 한 번 제출하게 되면 더 이상의 문제풀이가 불가합니다. 안 푼 문제가 있는지 또는 맞게 표기하였는지 다시 한 번 확인합니다.

이 책의 100% 활용법

제 **1** 회 │ **기출복원문제**

01 천연 과일에서 추출...
- ① AHA
- ② 라틱산
- ③ TCA
- ④ 페놀

02 피부 분석 시 사용되... 리가 먼 것은?
- ① 고객 스스로 느끼...본다.
- ② 스패출러(spatula)를 이용하여 피부에 자극을 주어 본다.
- ③ 세안 전에 우드 램프를 사용하여 측정한다.
- ④ 유·수분 분석기 등을 이용하여 피부를 분석한다.

03 슬리밍 제품을 이용한 관리 시 최종 마무리 단계에서 시행해야 하는 것은?
- ① 피부 노폐물을 제거한다.
- ② **진정 파우더를 바른다.**
- ③ 매뉴얼 테크닉 동작을 시행한다.
- ④ 슬리밍과 피부 유연제 성분을 피부에 흡수시킨다.

해설
슬리밍 제품을 이용한 관리는 주로 열이 발생하여 피부에 자극을 줄 수 있으므로 진정 파우더를 바르는 것이 좋다.

CHAPTER

01 │ 피부미용이론

1 피부미용개론

▌피부미용의 개념

① NCS에서는 "피부미용이란 고객의 상담과 피부 분석을 통하여 얼굴과 몸매의 피부에 피부미용기기 및 기구와 화장품 등을 이용에 대한 업무 수행을 기획, 관리하는 일이다."라고 정의하...

② 에스테틱(esthetic, aesthetic)의 개념은 프랑스어 esthetique...

STEP 3
실전처럼 모의고사를 풀어본다.

해설의 도움 없이 시간을 재며 실제 시험처럼 모의고사 문제를 풀어봅니다.

STEP 4
어려운 문제는 반복 학습한다.

어려운 내용이 있다면 상세한 해설을 참고합니다. 14회분 문제 풀이를 최소 3회독 합니다.

STEP 5
시대에듀 CBT 모의고사로 최종 마무리한다.

시험 전날 시대에듀에서 제공하는 온라인 모의고사로 자신의 실력을 최종 점검합니다. (쿠폰번호 뒤표지 안쪽 참고)

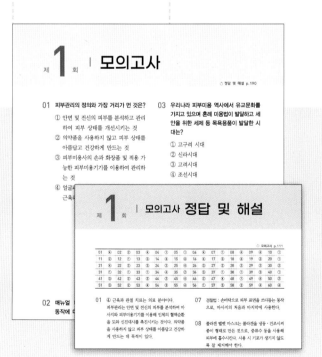

목 차

빨리보는 간단한 키워드

답만 외우는 미용사 피부

빨 간 키

당신의 시험에 빨간불이 들어왔다면!
최다빈출키워드만 모아놓은 합격비법 핵심 요약집 빨간키와 함께하세요!
그대의 합격을 기원합니다.

01 | 피부미용이론

1 피부미용개론

▌ 피부미용의 개념

① NCS에서는 "피부미용이란 고객의 상담과 피부 분석을 통하여 안정감 있고 위생적인 환경에서 얼굴과 몸매의 피부에 피부미용기기 및 기구와 화장품 등을 이용하여 서비스를 제공하고 피부미용에 대한 업무 수행을 기획, 관리하는 일이다."라고 정의하였다.

② 에스테틱(esthetic, aesthetic)의 개념은 프랑스어 esthetique에서 유래되었다. "예술적인", "심미적인", "조화된", "미학의"라는 사전적 의미를 가진다.

③ 에스테틱(esthetic, aesthetic), 코스메틱(cosmetic), 스킨 케어(skincare)는 오늘날 피부미용을 말한다. 머리미용, 전신미용, 체형관리, 안면관리, 발관리 등 얼굴에서 발끝까지의 피부미용을 의미한다.

▌ 서양의 피부미용 역사

고대	이집트	• 의술과 향료, 미용술을 포함한 과학이 발달한 시대이다. • 의복, 가발, 메이크업, 장신구 등으로 계급의 차등을 두었다. • 아름다움을 표현하기보다 종교적 이유로 제사 전에 향유를 뿌리거나 악령을 쫓기 위해 눈 화장을 짙게 하였다. • 건조한 아열대성 기후로 벌레나 강렬한 햇빛으로부터 눈과 피부를 보호하기 위해 올리브유, 아몬드유, 염료, 꿀 등을 향유와 혼합하여 사용하였다. • 클레오파트라 여왕은 당나귀 우유 목욕과 어린이 오줌 목욕을 즐겼다.
	그리스	• 건강한 정신은 건강한 신체에서 비롯된다고 보았다. • 의학의 대가 히포크라테스(Hippocrates)는 건강한 아름다움을 위해 미용식이, 일광욕, 목욕과 마사지 등을 권장하였다. • 온수욕, 냉수욕, 증기욕, 약물 목욕 등의 다양한 목욕문화가 발달하였고 목욕 후 마사지와 향료를 사용하였다.
	로마	• 그리스의 목욕문화를 체계적으로 발전시켰다. • 네로 황제가 대형 목욕탕을 지으면서 전문적인 목욕문화로 발전되었다. • 목욕 후에는 오일과 향 제품들을 사용하였다. • 전신 체조로 건강하고 아름다운 몸매를 유지하였다. • 레몬, 염소 우유 등으로 마사지를 하며 흰 피부를 유지하였다. • 갈렌(Galen)의 콜드크림이 개발되었다.
중세		• 기독교 영향의 금욕적 생활로 미용 행위가 엄격하게 금지되었다. • 공중목욕탕이 생기면서 서민층에까지 목욕문화가 전파되었으나, 성병 및 페스트가 유행하면서 공중목욕탕은 폐쇄되었다. • 체취를 감추기 위해 목욕 대신 향수를 뿌림으로써 향수 발전의 계기가 되기도 하였다. • 현대 아로마의 시초가 되는 약초 스팀법이 개발되어 끓는 물에 약초를 넣어 얼굴에 수증기를 쐬기도 하였다. • 이발사를 겸한 외과 의사처럼 미용과 의료 영역을 함께 취급하는 직업군이 생겼다. 미용과 의학이 공식적으로 분리되지는 않았다.

르네상스	• 교황권이 막을 내리면서 종교개혁을 통한 인간 중심의 문화가 부흥하였다. • 동서양 문물의 교류가 이루어졌으며, 남녀 모두 외모에 많은 관심을 가졌다. • 위생에 대한 관념이 부족하여 체취를 감추기 위해 강한 향수를 사용하였다. • 하얗고 맑은 피부로 가꾸기 위해 알코올, 우유, 약초 추출물, 꿀 등을 혼합하여 화장수를 만들어 관리하였다.
바로크, 로코코	• 사치스런 의복과 과도한 장식, 헤어, 메이크업, 향수가 유행하였다. • 하얀 피부로 가꾸기 위해 레몬과 달걀흰자를 이용하여 관리하였다. • 얼굴에 잡티나 상처를 가리기 위해 뷰티 패치(beauty patch)를 붙였다. • 태양과 바람으로부터 얼굴을 보호하기 위해 부채를 사용하였으며, 이후 장식용으로 사용하였다.
근대 (19세기)	• 과학기술이 발달한 산업혁명 시대이다. • 위생과 청결 개념이 중요시되면서 비누 사용이 보편화되었다. • 왕족이 주로 사용하던 크림, 로션을 일반 시민도 사용하게 되었다. • 천연재료들로 마스크와 팩을 만들어 사용하였다. • 독일 의사 후페란트(Christoph Wilhelm Hufeland, 1762~1836)는 젊음과 숙면을 위해 마사지를 권장하였다. • 체조와 생리학을 연구한 스웨덴의 피터링(Pehr Hendrick Ling, 1776~1839)에 의해 스웨디시 마사지 (swedish massage)가 발전하였다.
현대 (20세기)	• 미용 분야도 첨단 미용, 의료기술 등 체계적이고 과학적으로 변화되었다. • 1901년 마사지 크림이 개발되었고, 1907년에는 샴푸가 생산되었다. • 화장품의 대량생산으로 미용은 대중화되고, 자연스런 피부의 건강과 아름다움을 추구하였다. • 프랑스의 바렛트(Barrett) 교수는 전기적 자극과 기기가 피부와 피부의 신진대사에 영향을 미치는 것을 증명하며 전기 피부미용의 학문적 토대를 마련하였다. • 1946년 시데스코(CIDESCO, 국제피부관리사협회)가 벨기에에서 결성되어 현재 스위스 취리히에 본부를 두고 있으며, 국제 자격증으로서 국제적인 교류와 발전에 기여하였다.

▌한국의 피부미용 역사

고조선 시대		• 단군신화에 쑥과 마늘을 피부 미백을 위해 복용하였다는 기록이 있다. • 추위로부터 피부를 보호하기 위해 겨울에는 돼지기름을 발랐고, 미백효과를 위해 말갈인들은 오줌으로 세수를 하였다.
삼국시대	고구려	신분, 지위, 혼인 유무에 따라 머리 모양을 다르게 꾸몄으며, 화장은 모든 여인들이 행하였다.
	백제	• 시분무주(분은 바르되, 연지는 하지 않음) 화장을 하였다. • 화장품 제조기술과 화장법을 일본에 전수했다는 일본 문헌의 기록이 있다.
	신라	영육일치사상으로 화장과 옷차림, 머리에 신경 쓰고, 백분, 향수, 향료를 즐겨 사용하였다.
고려시대		• 불교문화, 신라의 영향을 받아 청결에 대한 개념이 강조되어 향 목욕이 발달하였다. • 미백 및 피부를 보호하는 화장품 면약을 만들어 사용하였다.
조선시대		• 유교사상의 영향으로 외면보다 내면의 아름다움을 중시하여 단아하고 청결함을 추구하였다. • 목욕을 즐기고, 맑은 피부를 위해 미안수(美顔水), 로션과 미안법(美顔法), 팩으로 피부관리를 하였다. • '규합총서(閨閤叢書)'에는 미용의 방법들이 잘 기록되어 있다.
근대		• 개항과 일제강점기가 포함된 시기이다. • 1915년 박가분이 제조·판매되었고, 1918년 특허국으로부터 상표등록증을 교부받아 우리나라 최초의 화장품이 되었다. • 1920년 미백 로션인 연부액(軟膚液), 1922년 머릿기름, 연향유, 유백금강액 등이 개발되었으며 1930년에는 서가분이 출시되었다. • 1945년에는 콜드크림, 바니싱 크림 등이 제조되었다.
현대		• 1950년대 수세미와 오이로 증류수를 받아 화장품을 직접 만들어 사용하였다. • 1960년대 화장품 산업이 본격적으로 발전하면서 기초화장품의 종류가 다양화되었다. • 1971년 '미가람'이라는 국내 최초의 피부관리실이 생겼다. • 1981년 YWCA에서 독일 피부미용을 도입, '피부관리사'라는 명칭을 처음 사용하였다. • 1986년 우리나라는 CIDESCO 국제피부관리사협회의 정식회원국으로 가입하였다. • 1991년 국내 2년제 대학에 피부미용과가, 1999년 국내 4년제 대학에 피부미용 학부과정이 신설되었다. • 2007년 7월 국가자격증으로 채택되어 2008년 12월부터 미용사(피부) 국가자격증시험이 시행되고 있다.

2 피부 분석 및 상담

▌ 피부 분석의 목적 및 효과

① 피부 분석 방법

방법	특징
문진	질의응답을 통해 분석하는 방법으로, 고객의 연령, 직업, 성격, 식생활습관, 기호식품, 사용 중인 화장품, 스트레스의 정도, 알레르기 유무, 병력 상태 등을 바탕으로 피부 상태를 파악하는 방법
견진	육안으로 관찰하거나 피부미용기기를 활용하여 안색, 피부결, 모공 크기, 주름, 색소침착 상태, 피부 투명도, 혈액순환 정도, 피지 분비 정도, 건조 상태 등의 피부 상태를 파악하는 방법
촉진	피부를 손으로 만져보고 눌러 보면서 피부의 조직과 유·수분 상태, 피부 탄력도, 피부 두께감, 피부 예민도 등의 피부 상태를 파악하는 방법

② 피부 분석의 목적 및 효과

- 고객의 피부 상태와 피부 유형을 정확히 분석하기 위하여 클렌징을 먼저 실시한 후 피부 문진, 견진, 촉진을 통해 피부의 탄력감이나 매끄러운 정도, 조직의 두께, 유분 함량, 수분 보유량, 각질화 상태 등을 파악한다.
- 피부 분석에 따른 적절한 피부관리가 이루어질 수 있도록 하는 과정으로, 관리과정에서 일어날 수 있는 문제를 최소화하기 위한 절차이다.

▌ 피부 상담

① 피부 상담을 통해 고객카드를 작성한다.
② 문진, 견진, 촉진 등을 통하여 고객의 피부 상태와 피부 유형을 파악한다.

▌ 피부 유형 분석

구분	특징
정상 피부	• 유·수분 밸런스가 맞아서 건조함이 느껴지지 않고 피부 표면이 항상 촉촉하고 윤기가 난다. • 피지와 땀의 분비가 적당하다. • 피부결이 섬세하고 모공의 크기가 적당하고 부드럽다. • 혈액순환이 원활하여 혈색이 좋다. • 피부의 수분 함유량이 12% 정도이며 촉촉하다. • 세안 후 당기거나 번들거림이 거의 없고 끈적임이 없다.
건성 피부	• 유·수분의 균형이 깨져 건조함이 느껴지는 피부이다. • 피부가 윤기가 없으며 푸석푸석하고 순환이 원활하지 않다. • 외관상 모공이 작고 피부결이 섬세해 보이며 잔주름이 잘 생긴다. • 각질층의 수분 함량이 10% 이하로 부족하여 각질이 쉽게 생긴다.
지성 피부	• 피부 표면이 매끄럽지 못하고 귤껍질처럼 두꺼우며, 피지 분비량이 많아 번들거린다. • 모공이 넓고 각질층이 두껍다. • 세안 후 당기지는 않지만, 수분이 부족하고, 끈적임이 있다. • 피부 표면의 번들거림이 있고 화장이 잘 지워진다. • 과각질화 현상이 있어 피부가 두껍게 보인다. • 소구(모공)가 깊고, 소릉(땀구멍과 땀구멍 사이)이 높으며 불규칙하다.

구분	특징
복합성 피부	• T-zone(이마, 코) 부위는 지성 피부이고, U-zone(빰, 눈꺼풀 등) 부위는 건성 피부이다. • T-zone 부위에 기름기가 많고, 이마에 여드름이 자주 발생한다. • U-zone 부위는 건조하므로 세안 후, 눈가나 빰 등의 부위가 심하게 당긴다. • 눈가에 잔주름이 많이 나타난다.
민감성 피부	• 홍반, 충혈, 염증 등의 피부 증세가 쉽게 나타나며, 얼굴이 잘 붉어지는 피부이다. • 피부조직이 섬세하고 얇다. • 모세혈관이 피부 표면에 나타나 있다. • 화장품의 색소나 향료 및 외부 환경적인 요인에 민감한 반응을 잘 나타내어 알레르기(allergy) 반응을 자주 일으킨다. • 피부 건조화가 쉽게 이루어져 피부 당김이 심하다. • 피부 색소침착 현상이 쉽게 나타난다.
노화 피부	• 유·수분의 분비가 적어 피부가 건조하고 수분이 부족하여 피부가 거칠어지고 주름이 많이 생긴다. • 잔주름이 나타나고, 탄력이 없어지며 콜라겐, 엘라스틴이 활기를 잃은 피부 유형이다.

▌ 피부 분석용 기기

① 확대경(magnifying lamp) : 육안으로 판별할 수 없는 피부의 문제점 등을 관찰할 수 있는 기기로, 육안의 3.5~10배로 확대되어 여드름, 색소침착, 주름 등의 문제점을 명확하게 파악할 수 있다.

② 우드 램프(wood lamp) : 피부 상태를 측정하는 기기로 자외선 A를 피부 표면에 조사하여 피지, 수분, 피부 유형, 색소침착, 과각질 상태 등을 판별할 수 있다. 딥 클렌징 후 사용한다.

피부 상태	우드 램프에 나타나는 색상
정상 피부	청백색
건성 피부, 수분부족 피부	밝은(옅은) 보라색
민감성, 모세혈관 확장피부	진보라색
색소침착 피부	암갈색
노화된 각질	백색
피지, 면포, 지성 피부	주황색
화농성 여드름, 산화된 피지	담황색, 유백색(크림색)

③ 피부 분석기(스킨 스코프, 안면진단기) : 내장 카메라를 이용하여 일반 조명, 자외선 아래에서 피부를 분석한다.

④ 유·수분, pH 측정기
  • 모든 세정단계가 끝난 후 사용하는 기기
  • 건강한 피부는 pH 4.5~6.5의 약산성막으로 외부 환경에서 피부를 보호

3 클렌징

▌ 클렌징의 목적 및 효과

① 목적
- 화장 또는 피부 자체의 분비물을 지우는 피부미용의 기본이 되는 시작 단계이며, 가장 중요한 기초 단계이다.
- 클렌징은 피부 생리기능에 의해 피부 내부에서 분비되는 피지, 땀, 각질 그리고 생활환경에서 오는 먼지, 메이크업 잔여물 등의 더러움을 제거하는 과정을 말한다.

② 효과
- 피부의 피지, 땀, 메이크업(make-up) 성분, 먼지 등의 더러움을 제거하여 청결하게 한다.
- 표피의 죽은 각질층을 제거하여 피부 표면을 부드럽게 한다.
- 혈액순환과 피지막의 균형을 형성시켜 피부의 생리적인 기능을 정상적으로 수행한다.

▌ 클렌징 제품

구분	종류	특징
계면 활성제형 (씻어내는 유형)	고체(고형) 타입	클렌징 비누(cleansing soap) : 세정력, 살균력은 뛰어나나 건조함을 유발
	크림, 페이스트 (paste) 타입	클렌징 폼(cleansing foam) • 약산성으로 부드러운 크림 형태 • 비누에 비해서 피부 건조함이 적음 • 거품을 일으켜서 물에 용해되도록 제조, 피부 보호기능
용제형 (녹여내는 유형)	워터 타입	클렌징 워터(cleansing water) • 액상 타입으로 가벼운 화장을 지우거나 피부 표면을 정리할 때 사용 • 산뜻하고 시원한 느낌 • 유성 성분에 대한 세정력은 약함 • 화장수에 계면활성제와 에탄올을 소량 함유한 형태 • 알코올과 성분 함량에 따라 지성 피부, 건성 피부 사용 가능
	젤 타입	클렌징 젤(cleansing gel) • 유성(마이크로 에멀션) 타입 제품 : 짙은 화장 제거 • 수성 타입 제품 : 옅은 화장 제거, 산뜻함 • 얼굴이 당기거나 건조하지 않고 촉촉한 것이 장점 • 자극이 적어 눈가나 예민 부위에 사용하기 좋음 • 예민성 피부, 건성 피부, 지성 피부, 여드름 피부에 적합
	액체 타입	포인트 메이크업 리무버(point make-up remover) • 아이섀도, 눈썹, 아이라인, 마스카라, 입술의 색조 화장을 지울 때 사용 • 유성 타입 제품 : 건성 피부에 적합, 워터프루프 형태의 제품이나 짙은 포인트 메이크업을 지우는 데 효과적, 눈앞이 뿌옇게 흐려지는 단점 • 수성 타입 제품 : 정상, 지성 피부에 적합, 옅은 포인트 메이크업을 지우는 데 효과적 클렌징 로션(cleansing lotion) • O/W형(Oil in Water, 수중유적형)의 친수성(60~80% 정도의 수분과 30% 이하의 유분 함유) • 끈적임 없이 아주 산뜻하고 크림 타입보다 세정력이 약함 • 크림 타입에 비해 비교적 가격이 높고 장기간 보관이 어려움 • 모든 피부 타입에 적합(자극이 적어 민감 피부, 노화 피부, 건성 피부에 적합)

구분	종류	특징
용제형 (녹여내는 유형)	액체 타입	클렌징 오일(cleansing oil) • 물에 잘 용해되는 친수성 제품이 많이 사용됨 • 친수성 오일인 경우 가격이 고가 • 수분이 부족한 피부, 건성, 예민, 노화 피부에 적합 • 피부 침투성이 좋아 땀, 피지에 강한 화장에도 효과적 • 제품에 따라 오일 성분의 끈적임이 남음
	크림 타입	클렌징 크림(cleansing cream) • W/O형(Water in Oil, 유중수적형)의 친유성 • 무대화장, 특수분장 등 짙은 화장 제거에 적합 • 끈적임으로 이중 세안 권유 • 세정력이 우수

▎ 클렌징 방법

① 포인트 화장 제거(1차 클렌징) → 얼굴, 목, 데콜테(2차 클렌징) → 피부 세안(3차 클렌징)

② 헤어 터번하기 → 손 소독 → 색조 화장 지우기(아이 메이크업 전용 리무버를 적셔 둔 화장솜과 면봉 준비 → 눈과 입술 색조 화장 닦아내기) → 피부 유형에 맞는 클렌징 제품 선택 후, 유리볼에 준비 → 클렌징 제품을 얼굴에 덜어 올리기 → 클렌징 제품 도포하기 → 클렌징 동작하기 → 해면 사용하기 → 습포 사용하기 → 화장수 사용하기 → 피부 유형 분석하기

4 딥 클렌징

▎ 딥 클렌징의 목적 및 효과

딥 클렌징은 피부의 안색을 정화하고 맑고 매끈한 피부결을 유지시키며, 흡수하고자 하는 유효성분들이 쉽게 흡수되어 화장품의 효능을 발휘하게 하는 중요한 역할을 한다.

▎ 딥 클렌징 제품

① 생물학적 딥 클렌징 – 효소(enzyme)

• 단백질 분해성분인 효소는 적정 온도와 습도를 유지할 때 효과적이다.

• 파우더 타입을 많이 사용하며, 스티머 또는 온습포 사용으로 효소의 작용력을 상승시켜 준다.

• 분해효소로 브로말린(파인애플), 파파인(파파야) 등이 있으며, 모든 피부에 사용 가능하다.

② 물리적 딥 클렌징

스크럽(scrub)	• 과립 형태로 표피의 죽은 각질들을 가볍게 문질러 주며 정리한다. • 주요 성분 : 살구씨, 아몬드, 조개껍질 가루, 흑설탕, 폴리에틸렌 등 • 주로 정상 피부와 지성 피부 타입에 사용된다.
고마쥐(gommage)	• 동·식물성 단백질 분해효소로 크림 타입의 제품이며, 제품의 특성상 고무 필름막이 형성된다. • 피부에 도포한 제품이 적당히 마르면, 관리사가 인위적으로 피부결을 따라 밀어냄으로써 피부 표면의 죽은 각질들을 탈락시킨다. • 주로 정상 피부와 지성 피부 타입에 사용되며, 노화 피부 및 민감성 피부는 사용을 자제한다.

③ 화학적 딥 클렌징

아하 (AHA ; Alpha Hydroxy Acid)	• 과일 산을 이용하여 죽은 각질세포의 응집력을 약화시키고, 불균형적인 각질층을 정상화한다. • 주요 성분 : 사탕수수 추출물(glycolic acid), 발효우유 추출물(젖산, lactic acid), 사과산(malic acid), 주석산(포도, tartaric acid), 감귤 추출물(구연산, citric acid) 등 • 주로 노화 피부, 색소침착 피부, 건성 피부, 지성 피부에 사용한다. • 민감성 피부, 화농성 여드름 피부에는 사용을 금한다.
바하 (BHA ; Beta Hydroxy Acid)	• 피부 미백과 함께 각질 제거 용도, 여드름 피부 사용 • 살리실산 : 버드나무, 윈터그린, 자작나무에서 추출

▌ 딥 클렌징 방법

① 효소(enzyme)
- 준비물 : 효소 제품, 유리볼, 물, 브러시, 젖은 화장솜, 소독용 알코올, 해면, 온습포, 피부 유형별 토너
- 관리 순서 : 손 소독 → 효소 제품 준비 → 제품 도포 → 온습포, 시간 경과 후 제거 및 마무리

② 스크럽(scrub)
- 준비물 : 스크럽 제품, 유리볼, 물, 브러시, 젖은 화장솜, 소독용 알코올, 해면, 온습포, 피부 유형별 토너
- 관리 순서 : 손 소독 → 스크럽 제품 준비 → 제품 도포 → 시간 경과 후 제거 및 마무리

③ 아하(AHA ; Alpha Hydroxy Acid)
- 준비물 : 아하 제품, 유리볼, 브러시, 젖은 화장솜, 소독용 알코올, 해면, 냉습포, 피부 유형별 토너
- 관리 순서 : 손 소독 → 아하 제품 준비 → 제품 도포 → 시간 경과 후 제거, 냉습포 및 마무리

④ 고마쥐(gommage)
- 준비물 : 고마쥐 제품, 유리볼, 물, 브러시, 젖은 화장솜, 소독용 알코올, 미용티슈, 해면, 온습포, 피부 유형별 토너
- 관리 순서 : 손 소독 → 고마쥐 제품 준비 → 제품 도포 → 시간 경과 후 손으로 밀어낸 후 제거 및 마무리

5 피부 유형별 화장품 도포

▌ 화장품 도포의 목적 및 효과

① 세정작용 : 피부 표면의 피지, 땀, 각질 등 노폐물, 먼지, 메이크업 잔여물 등을 제거하여 피부를 청결하게 한다.

② 피부 정돈
- 세정제품으로 인한 피부의 pH를 정상화한다.
- 유·수분을 공급하여 피부를 정돈한다.

③ 피부 보호
- 피부 표면의 건조를 막는다.
- 자외선 등 외부 자극으로부터 피부를 보호한다.
- 피부를 건강하게 유지시킨다.

④ 영양 공급 및 신진대사 활성화 작용
- 연령에 따른 피부 노화를 지연시킨다.
- 피부를 건강하게 유지하기 위해 영양 공급 및 신진대사를 활성화한다.

▎ 피부 유형별 화장품 종류 및 선택

구분	클렌징	딥 클렌징	화장수	에멀션	팩, 마스크
정상 피부	모든 타입	효소, 스크럽, 고마쥐, AHA	유연	유분, 보습	크림 형태, 고무팩, 시트팩 (청결과 보습)
건성 피부	로션, 오일	효소, AHA	유연	유분, 보습	크림 형태, 고무팩, 석고팩, 시트팩 (보습과 영양)
지성 피부	로션, 젤, 폼	효소, 스크럽, 고마쥐, AHA	수렴	각화, 피지조절 및 피부정화, 항염, 수렴	클레이팩, 고무팩, 시트팩 (각질 제거, 피지 분비조절, 수렴, 항염)
복합성 피부	젤, 폼	효소, 스크럽, AHA	수렴(T존), 유연(U존)	유분, 보습, 피지조절	• T존 : 클레이팩 • U존 : 크림 형태, 고무팩, 시트팩
민감성, 알레르기성 피부	로션, 젤	효소	무알코올	저자극성	크림 형태, 고무팩, 시트팩 (보습, 진정, 영양)

▎ 피부 유형별 화장품 도포

① 목적 및 효과 : 노폐물 제거, 수분 공급, 유연성 부여, 피부 보호 등
② 피부 유형별 화장품 도포

구분	화장품 효과
정상 피부	청결과 보습
건성 피부	보습과 영양
지성 피부	각질 제거, 피지 분비조절, 수렴, 항염
복합성 피부	피지 분비조절(T존), 보습과 영양(U존)
민감성 피부	보습, 진정, 영양
색소침착 피부	미백
모세혈관 확장피부	저자극성 관리

6 매뉴얼 테크닉

▌ 매뉴얼 테크닉의 목적 및 효과

① 매뉴얼 테크닉의 정의
- NCS에서는 "매뉴얼 테크닉이란 손을 이용하여 다섯 가지 기본 동작으로 리듬, 강약, 속도, 시간, 밀착 등을 조화롭게 적용하는 테크닉이다."라고 정의하였다.
- 생활환경과 스트레스에 지친 피부를 회복시키기 위한 행위로서 피부의 신진대사는 물론 피부의 기능을 회복시키고 긴장감과 안정감 있는 피부를 만든다.
- 전 세계적으로는 '마사지(massage)'라는 용어로 통용되고 있으나 우리나라는 '매뉴얼 테크닉(manual technique)'이라는 대체 용어를 사용하고 있다.

② 매뉴얼 테크닉의 목적 및 효과
- 생활 환경에서 오는 스트레스에 지친 피부를 회복시킨다.
- 신진대사를 촉진하고 피부의 기능을 회복시킨다.
- 긴장감 있고 안정감 있는 피부 상태를 만든다.
- 피부를 촉촉하며 윤기 있고 건강하게 유지한다.

③ 매뉴얼 테크닉의 방향
- 안에서 밖으로, 아래에서 위로 근육의 결을 따라서 테크닉한다.
- 각 동작의 압력의 방향은 정맥 방향으로 한다.

▌ 매뉴얼 테크닉의 종류 및 방법

종류	방법	효과
경찰법(effleurage, 쓰다듬기)	• 손바닥으로 피부 표면을 쓰다듬는 동작 • 마사지의 처음과 마지막 단계에 사용	피부 진정 및 림프 배액을 촉진하고 노화한 각질을 제거하는 세정효과와 켈로이드 생성을 억제하는 효과
강찰법(friction, 문지르기)	손가락의 끝부분을 대고 나선을 그리듯 움직이는 동작	조직의 혈액을 촉진하고 결체조직을 강화하여 주름을 예방하고 모공의 피지를 배출하는 효과
유연법(petrissage, 반죽하기)	손가락 전체로 피부를 집어 반죽하듯이 주무르는 동작	세포조직의 혈액을 촉진하고 노폐물을 제거하며 세포조직의 피로와 통증을 완화하는 효과
고타법(tapotement, 두드리기)	• 손가락을 이용하여 빠른 동작으로 리듬감 있게 토닥토닥하는 동작 • 태핑(손바닥), 슬래핑(손바닥 측면), 해킹(손등), 비팅(주먹), 커핑(컵 모양)	세포조직 위축과 지방 과잉 축적을 방지하고 신진대사를 촉진하여 신경조직 기능을 활성화하는 효과
진동법(vibration, 떨기, 흔들어 주기)	손끝이나 손 전체로 흔들리고 떨리게 하는 동작	세포조직을 이완시키고 결체조직 탄력을 증진하여 림프와 혈액순환을 촉진하는 효과

7 팩·마스크

팩·마스크의 목적 및 효과

① 목적 : 피부 내에 화장품의 특정 유효성분을 흡수시키거나 표피의 오염물질과 피지를 제거한다.

※ 피부 표면에 도포제가 건조되면서 오염물질을 빨아들이고 건조된 도포제를 떼어낼 때 함께 묻어 나오게 되는 원리이다.

② 효과
- 피부 신진대사를 촉진시키고 적당한 긴장감을 부여한다.
- 수분 유지의 보습작용으로 피부 유연효과가 있다.
- 흡착작용에 의한 피부 노폐물 제거로 청정효과가 있다.
- 외부 공기의 일시적 차단으로 영양성분 흡수가 용이하다.
- 피부의 색을 밝게 하고, 순환을 원활하게 한다.

팩·마스크의 종류 및 사용방법

① 제거방법에 따른 팩의 분류
- 필 오프 타입(peel-off type) : 바른 후 건조된 피막을 떼어내는 타입
- 워시 오프 타입(wash-off type) : 도포하고 20~30분 경과 후 따뜻한 물로 씻어내는 타입
- 티슈 오프 타입(tissue-off type) : 도포하고 10~15분 경과 후 티슈로 닦아내는 타입

② 팩의 종류 및 사용방법
- 크림 타입 : 모든 피부에 사용 가능하며 피부 보습, 청정 및 염증 완화 등의 효과가 있다.
- 고무팩(rubber pack)
  - 해조류의 다양한 성분과 비타민 C, 콜라겐 성분 등으로 구성되어 피부 유형에 따라 적합한 성분을 첨가하여 사용한다.
  - 도포 후 시간이 경과하면 팩의 표면 온도가 내려가서 차가워지고, 고무처럼 응고한다.
- 석고팩
  - 미네랄 성분이 함유된 분말 형태로 생수나 특수용액에 섞어서 사용한다.
  - 열이 40~45℃까지 오르고, 약 3~5분 정도 지속되어 유효성분 흡수를 촉진한다.
  - 노화 피부, 건성 피부에 효과적이다.
  - 단, 민감 피부(모세혈관 확장피부) 및 여드름 피부에는 사용을 금지한다.
- 진흙 마스크(clay mask)
  - 주성분은 벤토나이트 등의 점토 성분으로, 진흙 마스크는 피지를 흡수하는 효과와 살균·소독작용이 뛰어나다.
  - 지성 및 여드름 피부에 사용하며, 건성 피부에는 사용하지 않는다.
  - 분말 형태와 진흙 형태가 있으며, 분말 형태는 물 또는 특수용액에 혼합하여 사용한다.

8 제모

▌ 제모의 목적 및 효과

① 제모란 미용적인 면에서 아름다움을 위해 털을 제거하는 것이다.

② 얼굴 제모란 인중, 눈썹, 헤어라인 등 필요에 따라 얼굴 전체 부위의 털을 제거하는 것을 말하며, 시술 시 얼굴 피부의 노화된 각질과 피지가 제거되어 피부결 정돈과 청정의 효과가 있다.

▌ 제모의 종류 및 방법

① 제모의 종류

- 일시적 제모 : 면도기나 핀셋을 이용한 제모, 화학적 제모, 왁스를 이용한 제모방법
- 영구적 제모 : 전류를 이용한 완전 제모로 모근까지 제거하는 방법

② 제모방법

- 사전에 시술자의 손과 제모할 부위를 깨끗하게 소독한다.
- 파우더로 시술 부위에 남아 있는 유·수분을 정리한다.
- 스패츌러(spatula)에 왁스를 묻힌 후 손목 안쪽에 온도 테스트를 한다.
- 제모할 부위에 털이 자란 방향으로 도포하고 머슬린(부직포)을 얹어 가볍게 문지른 후 털이 난 반대 방향으로 떼어낸다.
- 핀셋으로 정리 후 진정제품을 도포하여 마무리한다.

③ 제모 후 주의사항

- 제모 부위가 빨갛게 달아오르거나 가려울 수 있으나 손으로 긁지 않는다.
- 제모 후 24시간 이내에는 세균 감염 방지와 피부의 자극을 예방하기 위해 반신욕, 사우나, 수영장, 실내 태닝, 일광욕 등을 하지 않는다. 또한 탈취제나 데오도란트, 향기 나는 제품을 사용하지 않아야 한다.
- 제모 후 인그로운 헤어(ingrown hair)를 방지하기 위해 보습제를 꾸준히 사용한다.

9 신체 각 부위(팔, 다리 등) 관리

▌ 신체 각 부위(팔, 다리 등) 관리의 목적 및 효과

① 신체의 진정효과, 긴장 완화

② 피부 노화 방지 및 유연성 향상

③ 정신이나 육체의 피로 해소

④ 혈액순환과 림프순환 촉진

⑤ 독소 배출

▌ 신체 각 부위(팔, 다리 등) 관리의 종류 및 방법

종류	방법
스웨디시 마사지	• 스웨덴에서 유래한 전신 마사지 기술로, 근육의 긴장을 완화하고 근육조직에 대한 압박을 통해 피로를 해소하는 효과가 있다. • 전신에 걸쳐 다양한 기법을 사용하여 근육 이완과 혈액순환에 도움을 주는 마사지이다.
림프 드레나지	• 림프의 순환을 촉진시켜 임파선을 통한 노폐물의 체외 배출과 해독작용, 부종 감소를 도와주는 마사지이다. • 기본 동작은 둥근 원, 타원형으로, 크거나 작게, 깊거나 얕게 동작한다. 마사지의 방향은 심장의 가까이에서 시작하여 심장과 먼 위치로 진행한다.
아로마테라피 (향기요법)	에센셜 오일은 신체와 정신에 긍정적인 영향을 주는 향기를 가지고 있어, 마사지 과정에서 향기로운 휴식과 신체의 근육 이완, 혈액순환에 도움을 주는 마사지이다.
하이드로테라피 (수요법)	물의 고체(얼음), 액체(물), 기체(증기) 상태에서 인체에 적용시켜 통증, 피로, 경직 등 건강 유지 및 회복, 혈액순환을 원활하게 하여 체온 조절에 도움을 주는 마사지이다.
뱀부테라피	뱀부(bamboo, 대나무)는 피를 맑게 하고 피로회복, 세로토닌 증가, 식욕 증진 효과가 있다. 또한 세포의 신진대사를 왕성하게 하고 활력 증진, 혈액 정화로 자율신경 안정에 도움을 준다.
스톤테라피	• 돌에 대자연의 에너지를 담아 활력을 몸속 깊이 전해 신체의 균형과 리듬을 원활히 하는 고대 치료요법이다. • 몸속의 독소를 제거하는 세정작용을 하며 핫스톤과 쿨링스톤을 사용하여 경직된 근육을 이완시켜 주는 마사지이다.
아유르베다	• 인도 전통마사지로 체내 모든 에너지 간의 균형을 유지하는 것이다. • 모든 인간은 '종교적 본능', '경제적 본능', '생식적 본능', '자유를 향한 본능'의 4가지 생물적·영적인 본능을 가지고 있으며 이러한 본능들을 충족시키기 위해 균형 있는 건강이 필요하다는 것이다.
경락마사지	• 전통 의학의 경락 이론을 토대로 인체 경혈을 중심으로 경압, 쾌압, 강압을 이용하여 마사지하는 방법이다. • 경락은 기혈의 통로를 말하며, 안으로는 오장육부, 밖으로는 피부와 근육 등과 연결된 흐름, 즉 순환 체계를 말한다.

🔟 마무리

▌ 마무리의 목적 및 효과

피부 정돈, 보습, 영양 공급, 피부 보호, 노화 방지, 건강한 피부 유지

▌ 마무리의 방법

① 팩과 마스크 제거 후 냉습포를 사용해서 닦는다.

② 피부 유형에 따른 화장수를 발라 피부결을 정돈한다.

③ 피부 유형에 따라 에센스, 앰플, 아이크림, 크림, 자외선 차단제 등을 도포한다.

※ 순서 : 클렌징 → 마사지 → 팩 → 피부 정돈 → 영양

CHAPTER
02 | 피부학

1 피부와 부속기관

▋ 피부의 구조 및 기능

① 피부는 인체의 외부 표면을 가장 바깥에서 덮고 있는 기관이다.

② 외부의 물리적·화학적 자극으로부터 우리 몸을 보호하는 매우 중요한 역할을 담당한다.

③ 피부는 표피(epidermis), 진피(dermis), 피하조직(subcutaneous tissue)으로 구성된다.

④ 피부의 두께는 부위에 따라 다르지만, 표피의 두께는 약 0.1~0.3mm, 표피와 진피를 합한 피부의 평균 두께는 1~4mm이다. 피부 면적은 $1.6m^2$(여성)~$1.8m^2$(남성), 무게는 평균 성인 체중의 약 15~17% 내외이다.

⑤ 피부는 촉각·압각·통각·온각·냉각 등을 감지한다.

⑥ 그 외 피부의 기능으로 체온 조절, 분비 및 배설기능, 보호기능, 비타민 D 합성, 호흡작용 등이 있다.

▋ 표피의 구조

각질층 (horny layer)	• 표피의 가장 바깥층 • 라멜라(lamella) 구조(벽돌 구조), 약 20개 정도의 층을 겹겹이 이룸 • 납작한 무핵세포로 구성, 10~20%의 수분을 함유 → 10% 미만이면 피부가 건조하고 예민해지며 잔주름이 발생하기 쉬움 • 주성분 : 케라틴(keratin) 58%, 천연보습인자(NMF ; Natural Moisturizing Factor) 31%, 세포 간지질 11%(주성분 : 세라마이드) • 외부 자극으로부터 피부를 보호하고 이물질의 침투를 막음
투명층 (clear layer)	• 2~3층의 무핵세포로 구성, 손바닥과 발바닥에만 존재 • 엘라이딘(elaidin)이라는 무색 투명의 반유동성 물질이 존재하는 투명한 세포층 • 빛을 차단하고 수분 침투를 막는 방어막 역할
과립층 (granular layer)	• 2~5개 층으로 편평하거나 방추형의 납작한 과립세포 • 케라토하이알린(keratohyalin)이 각질 유리 과립 모양으로 존재 • 수분 저지막(레인 방어막) : 외부로부터의 이물질 침투에 대한 방어막 역할 • 수분 함유량 약 30% 정도, 각질화가 시작되는 층 • 해로운 자외선 침투를 막는 작용
유극층 (prickle layer)	• 표피 중 가장 두꺼운 층으로 유핵세포로 구성 • 유극층 세포는 과립층 가까이 올라갈수록 세포의 모양이 납작하게 변함 • 표면에는 가시 모양의 돌기가 있어 인접세포와 다리 모양으로 연결 • 세포 사이의 세포 간교를 통해 림프액이 흐르고, 혈액순환이나 노폐물 배출 및 영양 공급의 물질대사가 이루어짐 • 면역기능이 있는 랑게르한스 세포(langerhans cell)가 존재 • 수분 함유량 약 70% 정도

기저층 (basal layer)	• 표피의 가장 아래 위치, 원주형의 단층으로 구성된 유핵세포 • 기저세포(각질형성 세포)는 세포분열을 통해 새로운 세포 생성 • 멜라닌 세포가 존재하여 피부의 색을 결정 • 각질형성 세포(keratinocyte):멜라닌 세포(melanocyte)가 4:1~10:1의 비율로 구성 • 촉각을 담당하는 머켈 세포(merkel cell) 존재 • 물결 모양의 요철이 깊고 많을수록 탄력 있는 피부, 편평할수록 노화 피부 • 산소와 영양분을 모세혈관으로부터 공급받음 • 수분 함유량 약 70% 정도

표피의 주요 구성세포

각질형성 세포 (keratinocyte)	• 표피를 구성하는 세포의 약 90% 이상 차지 • 각질형성 세포의 약 10%는 줄기세포로 존재 • 각화 주기 : 기저층에서 생성된 기저세포가 각 단계를 거쳐 각질층까지 이동하는 과정, 각화 주기는 약 28일 정도 • 각질 단백질(케라틴)을 만듦
멜라닌 형성세포 (melanocyte)	• 표피를 구성하는 세포의 약 4~10% 차지 • 기저층에 위치하여 자외선으로부터 피부 손상을 막아주는 보호기능 • 자외선에 의해 멜라닌 합성이 자극되면 유극층에서도 관찰 • 유전에 의해 멜라닌 과립의 형태와 색상과 크기에 따라 피부색이 결정 • 인종, 성별에 관계없이 멜라닌 세포 수는 동일 • 멜라닌의 완성 단계 : 멜라닌 소체의 티로신(단백질)이 티로시나제(단백질 효소)에 의해 도파(DOPA)가 되고, 다시 티로시나제에 의해 도파퀴논이 되며, 멜라닌(유멜라닌-흑색 / 페오멜라닌-적색)을 형성함
랑게르한스 세포 (langerhans cell)	• 표피를 구성하는 세포의 약 2~8% 차지 • 가시 모양의 세포질 돌기를 가진 수지상 세포로 주로 유극층에 존재 • 표피와 진피 구강 점막, 식도, 생식기 점막 등 중층편평상피, 모낭, 한선, 피지선, 림프절 등에서도 분포 • 면역반응, 알레르기 반응, 바이러스 감염 방지에 중요한 역할
머켈 세포 (merkel cell)	• 기저층에 위치한 촉각, 인지 세포 • 불규칙한 모양의 핵, 신경섬유의 말단과 연결 • 감각신경 세포이며 촉각을 감지하는 촉각 세포로 신경 자극을 뇌에 전달하는 역할 • 털이 있는 피부뿐 아니라 털이 없는 손바닥, 발바닥, 입술, 코 부위, 생식기 등에 존재

진피의 구조

유두층 (papillary layer)	• 표피의 기저층 밑에 위치, 유두 모양의 돌기를 형성 • 전체 진피의 약 10~20% 차지 • 혈관성 유두, 신경성 유두로 분포 • 신경전달 기능과 감각기관인 촉각과 통각 위치 • 유두층의 배열은 피부 표피에 요철을 형성, 이로 인해 개인마다 다른 지문을 형성 • 혈관분포가 없는 표피에 영양 및 산소 공급, 신경전달 역할 • 세포의 대사활동 능력에 따라 피부 표면에 매끄러움, 탄력, 긴장감을 줄 수 있음
망상층 (reticular layer)	• 단단하고 불규칙한 그물 모양의 결합조직 • 굵은 교원섬유와 탄력섬유가 뒤엉켜 매우 치밀하게 구성 • 진피의 약 80~90% 차지, 피부의 유연성 조절 • 콜라겐과 엘라스틴이 붕괴하면 노화 현상 초래 • 콜라겐과 엘라스틴, 무코 다당류의 감소는 피부 수분 보유상태의 저하를 초래하여 주름의 원인이 됨 • 감각 수용체인 압각, 냉각, 온각이 위치 • 모낭, 혈관, 림프관, 신경, 한선, 입모근, 피지선 등이 분포 • 섬유의 배열이 일정한 방향선 : 랑게르선(Langer's line) • 콜라겐과 엘라스틴 사이에 무코 다당류가 젤 상태로 분포

▌ 진피의 주요 구성세포

섬유아세포 **(fibroblast)**	**교원섬유** **(콜라겐,** **collagenous** **fiber)**	• 진피의 약 90% 차지 • 콜라겐은 피부와 연골 힘줄 등을 구성하는 요소로 2/3를 차지하며, 단백질과 다당류의 유기 화합물로 구성 • 자외선으로부터 피부 보호, 주름 예방, 세포 성장, 기관의 형성, 생리적 기능을 수행 • 세포와 세포를 연결하는 접착제 역할
	탄력섬유 **(엘라스틴,** **elastic fiber)**	• 진피의 약 2~5% 차지 • 고무와 같이 신축성이 좋아 1.5배까지 늘어남 • 교원섬유에 비해 길이가 짧고 가느다람 • 피부에 탄력성을 주는 역할(스프링 역할) • 황색을 띠며, 각종 화학물질에 대해 저항력이 강함 • 노화되면 탄력성 저하, 영양결핍으로 인한 위축된 피부 초래
	기질 **(무코 다당류,** **ground** **substance)**	• 진피의 섬유성분과 세포 사이를 채우고 있는 물질 • 주성분 : 히알루론산(hyaluronic acid), 콘드로이틴 황산(chondroitin sulfate), 헤파린 황산 (heparin sulfate) • 친수성 다당체로 물에 녹아 있는 점액 상태 • 히알루론산은 80% 정도의 수분을 끌어당김, 수분 유지능력이 가장 뛰어남 • 기질의 높은 점도는 다른 조직을 지지 • 세포를 섬유성분과 연결하여 증식, 조직재생, 분화 등에 영향을 줌
비만세포 **(mast cell)**		• 피부나 대장을 둘러싸고 있는 결합조직에 분포 • 히스타민이 모세혈관 확장을 유도해 피부에 붉음증을 유발 • 알레르기 반응을 일으키는 주요 원인이 되는 세포
대식세포 **(macrophage)**		면역을 담당하는 세포로 침입한 세균 등을 잡아서 소화하여, 그에 대항하는 면역정보를 림프구 에 전달함

▌ 피하조직

① 진피와 뼈, 근육 사이에 존재하며, 피부의 가장 아래층에 위치한다.
② 그물 모양으로 밀고 잡아당기는 성질을 지닌 느슨한 결합조직이다.
③ 혈관, 림프관, 신경관 등이 함께 연결되어 있다.
④ 성별, 연령, 신체의 영양상태, 부위에 따라 분포와 두께가 다르다.
⑤ 여성호르몬과 관계가 있어 여성이 남성보다 두껍다. 중년으로 접어들면 더 두꺼워진다.
⑥ 피부 표면이 귤껍질처럼 울퉁불퉁한 셀룰라이트가 생기기 쉽다.
⑦ 기능 : 열 손실 차단, 충격 흡수(쿠션 역할), 에너지원으로 저장, 신체의 곡선미 부여

▌ 피부 부속기관의 구조 및 기능

① **피지선(기름샘, sebaceous gland)**
  • 피지선은 진피층의 입모근 바로 위에 위치
  • 작은 주머니 모양, 꽈리 모양을 하고 있으며, 분비된 피지는 한선에서 분비된 땀과 함께 모공을
    통해서 배출되어 피부 표면에 피지막을 형성해 줌

- 안면과 두피에 풍부하게 분포함(손바닥·발바닥을 제외하고 거의 전체 피부에 분포)
- 피지선의 수는 몸의 위치에 따라 다름
- 머리카락이 난 부분, 얼굴, 가슴, 등, 팔다리 순으로 많이 분포
- 피지선은 모낭에 연결되어 있으나, 모낭과 관계없이 피부 표면에 피지를 분비하는 독립 피지선도 있음

  ※ 독립 피지선 : 구강점막, 안검, 입술경계 부위, 유륜이 해당함
- 피지선은 사춘기에 최고로 발달하고 노화됨에 따라 서서히 퇴화

② 한선(땀샘, sweat gland)

대한선(apocrine sweat gland)	• 진피의 깊숙한 곳에 분포하고 있으며, 모낭의 상부에 발달 • 소한선보다 크기가 크며 유기물을 다량 함유한 분비물이 배출 • 분비물의 농도는 짙고 끈적임이 느껴짐 • 대한선에서 분비되는 땀 자체는 냄새가 없으나, 세균에 의해 냄새가 나며, 개인 특유의 체취, 액취증 유발
소한선(eccrine sweat gland)	• 진피의 망상층과 피하조직 사이에 위치하며 피부 표면까지 연결 • 소한선에서 분비된 땀은 자외선으로부터 피부 보호 및 수분을 보유(피부 보습 능력 향상) • 열의 발생과 손실의 균형으로 일정한 체온을 유지해 줌 • 거의 모든 피부에 분포하며 손바닥, 발바닥, 이마, 겨드랑이에 가장 많이 분포

③ 털(모발, hair)
- 피부 부속기관으로, 섬유성 단백질로 이루어진 원통상의 줄기
- 모발은 손바닥·발바닥, 입술, 눈꺼풀을 제외한 거의 모든 전신에 분포
- 모발의 수명은 여성의 경우 약 4~6년, 남성의 경우 약 2~5년 정도
- 하루에 0.3~0.5mm, 한 달에 약 1~1.5cm 정도 자람
- 모구에 신경과 혈관들이 모여 있어 혈액으로부터 영양을 공급받아 모발이 성장

④ 조갑(손톱과 발톱, nail)
- 손가락·발가락 끝부분에 생긴 각질의 판
- 조갑의 바닥을 조상, 조갑의 둘레에 있는 피부를 조소피(cuticle)라고 함
- 조갑이 자라는 것은 조상의 일부분인 조모에서 이루어짐
- 조모의 앞쪽에 있는 반달처럼 생긴 조반월은 조모가 새로 자라난 조갑 조직이 아직 충분히 각화되지 못한 부분
- 손톱 강도와 모양의 변화는 비타민 결핍, 대사질환, 흡수장애 등 영양 불균형을 암시

2 피부와 영양

▌ 3대 영양소, 무기질, 비타민

탄수화물	• 탄소(C), 수소(H), 산소(O)의 3원소로 구성 • 1g당 4kcal 열량 • 에너지 공급원으로, 과잉 섭취 시 지방으로 전환되어 저장 • 단당류 : 포도당, 과당, 갈락토스 • 이당류 : 자당, 맥아당, 유당 • 다당류 : 전분, 글리코겐, 섬유소
단백질	• 신체조직을 구성 • 1g당 4kcal의 열량
지방	• 1g당 9kcal 열량 • 지방산과 글리세린이 결합한 상태 • 지용성 비타민의 흡수를 촉진하고 피부의 건강과 재생에 관여
무기질	• 체내의 기능을 조절(효소와 호르몬) • 철(Fe) : 혈액의 구성 성분(간, 노른자, 고기) • 인(P) : 치아와 뼈의 주성분 • 아이오딘(요오드, I) : 갑상선기능 유지
비타민	• 음식을 통해 섭취(인체 내에서 생성되지 않음) • 지용성(A, D, E, K), 수용성(C, B 복합체)이 있음 • 열에 쉽게 파괴 • 체내의 생리작용을 조절 • 진피의 콜라겐 합성을 촉진 • 피부의 산화 방지 및 피부의 각질화 작용을 촉진

▌ 피부와 영양

① 피부의 영양은 체내로부터 혈액에 의해서 공급되는 것으로, 영양소가 고루 배합된 균형 잡힌 식단을 통하여 인체가 필요로 하는 영양분을 공급하는 것이다.

② 영양소의 기능
   • 탄수화물 : 에너지 공급원, 아미노산 합성, 신경조직의 에너지 공급원, 섬유소 공급
   • 지방(지질) : 체내 기관 보호, 체온 조절, 지용성 비타민 흡수
   • 단백질 : 신체의 구성 성분(근육, 피부, 머리카락)

▌ 3대 영양소와 건강

① 탄수화물과 건강

비만	정제된 당질 식품이나 설탕이 함유된 식품을 많이 섭취하면 소비되고 남은 당이 지방으로 저장되어 비만이 될 수 있다.
당뇨병	당뇨병은 인슐린이 부족하거나 효율적으로 이용되지 않아 고혈당과 당뇨가 나타나는 만성대사질환으로 정제된 당의 과잉 섭취로 인한 체중 과다와 비만으로 인해 발생하는 경우가 많다.
유당불내증 (lactose intolerance)	선천적으로 유당 분해효소인 락타아제(lactase)가 결핍됨으로써 우유나 유제품이 소화되지 않아 복부 경련이나 배에 가스가 차는 불편감 등의 증상을 유발하는 것이다. 동양인에게 많다.

② 지방과 건강

비만	• 지방조직이 과잉으로 침착하여 표준 체중의 20%를 초과한 경우를 말한다. • 심장질환, 동맥경화, 당뇨병 등 대사질환의 원인이 된다.
지방간	간에 중성지방이 축적된 것으로 포화지방산·콜레스테롤·알코올·설탕의 과잉 섭취, 필수지방산의 결핍, 콜린·이노시톨·메티오닌·레시틴·베타인 등의 항지방간 인자(lipotropic factor)와 비타민 B_6 등이 결핍되면 발생한다.
동맥경화증	동맥의 내벽에 지질과 결합조직, 평활근 세포, 대식세포로 구성된 물질이 침착되면서 혈관벽이 굳어지고 탄력성이 없어진다.
관상심장병	동맥경화증의 합병증이며 혈액응고물이 심장근에 분포된 관상동맥이나 뇌로 나가는 혈관을 막으면 심장마비나 뇌졸중이 된다. 고콜레스테롤혈증, 흡연, 고혈압이 주요 위험인자이다.
이상지질혈증	혈청 중 콜레스테롤이나 중성지질이 정상 이상으로 증가한 상태이다.
암	• 지질, 동물성 지방 섭취와 포화지방산 및 n-6계 지방산 섭취량이 증가할수록 암 유병률이 증가하며, 트랜스지방산 함량이 많은 식품도 대장암이나 유방암 등의 발생 원인이 된다. • 식이에서 n-3계 지방산이 증가할수록 암 발생을 억제한다고 알려져 있다.

③ 단백질과 건강

단백질-에너지 영양불량 (PEM ; Protein and Energy Malnutrition)	• 콰시오커(kwashiorkor) : 단백질이 극도로 부족한 상태에서 나타나는 질병 • 마라스무스(marasmus) : 에너지와 단백질이 부족한 기아 상태에서 나타나는 질병
단백질 과잉 섭취	대사항진, 체중 증가, 혈압 상승, 피로, 골다공증, 요독증, 간성혼수를 유발할 수 있다.

▎비타민의 생리적 기능, 결핍증 및 과잉증

구분	영양소	생리적 기능	공급원	결핍증	과잉증
지용성 비타민	비타민 A	시각작용, 생식기능, 상피조직 보호, 성장에 도움	난황, 간, 당근, 버터	야맹증, 각막연화증, 각막 건조	피로, 두통, 탈모
	비타민 D	뼈 강화, 칼슘과 인의 체내 이용 도움	말린 생선, 달걀, 우유, 버섯, 연어	구루병, 골연화증, 골다공증	혈액의 칼슘 농도 증가, 식욕감퇴
	비타민 E	항산화제, 고지혈증 예방, 적혈구 보호	콩, 밀, 배아, 식물성유	적혈구 파괴, 신경근육 기능장애, 불임증	두통, 피로, 현기증, 구역질
	비타민 K	혈액응고, 간기능 개선, 프로트롬빈 생성 도움	곡류, 콩기름, 푸른 채소	혈액응고 지연, 노화 촉진	용혈성 빈혈, 황달
수용성 비타민	비타민 B_1	당질 대사와 신경작용 도움	곡류 배아, 돼지고기, 콩	각기병	
	비타민 B_2	단백질 대사, 건강한 피부 유지, 성장 촉진	우유, 유제품, 육류	구순구각염, 설염	
	비타민 B_3	혈압강하, 탄수화물, 단백질, 지질 대사 도움	생선, 두류, 알곡류	펠라그라, 구취, 설사	혈관확장, 가려움
	비타민 B_6	아미노산 대사에서 조효소 작용, 구토증, 입덧 예방	곡류, 종자, 생선	악성빈혈, 신경과민, 체취, 구역질	
	비타민 B_{12}	악성빈혈 예방, 철분과 엽산 기능 도움	우유, 생선, 달걀, 육류	악성빈혈, 입과 혀의 염증, 성장지연	
	비타민 C	항산화제, 콜라겐, 호르몬 형성 도움	과일, 채소	괴혈병, 식욕부진, 피로	

구분	영양소	생리적 기능	공급원	결핍증	과잉증
수용성 비타민	비타민 H (비오틴)	항피부염 인자	곡류, 동물성 식품, 견과류	비늘성 피부염, 신경염, 탈모, 식욕감퇴	
	엽산	DNA 합성과 적혈구 생성 도움, 심장혈관 건강 유지	푸른 채소, 내장, 땅콩	피로, 구역질, 복부경련, 위장증세	
	판토텐산	탄수화물, 단백질, 지질 대사 도움, 스트레스 해소작용, 면역력 증진	곡류, 콩류, 닭고기	피로, 구역질, 복부경련, 위장증세	

3 피부장애와 질환

▌ 원발진

피부의 1차적 장애 증상으로, 피부질환의 초기 병변이다.

① 반점(macule) : 피부 표면의 색이 변하고, 경계선이 뚜렷한 원형 또는 타원형(주근깨, 기미, 자반, 노화반점 등)

② 소수포(vesicle) : 표피 밑 직경 1cm 미만의 체액 또는 혈청을 가진 물질

③ 대수포(bulla) : 외부의 충격, 온도 변화로 생기며, 직경 1cm 이상의 혈액성 내용물이 담김

④ 홍반(erythema) : 모세혈관의 울혈에 의한 피부 발적

⑤ 구진(papule) : 직경 1cm 미만의 피부 융기물(0.5~1cm)로 만지면 통증이 느껴짐, 염증으로 인해 붉은색을 띰, 여드름의 초기 증상, 경계가 뚜렷하고 끝이 단단한 돌출 부위가 생김(사마귀, 뾰루지, 표피에 형성되어 흔적 없이 치유)

⑥ 결절(nodules) : 통증이 수반되고 치유 후 흉터가 생김, 경계가 명확하며 단단한 유기물로 구진보다 크고 종양보다 작은 형태

⑦ 낭종(cysts) : 생성 초기부터 심한 통증을 수반하는 진피층으로부터 생성된 반고체성 종양(제4기 여드름으로 진피에 자리잡고 통증을 유발, 흉터가 남음)

⑧ 농포(pustule) : 화농이 동반된 융기성의 수포성 병변, 수명은 대부분 짧으며 터지지 않은 채로 말라 없어지기도 함, 외부에서 절개하여 내용물이 나오면 가피가 형성되고 상처와 흔적 없이 치유됨

⑨ 팽진(wheals) : 표재성의 일시적인 부종으로 붉거나 창백함, 다양한 크기로 부어 올랐다가 사라지며 가려움증을 동반(두드러기)

⑩ 종양 : 모양과 색상이 다양한 비정상적인 세포 집단, 양성과 악성종양으로 구분, 직경 2cm 이상의 피부 증식물로 연하거나 단단한 내용물을 가진 종양

⑪ 면포 : 모공 내 표피세포의 과각질화로 빠져나와야 할 피지가 모공 내부에 갇혀서 얼굴, 이마, 콧등에 발생, 각질이 덮여 있으면 흰 면포(화이트헤드), 공기와 접촉하여 산화된 면포는 검은 면포(블랙헤드)

▌ 속발진

피부의 2차적 장애로, 원발진으로 인한 부차적 손상이다.

① 가피(crust) : 염증이나 액체(진물, 혈청, 혈액)가 피부 표면에서 건조된 덩어리로, 보통 세균과 표피 부스러기가 섞여 있음

② 미란(erosion) : 수포가 터진 후 표피만 파괴되어 떨어져 나간 손실 상태로 흉터 없이 치유됨

③ 인설(scale) : 가볍게 긁으면 쉽게 떨어지는 하얀 얇은 껍질, 정상적 각화과정의 이상으로 인한 각질층의 국소적인 증가가 원인

④ 켈로이드(keloids) : 상처가 치유되면서 진피의 교원질이 과다 생성되어 흉터가 굵고 크게 표면 위로 융기한 흔적

⑤ 태선화(lichenification) : 만성자극으로 인하여 표피 전체와 진피의 일부가 건조하고 가죽처럼 두꺼워지는 상태

⑥ 찰상(excoriations) : 기계적 외상, 지속적 마찰, 손톱 긁힘 등에 의한 표피의 손상

⑦ 균열(fissure, 상흔) : 표피나 진피가 질병이나 부상으로 인하여 선상으로 갈라진 것

⑧ 궤양(ulcers) : 염증성 괴사에 의해 표피와 진피에 결손이 온 것으로 둥글거나 불규칙적으로 형성, 치유 후에는 반흔이 됨

⑨ 위축(atrophy) : 진피의 퇴행성 변화로 피부가 얇게 되는 상태

⑩ 과각화증(hyperkeratosis) : 각질 증식을 말하며 피부의 각질층이 두꺼워지는 증상

⑪ 반흔(scars) : 피부 손상이나 질병에 의해 진피와 심부에 생긴 조직결손이 새로운 결체조직으로 대치된 상태로, 정상 치유과정의 하나

▌ 피부질환

① 여드름(acne) : 여드름은 피지선의 만성질환으로 피지 분비가 많은 부위인 얼굴, 목, 가슴과 등에 주로 발생하는 비염증성 또는 염증성 피부질환이다.

② 색소 질환
  • 저색소침착 : 백반증, 백색증
  • 과색소침착 : 기미, 주근깨, 노인성 반점, 지루성 각화증(검버섯) 등

③ 기타 질환
  • 열에 의한 질환 : 화상, 한진(땀띠), 홍반
   ※ 화상 : 1도 - 붉게 변함, 2도 - 수포 발생, 3도 - 흉터 남음
  • 한랭에 의한 질환 : 동상, 동창
  • 기계적인 자극에 의한 질환 : 티눈, 욕창, 굳은살 등

④ 그 외 오타모반(청갈색 또는 청회색 진피성 색소반점), 릴 흑피증(화장품이나 연고 등 외부 자극으로 발생), 벨록피부염(향료에 함유된 요소가 원인인 광접촉 피부염) 등이 있다.

4 피부와 광선

┃ 자외선이 미치는 영향

① 자외선은 체내에서 비타민 D 합성과 인, 칼슘의 흡수를 도와 구루병을 예방하고 뼈, 치아를 단단하게 하여 골다공증을 예방한다.

② 자외선 분류별 특징

구분	UV-A(장파장)	UV-B(중파장)	UV-C(단파장)
파장	320~400nm	290~320nm	200~290nm
특징	• 진피층까지 침투 • 즉각 색소침착 • 광노화 유발 • 피부탄력 감소	• 표피 기저층까지 침투 • 홍반 발생, 일광화상 • 색소침착(기미) • 홍반, 수포 유발	• 오존층에서 흡수 • 강력한 살균작용 • 피부암 원인 • 가장 에너지가 강한 자외선

┃ 적외선이 미치는 영향

① 650~1,400nm의 장파장으로, 보이지 않는 광선

② 피부에 온열 자극을 주어 혈액순환, 신진대사 촉진

③ 피부에 영양분 흡수 촉진

④ 근육이완 및 수축

⑤ 통증 완화 및 진정효과

5 피부면역

┃ 면역의 종류와 작용

① 면역의 구분

구분	자연면역(선천면역)	획득면역(후천면역)
정의	선천적인 저항력으로 스스로 치유하는 면역	병원체 감염 후에 나타나는 후천적인 방어작용
특징	• 비특이적 면역 : 이전의 감염 여부와 관계없이 일어나는 선천적인 방어작용 • 신체적 방어기구 　- 인체 내부를 세균이나 상해로부터 보호 　- 기침, 재채기, 타액, 피부 • 화학적 방어기구 : 내부의 산성 점액질로 화학적인 방어막 형성 • 식균작용과 염증반응 　- 1차 : 백혈구가 몸속 유해한 균을 제거 　- 2차 : 림프구에서 90% 이상 세균 제거	• 특이적 면역 : 병원체에 노출된 후 활성화되어 침입한 병원체에 대한 방어작용 • B림프구 　- 체액성 면역 　- 골수에서 생성 　- 항체는 체액에 존재 　- 면역글로불린이라는 당단백질로 구성 • T림프구 　- 세포성 면역 　- 가슴샘에서 성숙 　- 항체 생성 　- 세포성 면역에 핵심 역할 　- 항원을 인지하여 림포카인을 분비 　- 직접 감염된 세포를 제거

② 용어
- 면역 : 질병을 앓고 난 후 그 질병에 대해 저항성이 생기는 현상
- 항원 : 병을 일으키는 원인 물질, 세균, 바이러스 등
- 항체 : 항원에 대항하기 위해 혈액에서 생성된 당단백질

6 피부 노화

▍ 피부 노화의 원인

① 피부의 생리적 기능 저하는 내인성 요인에 기인하는 노화를 초래한다.
② 표피층의 위축이 나타나며, 표피와 진피의 경계가 얇아진다.

▍ 피부 노화 현상

① 외인성 노화
- 지속적이고 과도한 자외선 노출로 인한 광노화, 심리적 스트레스와 불규칙한 수면, 과도한 운동과 야외 활동, 잘못된 식습관과 생활습관, 계절, 기후, 공해, 환경호르몬 등에 의해 발생
- 증상 : 건조한 피부, 탄력도 저하, 얼룩진 과색소침착, 굵고 깊은 주름, 모세혈관 확장, 자반과 주위의 가성 반흔, 피지선 과형성, 일광각화증, 피부암 등
② 내인성 노화
- 생리적인 원인으로 인하여 신진대사를 조절하는 각종 호르몬 분비의 감소, 피부의 구조적 변화 및 세포 활성의 저하가 발생
- 증상 : 주름, 수축성 저하, 양성종양

03 | 해부생리학

1 세포와 조직

▌ 세포의 구조 및 작용

인체의 기본 구성은 세포(cell), 조직(tissue), 기관(organ), 계통(system)으로 되어 있다.

▌ 세포

① 세포는 인체를 구성하는 최소의 생명 단위로, 생물체를 구성하는 형태적·기능적 최고 단위이다.
② 세포는 원형질(protoplasm)과 이를 둘러싸는 얇은 세포막(cell membrane)으로 구성된다.
③ 세포막은 3층 구조로 내층(단백질), 중층(인지질), 외층(단백질과 탄수화물)으로 되어 있다.
④ 세포막의 기능
  • 세포의 외형 유지, 흡수와 배설기능
  • 세포 밖으로부터의 정보 수용체 역할 수행, 관문으로 작용
  • ATP(Adenotriphosphate) 분해효소 존재
  • 세포 간의 상호작용 수행
  • 조직이나 기관 형성 시 세포의 인지능력 및 항상성 유지

▌ 핵

① 세포 전체의 대사조절 활동, 세포분열의 역할
② 구성
  • 인(nucleolus) : 핵 내부에 존재, 단백질과 RNA로 구성, RNA를 합성, 세포 성장과 리보솜 합성에 관여
  • 염색질(chromatin) : 단백질과 DNA 함유, 유전(heredity)에 관여
  • 염색체(chromosome) : DNA를 복제하여 단백질 합성, DNA는 유전자(gene)를 가짐

▌ 세포질

세포 소기관 + 포함물(지방소적, 당원과립, 난황과립, 분비과립, 색소과립, 결정체)
① 미토콘드리아(mitochondria, 사립체) : 세포호흡에 관여하는 각종 효소를 가지고 있고 세포 내의 주요한 에너지 대사장치로서 간세포에 많이 존재, 산화효소를 생성, 영양분을 분해, ATP를 만들어 에너지를 생산

② 소포체(내형질세망, endoplasmic reticulum) : 물질의 흡수·수송·배출, 단백질 합성에 관여

③ 리보솜(ribosome) : 세포의 성장과 분열, 세포 내에서 필요한 단백질 합성에 중추 역할

④ 골지체 : 세포질 그물에서 생산·운반해 온 물질을 농축하여 배출하고, 당단백질, 점액, 당류의 합성에도 관여

⑤ 리소좀(용해소체, lysosome) : 지방, 단백질, DNA, RNA, 탄수화물, 세포 속으로 들어온 세균이나 이물질을 포식작용으로 소화·분해하여 세포의 방어기전을 담당

⑥ 중심소체(central body) : 쌍으로 핵의 상부에 존재하며, 2개의 소체로 유사분열 시 방추사를 형성하여 염색체 이동에 관여

조직구조 및 작용

① 조직(tissue) : 같은 종류의 세포 집단이다. 즉, 개체 내에서 분화의 방향이 같고 구조와 기능이 비슷한 세포끼리 모인 집단을 말한다.

② 구조 및 작용 : 구조와 기능에 따라 상피조직(epithelial tissue), 결합조직(connective tissue), 근육조직(muscular tissue) 및 신경조직(nervous tissue) 등으로 분류된다. 인체의 4대 기본 조직으로, 조직의 기능은 흡수, 운반, 분비, 보호, 감각수용 기능이 있다.

상피조직	신체, 몸 안, 기관의 안과 바깥 표면을 싸서 보호하며, 그 존재 부위에 따라서 흡수, 분비, 감각작용을 한다.
결합조직	• 인체 중 가장 널리 분포된 조직으로, 세포와 세포간질로 구성된다. 각종 조직 사이나 기관 사이를 결합 또는 채우고 있는 조직이다. • 상피조직과 그 아래층을 지지하는 결합조직을 합쳐서 막(조직, membrane)이라고 하고, 대표적인 것이 장막, 점막, 윤활막이다. • 결합조직 구성 섬유 : 교원섬유, 탄력섬유, 세망섬유
근육조직	• 조직 중에서 수축성이 강한 근육세포(muscle cell)로 구성된다. • 근육세포는 모양이 좁고 길어 근육섬유(근섬유, muscle fiber)라고도 한다. • 형태학적으로 평활근(민무늬근), 골격근(뼈대근), 심장근의 3가지 종류가 있다.
신경조직	• 뉴런(신경단위, neuron) : 신경계를 구성하는 형태적, 기능적 최소 단위 • 시냅스(연접, synapse) : 한쪽 신경세포의 신경돌기가 다른 쪽 신경세포의 신경돌기 혹은 세포체 표면에 연결되는 것

세포막을 통한 물질 이동

① 확산(diffusion)

• 농도가 높은 곳에서 낮은 곳으로 퍼지는 것

• 브라운 운동(Brown motion)으로 물질의 분자가 농도 경사에 따라서 이동하는 현상

예 폐에서 O_2와 CO_2의 가스 교환

② 삼투(osmosis)

• 반투과성 막을 사이에 두고 두 용액의 농도가 다르면 농도가 낮은 쪽에서 높은 쪽으로 용매가 이동하는 현상

• 삼투압(osmotic pressure) : 저농도에서 고농도로 반투막을 경계로 용질은 통과할 수 없고 용매만 이동하며, 한쪽에서 다른 쪽으로 밀어내는 힘

③ 여과(filtration)
- 막 내외의 압력의 차가 있을 때 압력의 높은 곳에서 낮은 쪽으로 막을 통해서 액체가 이동하는 물리적인 현상을 말한다.
- 화학실험에서 여과지를 써서 액체와 고체 입자를 분리할 때 사용하는 방법이다.
  예 모세혈관과 조직 사이의 물질 이동, 사구체의 물질 이동 등
④ 운반체에 의한 이동
- 세포막에는 특수 분자인 운반체가 있어 농도 경사의 방향에 따라서만 일어난다.
- 단순한 확산보다 이동 속도가 빠르다.
⑤ 능동적 운반(active transport), 에너지 효소계(energy-enzyme system)
- 포도당이나 아미노산 등의 세포 구성 성분들이 외부보다 세포 내부가 높은 상태이지만 내부를 향하여 이동이 일어난다.
- 어떤 물질이 농도 경사와 전압 경사에 역행하여 이동되는 것이다.
- 운반체가 필요한 원소를 세포질 속에 넣어 주는 것으로 세포막이 에너지를 소모하면서 물리적·화학적인 에너지 경사와는 반대 방향으로 물질을 이동시키는 것으로 세포가 살아 있을 때만 가능하다.

2 뼈대(골격)계통

▎ 뼈(골)의 형태 및 발생

① 골격계는 뼈·관절로 구성되는 신체의 수동적 운동기관으로, 신체를 구성하고 지주 역할을 담당한다.

② 뼈의 기능

지지	장기를 지탱하고 고정시키며, 몸의 무게를 견디는 강한 뼈대를 제공한다(다리뼈는 몸통을 지지).
보호	뼈는 부드러운 신체 장기를 보호한다. 예로 흉곽은 흉곽(가슴우리) 내의 주요 장기, 척주는 척수, 두개강은 뇌, 골반강은 방광이나 자궁 등을 보호한다.
운동	건(힘줄)으로 뼈에 부착된 골격근육은 뼈를 지렛대로 사용하여 신체와 신체 부위를 움직이도록 한다.
조혈	뼈 속에 있는 골수강 내의 적골수는 조혈기관으로 적혈구나 백혈구를 생산한다.
저장	뼈는 무기질을 비롯하여 칼슘과 인, 공기 등 중요한 성분이 저장된다.

③ 뼈의 분류

구분	종류	특징
장골(긴뼈, long bone)	상완골(위팔뼈, humerus), 대퇴골(넙다리뼈, femur) 등	긴 축을 가지는 뼈로서 뼈 속에 골수강(medullary cavity)을 가진다.
단골(짧은뼈, short bone)	수근골(손목뼈, carpal), 족근골(발목뼈, tarsals) 등	넓이와 길이가 서로 비슷한 짧은 뼈이다.
편평골(납작뼈, flat bone)	두개골(머리뼈, skull), 흉골(복장뼈, sterum) 등	납작한 모양의 뼈이다.

구분	종류	특징
불규칙골 (irregular bone)	척추골, 관골(볼기뼈, hip bone) 등	일정한 모양이 아닌 불규칙한 뼈이다.
함기골(공기뼈, air bone)	전두골(이마뼈, frontal bone), 접형골(나비골, sphenoid bone), 측두골(관자뼈, temporal bone) 등	뼈 속 빈 공간에 공기를 함유하고 있어 뼈의 무게를 줄여주거나 공기를 공명시킨다.
종자골(종강뼈, sesamoid bone)	슬개골(무릎뼈, patella)	건(힘줄, tendon) 속에 있는 참깨 형태의 작은 뼈이다. 슬개골 모양이 참깨같이 씨앗 모양처럼 생겼다.

④ 뼈의 구조

- 골막 : 결합조직으로 골외막, 골내막으로 구분되며 뼈를 보호하고 골절 시 뼈를 재생시키는 역할을 한다. 근육이나 힘줄이 붙는 자리를 마련하고 혈관, 림프관, 신경을 통과시키는 바탕이 된다.
- 골수 : 해면골을 채우는 조직으로 적골수, 혈구를 생산한다.
- 골조직 : 조직에 따라 치밀뼈와 해면뼈 두 종류로 나뉜다.

치밀뼈 (compact bone)	• 긴 뼈의 축과 다른 뼈의 바깥을 구성하며 밀집도가 높고 단단하다. • 이 물질들은 뼈 단위(osteon) 혹은 하버시안계(Haversian systems)라고 부르는 아주 미세한 실린더 형태의 단위를 구성하며, 각각의 단위는 혈관 주위에 원의 형태로 형성된 성숙한 뼈세포를 가진다.
해면뼈 (spongy bone)	• 치밀뼈와 다르게 막대기처럼 생긴 뼈잔기둥(trabecula)에 해면뼈의 조직이 달라붙어 있으며, 기둥 사이의 불규칙적인 구멍이 스펀지 모양을 만든다. • 해면뼈는 뼈바깥막과 비슷하게 생긴 뼈속막(endosteum)과 함께 줄지어 있어서, 뼈를 더 가볍게 하고 적혈세포를 생산하는 적색 골수에 공간을 제공한다.

⑤ 뼈의 성장과 재생

- 뼈는 길이와 두께 성장을 함으로써 우리 몸의 무게를 충분히 버틸 수 있도록 한다.
- 뼈 성장방법
  - 막내골화법 : 편평골 성장방법, 두께 성장
  - 연골내골화법 : 초자연골에 의한 뼈 길이 성장
- 뼈 성장 과정의 세포

뼈모세포(골모세포, osteoblast)	뼈 바탕질을 생성하는 새로 형성되는 세포로서 뼈 형성에 관여한다. 골아세포라고도 하며 뼈의 표면에 나타난다.
뼈세포(골세포, osteocyte)	성숙 뼈세포로서 층판 사이의 골소강 내에 거미 모양으로 위치하고, 골세관의 세포돌기에 의해 인접한 뼈세포와의 연락을 유지한다.
뼈파괴세포(파골 세포, osteoclast)	크기가 크고 다핵세포, 용해소체를 다량 함유한 세포로서 골모세포에서 형성된 뼈를 기능에 맞게 뼈조직을 흡수하여 골수공간, 혈관 및 신경의 통로로 만드는 역할을 한다.

▌ 전신뼈대(전신골격)

① 인체 골격은 크고 작은 206개의 뼈와 연골, 관절, 인대 등으로 구성되며, 몸의 중심축을 이루는 체간골격 80개(두개골, 척주, 흉곽)와 여기에 결합되어 있는 체지골격 126개(상지대, 상지, 하지대, 하지)로 구분된다.

체간골격 (80개)	• 몸 중앙, 장축을 형성하는 80개의 뼈로, 몸의 장기를 보호하고 지지하며 근육 등의 부착점이 된다. • 두개골(뇌를 담는 뇌두개, 뇌머리뼈, cranial bone)를 형성하는 8개와 얼굴 외곽 구조를 형성하는 안면골(얼굴뼈, facial bone)을 이루는 14개, 중이(middle ear) 안의 6개의 작은 뼈들(이소골), 설골 1개, 척주골 26개, 흉골 1개, 늑골 24개 총 80개로 이루어져 있다.
체지골격 (126개)	• 상지대(쇄골 2개, 견갑골 2개), 상지[상완골 2개, 전완(척골 2개, 요골 2개)], 손뼈(수근골 16개, 중수골 10개, 수지골 28개) • 하지대(관골 2개), 하지[대퇴골 2개, 슬개골 2개, 하퇴(경골 2개, 비골 2개)] 및 발뼈(족근골 14개, 중족골 10개, 족지골 28개)

※ 척주 : 경추 7개, 흉추 12개, 요추 5개, 천추 5개(융합 1개), 미추 4개(융합 1개) 총 33개(26개)의 척추뼈와 추간원판이 겹쳐져서 형성되어 몸통을 받치는 기둥으로, 축의 역할을 한다. 척수를 싸고 있으며, 신경 및 혈관을 보호한다.

② 관절
  • 섬유관절 : 두개골, 움직임이 없음
  • 연골관절 : 척추, 약간의 움직임
  • 윤활관절 : 팔과 다리, 움직임이 있음
③ 연골 : 탄력성이 있으며, 골 사이의 충격 흡수·완충 역할을 함

③ 근육계통

▌ 근육의 형태 및 기능

① 인체의 40~45%를 차지하는 근육계는 수축성이 강한 조직으로 인체의 모든 움직임을 담당하는 계통이다. 골격근(뼈대근육), 심장근육, 평활근(민무늬근육), 근막, 힘줄, 널힘줄, 윤활주머니로 구성되는 신체의 능동적 운동장치와 부속기관들이다.
② 근조직 형태에 따른 구분
  • 횡문근(가로무늬근) : 가로무늬가 있는 근육(골격근, 심근)
  • 평활근(민무늬근) : 가로무늬가 없는 근육(내장근)
③ 근조직 기능에 따른 구분
  • 수의근 : 스스로의 의지대로 움직일 수 있는 근육(골격근)
  • 불수의근 : 스스로의 의지대로 움직일 수 없는 근육(내장근, 심근)

④ 근육의 구성 위치에 따른 구분

골격근	• 골격에 부착 • 기시부와 정지부가 있으며 수축에 의해 관절운동 • 근섬유는 가느다란 세포이며 핵은 섬유의 가장자리에 위치 • 횡문근으로 현미경으로 봤을 때 밝고 어두운 줄무늬가 보임 • 수의근으로 전신의 관절운동에 관여하며 쉽게 피로를 느낌
심근	• 심장벽의 근육 • 골격근보다 심근섬유가 가늘고 짧음 • 횡문근이며 불수의근
내장근	• 내장기관 및 혈관벽을 형성 • 평활근이며 불수의근

▌ 전신근육

① 근육계의 기능 : 운동기능(신체운동, 호흡운동, 혈액순환), 체열 생산, 음식물 이동, 자세 유지, 배변과 배뇨

② 근조직의 특성

구분	골격근	심근	평활근
무늬	횡문근(가로무늬근)	횡문근(가로무늬근)	민무늬근
의지	수의근	불수의근(자율신경의 지배)	불수의근(자율신경의 지배)
근세사 배열	규칙적	규칙적	불규칙적

▌ 골격근의 미세구조

① 근원섬유
- 미오신 근세사(myosin filament) : 굵은 섬유
- 액틴 근세사(actin filament) : 가는 섬유
- 트로포미오신(tropomyosin) : 액틴의 결합 부위를 방해하는 수축성 단백질
- 트로포닌(troponin) : 액틴의 결합 부위를 차단하는 트로포미오신을 끌어당겨서 액틴의 결합 부위를 열어 미오신이 액틴과 결합할 수 있도록 함

② 골격근의 미세구조도
- 명대(I-band) : 밝은 부위, 단굴성 물질, 중앙에 Z-line 있음
- 암대(A-band) : 어두운 부위, 중굴성 물질, 중앙에 H-zone 있음
- 근절(sarcomere) : Z~Z line 사이, 근육수축의 최소 단위
- Z-line : I-band 중간에 어두운 점들이 선처럼 나타나는 부분
- H-zone : 굵은 섬유(myosin filament)만 있어서 좀 더 밝게 보이는 부분
- M-line : H-zone 중앙에 굵은 섬유가 부풀어 생긴 지점

▌ 인체 주요 근육

① 저작근

근육명	작용
측두근(관자근, temporalis)	하악골을 상후방으로 당긴다.
교근(깨물근, masseter)	하악골을 상전방으로 당긴다.
내측익돌근(안쪽날개근, medial pterygoid)	하악골을 상전방으로 당기거나 저작 시 회전운동을 한다.
외측익돌근(가쪽날개근, lateral pterygoid)	하악골을 하전방으로 당기거나 저작 시 회전운동을 한다.

② 눈의 외안근

근육명	작용
상직근(위곧은근, superior rectus)	안구의 위로 당기거나 내전 및 내측회전
하직근(아래곧은근, inferior rectus)	안구를 밑으로 당기거나 내전 및 내측회전
내측직근(안쪽곧은근, medial rectus)	안구내전
외측직근(가쪽곧은근, lateral rectus)	안구외전
하사근(아래빗근, inferior oblique)	안구를 위로 당기거나 외전 및 외측회전 보조
상사근(위빗근, superior oblique)	안구를 밑으로 당기거나 외전 및 외측회전 보조

③ 천배근

근육명	작용
승모근(등세모근, trapezius)	견갑골의 상승, 하강, 내전, 회전
견갑거근(어깨올림근, levator scapula)	견갑골의 거상
소능형근(작은마름근, rhomboid minor)	견갑골 내전과 회전
대능형근(큰마름근, rhomboid major)	견갑골 내전과 회전
광배근(넓은등근, latissimus dorsi)	상완의 신전, 내전, 내측회전

④ 심배근

근육명		작용
판상근	두판상근(머리널판근, splenius capitis)	두·경부의 신전과 외측굴곡
	경판상근(목널판근, splenius cervicis)	목의 신전과 외측굴곡
척주세움근 (척주기립근)	장늑근(엉덩갈비근, iliocostalis)	척주의 신전과 외측굴곡
	최장근(가장긴근, longissimus)	척주의 신전과 외측굴곡 및 회전
	극근(가시근, spinalis)	척주의 신전과 외측굴곡 및 회전
심층고유배근	반극근(반가시근, semispinalis)	척주의 신전과 외측굴곡
	다열근(뭇갈래근, multifidus)	척주의 신전과 외측굴곡, 회전보조
	회전근(돌림근, rotatores)	척주회전 보조
	극간근(가시사이근, interspinales)	척주신전 보조
	횡돌간근(가로돌기사이근, intertransversarii)	척주의 외측굴곡 보조

⑤ 천층 흉부근

근육명	작용
대흉근(큰가슴근, pectoralis major)	상완골의 굴곡, 내전, 내측회전
소흉근(작은가슴근, pectoralis minor)	견갑골을 전하방으로 당김
전거근(앞톱니근, serratus anterior)	견갑골의 외전(전인)
쇄골하근(빗장밑근, subclavius)	쇄골을 하방으로 당김

⑥ 복부의 근

근육명	작용
복직근(배곧은근, rectus abdominis)	체간의 굴곡
추체근(배세모근, pyramidalis)	백선의 긴장 유지
외복사근(배바깥빗근, external abdominal oblique)	척주의 회전과 굴곡, 복부내장 압박
내복사근(배속빗근, internal abdominal oblique)	척주의 회전과 굴곡, 복부내장 압박
복횡근(배가로근, transversus abdominis)	복부내장 압박, 외복사근, 내복사근 보조
요방형근(허리네모근, quadratus lumborum)	한쪽만 작용 시 척주의 외측굴곡, 체간의 굴곡 보조

⑦ 견부의 근

근육명	작용
삼각근(어깨세모근, deltoid)	상완의 굴곡, 외전 내측 · 외측회전
극상근(가시위근, supraspinatus)	상완의 외전
극하근(가시아래근, infraspinatus)	상완의 외측회전
소원근(작은원근, teres minor)	상완의 내전과 외측회전
대원근(큰원근, teres major)	상완의 내전과 내측회전
견갑하근(어깨밑근, subscapularis)	상완의 내측회전

⑧ 상완부의 근

근육명	작용
상완이두근(위팔두갈래근, biceps brachii)	전완의 굴곡, 회외 전완 고정시 상완의 굴곡
상완근(위팔근, brachialis)	전완의 굴곡
오훼완근(부리위팔근, coracobrachialis)	상완의 굴곡과 내전
상완삼두근(위팔세갈래근, triceps brachii)	전완의 신전
주근(팔꿈치근, anconeus)	전완의 신전, 상완삼두근 보조

⑨ 골반 내측근

근육명	작용
대요근(큰허리근, psoas major)	대퇴의 굴곡, 하지 고정 시 척주의 굴곡
소요근(작은허리근, psoas minor)	대요근을 도와 척주의 굴곡
장골근(엉덩근, iliacus)	대퇴의 굴곡

⑩ 대퇴부의 근

근육명		작용
내측부	치골근(두덩근, pectineus)	대퇴의 굴곡, 내전, 내측회전
	장내전근(긴모음근, adductor longus)	대퇴의 내전, 대퇴의 굴곡보조
	단내전근(짧은모음근, adductor brevis)	대퇴의 내전, 대퇴의 굴곡보조
	대내전근(큰모음근, adductor magnus)	대퇴의 내전, 상부는 대퇴의 굴곡, 하부는 대퇴의 신전
	박근(두덩정강근, gracilis)	대퇴의 굴곡, 내전
전부	봉공근(넓다리빗근, sartorius)	대퇴와 하퇴의 굴곡, 대퇴의 외측회전
	대퇴직근(넓다리곧은근, rectus femoris)	대퇴의 굴곡, 하퇴의 신전
	내측광근(안쪽넓은근, vastus medialis)	하퇴의 신전
	중간광근(중간넓은근, vastus intermedius)	하퇴의 신전
	외측광근(가쪽넓은근, vastus lateralis)	하퇴의 신전
후부	대퇴이두근(넓다리두갈래근, biceps femoris)	대퇴의 신전, 하퇴의 굴곡, 슬관절 반굴곡 시 하퇴의 외측회전
	반건양근(반힘줄근, semitendinosus)	대퇴의 신전, 하퇴의 굴곡, 슬관절 반굴곡 시 하퇴의 내측회전
	반막양근(반막근, semimembranosus)	

⑪ 하퇴의 근

근육명		작용
전면부	전경골근(앞정강근, tibialis anterior)	발의 배측굴곡과 내번작용
	장지신근(긴발가락폄근, extensor digitorum longus)	발가락의 신전, 발의 배측굴곡에 관여
	장무지신근(긴엄지폄근, extensor hallucis longus)	발가락의 신전, 발의 배측굴곡에 관여
	제3비골근(셋째종아리근, peroneus tertius)	발의 배측굴곡, 외번작용
외면부	장비골근(긴종아리근, peroneus longus)	발의 저측굴곡, 외번에 관여
	단비골근(짧은종아리근, peroneus brevis)	발의 저측굴곡, 외번에 관여
후면부	비복근(장딴지근, gastrocnemius)	발의 저측굴곡에 관여
	가자미근(soleus), 족저근(장딴지빗근, plantaris)	발의 저측굴곡에 관여
	슬와근(오금근, popliteus), 장지굴근(긴발가락굽힘근, flexor digitorum longus), 장무지굴근(긴엄지굽힘근, flexor hallucis longus), 후경골근(뒤정강근, tibialis posterior)	발가락 굴곡, 발의 저측굴곡 보조, 내번에 관여

※ 용어 설명
- 굴곡 : 숙이기
- 신전 : 뒤로 젖히기
- 외측굴곡 혹은 신전 : 좌우 옆으로 숙이기
- 회전 : 좌우로 돌리기
- 배측굴곡 : 발등 굽힘
- 저측굴곡 : 발바닥 굽힘

4 신경계통

신경조직

① 중추신경(뇌·척수)을 중심으로 연결된 말초신경과 자율신경으로 구성, 신체의 감각과 운동 및 내·외부 환경에 대한 적응 등을 조절하는 기관이다.

② 신경계는 자극 전달 방향에 따라 감각기능, 통합기능, 운동기능 등 세 가지 기능을 수행한다.

※ 자극의 전달 경로 : 감각 → 감각신경세포 → 연합신경세포 → 운동신경세포 → 근육

▌ 신경계의 구조와 기능

① 뉴런(신경세포, neuron, 신경원)
- 신경계를 구성하는 기본 단위이다.
- 뉴런의 기본 구조
  - 세포체 : 핵과 세포질로 구성, 수상돌기(가지돌기)에서 자극을 받아들인다.
  - 수상돌기 : 다른 뉴런이나 감각기에서 자극을 받아들인다.
  - 축삭돌기 : 자극을 다른 뉴런이나 근육에 전달한다.
- 뉴런의 분류
  - 감각뉴런 : 감각기관에서 받은 자극을 뇌나 척수로 전달
  - 연합뉴런 : 뇌나 척수를 구성하는 뉴런, 각 뉴런의 자극을 받아 명령을 내리는 역할
  - 운동뉴런 : 뇌나 척수로부터 받은 명령을 반응기관으로 전달

② 신경교
- 성상교세포(별아교세포), 희돌기세포(희소돌기아교세포), 소교세포(미세아교세포), 상의세포(뇌실막세포), 슈반세포(신경집세포) 등이 있다.
- 신경교의 기능
  - 뉴런의 성장, 영양 공급, 지지작용
  - 노폐물 처리 및 수초 생산
  - 세포외액의 K^+(칼륨)의 완충작용
  - 뇌혈관 장벽 형성
  ※ 시냅스 : 뉴런이 모여 있는 부위, 돌기 사이의 신호 전달

▌ 중추신경

① 중추신경계통(central nervous system)은 뇌(brain)와 척수(spinal cord)로 구성되는데, 이들은 후두골(뒤통수뼈, occipital bone)의 대공(큰구멍, foramen magnum)을 경계로 서로 연결되어 있다.

② 중추신경계의 기능 : 말초신경계로부터 받아들인 여러 자극 통합·분석 → 적절한 흥분을 일으킴 → 반사적으로 이 흥분을 골격근육, 내장근육, 심장근육 및 선(샘, gland) 조직 등의 효과기로 보냄 → 몸이 외부 환경의 변화에 적응할 수 있도록 함

▌ 뇌의 구조와 기능

① 대뇌(cerebrum)

- 감각과 운동의 중추
- 학습, 감정, 기억, 추리, 판단 등의 고등 정신작용을 담당

대뇌피질(회백질)	• 운동영역 : 몸의 운동 주관 • 감각영역 : 각종 감각 감지 • 연합영역 : 고등 정신기능 담당
대뇌수질(백색질)	• 기저핵(바닥핵) : 소뇌와 함께 신체운동과 자세 조정, 반사활동의 통합 • 변연계(둘레계통) : 본능적 행동(침 분비, 호흡, 배변, 배뇨, 발기 등)

- 대뇌엽
  - 전두엽(이마엽, frontal lobe) : 언어·운동 영역(수의적 운동)
  - 두정엽(마루엽, parietal lobe) : 감각 영역(통증, 접촉, 온감, 냉감)
  - 후두엽(뒤통수엽, occipital lobe) : 시각 영역
  - 측두엽(관자엽, temporal lobe) : 청각, 후각 영역

② 간뇌(사이뇌, diencephalon)

- 시상 : 감각의 최고 중추
- 시상하부 : 자율신경을 조절하는 중추로 체온, 혈압, 혈당, 체내 수분량 등을 조절
- 뇌하수체 : 신체의 내분비 기능 조절

③ 뇌간(뇌줄기, brain stem)

- 중뇌(중간뇌) : 안구의 운동, 홍채의 작용 조절
- 교뇌(다리뇌) : 호흡중추와 골격근(뼈대근)의 긴장 조절
- 연수(숨뇌) : 호흡, 소화, 순환, 배설 등 생명활동과 직결되는 중추, 재채기, 하품, 침 분비 등의 반사중추로 일명 숨골이라고 함

④ 소뇌(cerebellum) : 근육운동 조절과 몸의 균형 유지

▌ 뇌막의 구조

① 경막(경질막, dura mater) : 뇌의 가장 바깥쪽 막
② 지주막(거미막, arachnoid) : 뇌척수액 수용
③ 연막(연질막, pia mater) : 뇌척수액 분비

▌ 뇌척수액

① 뇌와 척수의 지주막과 연막 사이에 존재하는 액체로 기계적 충격으로부터 뇌와 척수를 보호
② 뇌척수액 순환경로 : 맥락총(맥락얼기) 분비 → 측뇌실(가쪽뇌실) → 셋째뇌실 → 중간뇌수도관 → 넷째뇌실 → 지주막하강(거미막밑공간) → 상시상정맥동 흡수 → 심장

▌ 척수의 구조와 기능

① 위치 : 척추의 척주관 내 후두골의 대공에서 둘째 요추 사이

② 구성 : 경수(8쌍) + 흉수(12쌍) + 요수(5쌍) + 천수(5쌍) + 미수(1쌍)

척수피질	백색질(말이집신경섬유 집합체), 뇌와 연결된 감각성신경로(오름신경로) 및 운동신경로(내림신경로)가 위치하는 곳
척수수질	회색질(신경세포체의 집합 : H자형) • 전각(앞뿔) : 운동섬유 → 원심성섬유 • 후각(뒤뿔) : 감각섬유 → 구심성섬유 • 측각(가쪽뿔) : 내장운동섬유 • 회백교련(등쪽섬유단) : 회백질교차로 중심부에서 전각과 후각을 연결시키는 부분

③ 기능

• 척추 속에 있는 중추신경으로 뇌와 말초신경 사이의 흥분 전달 통로

• 무릎반사 중추

▌ 말초신경

① 중추신경계로부터 온몸의 조직이나 기관에 퍼져 있는 신경계

② 자극을 중추신경계에 전달하거나 중추신경계의 명령을 반응기에 전달함

③ 체성신경계(SNS ; Somatic Nervous System)

• 신체의 일반적인 운동과 특수감각 지배신경으로 뇌신경과 척수신경으로 구성

뇌신경(12쌍)	척수신경(31쌍)
• 제1신경 : 후각신경(olfactory nerve) • 제2신경 : 시각신경(optic nerve) • 제3신경 : 동안신경(눈돌림신경, oculomotor nerve) • 제4신경 : 활차신경(도르래신경, trochlear nerve) • 제5신경 : 삼차신경(trigeminal nerve) • 제6신경 : 외전신경(갓돌림신경, abducens nerve) • 제7신경 : 안면신경(얼굴신경, facial nerve) • 제8신경 : 내이신경(속귀신경, acoustic nerve) • 제9신경 : 설인신경(혀인두신경, glossopharyngeal nerve) • 제10신경 : 미주신경(vagus nerve) • 제11신경 : 부신경(더부신경, accessory nerve) • 제12신경 : 설하신경(혀밑신경, hypoglossal nerve)	• 경신경(목신경) 8쌍 • 흉신경(가슴신경) 12쌍 • 요신경(허리신경) 5쌍 • 천골신경(엉치신경) 5쌍 • 미골신경(꼬리신경) 1쌍

• 척수신경총 : 경부와 몸통의 앞면부터 옆면에 걸친 근육과 피부, 팔과 다리의 모든 근육과 피부에 분포하여 감각 지배

 - 경신경총(목신경얼기, C1~C4)

 - 완신경총(팔신경얼기, C5~T1)

 - 요신경총(허리신경얼기, T12~L4)

 - 천골신경총(엉치신경얼기, L4~S5)

④ 자율신경계(ANS ; Autonomic Nervous System)
- 교감신경과 부교감신경은 불수의근으로서 서로 길항작용을 함
- 내장기관, 혈관 및 분비샘 등의 지배신경
- 생명 유지 : 호흡, 순환, 흡수, 대사, 배설, 생식 등의 무의식적 반사활동

교감신경(sympathetic nerve)	부교감신경(parasympathetic nerve)
• 흉수(가슴분절 : T1~T12)와 요수(허리분절 : L1~L3)에서 나오는 신경 • 신경절 이전섬유는 짧고 신경절 이후섬유는 긺 • 교감신경의 절전섬유 말단 : 아세틸콜린 분비 • 교감신경의 절후섬유 말단 : 노르에피네프린 분비	• 뇌간(뇌줄기) 및 천수(엉치분절)에서 나오는 신경 • 신경절 이전섬유는 길고 신경절 이후섬유는 짧음 • 부교감신경의 절전, 절후섬유 말단 : 아세틸콜린 분비

5 순환계통

심혈관계통

① 심장·혈액·혈관·림프·림프관·비장(지라) 및 흉선(가슴샘) 등으로 구성되며, 영양분과 가스 및 노폐물 등을 운반하고, 림프구 및 항체의 생산으로 신체의 방어작용을 담당한다.
② 심혈관계통 기능
- 혈액의 기능 지지, 펌프작용
- 특수화된 혈관의 구조
- 신선한 혈액 운반

심장

① 위치와 크기
- 심장은 약 300g의 무게로 가슴의 왼쪽에 위치하며, 흉골을 기준으로 왼쪽으로 2/3, 오른쪽으로 1/3이 위치한다.
- 심장은 심막에 의해 둘러싸여 있다.
② 심벽과 막
- 심벽 : 3층의 조직으로, 풍부한 혈관으로 혈액을 방출해 내는 펌프작용 구성
- 심내막 : 심장의 가장 내부에 위치하며 윤이 나고 부드러운 표면
- 심외막 : 심장의 가장 외층으로 심막의 내면과 연결
- 심근 : 심근조직으로 구성된 두꺼운 중간층으로, 심장의 펌프 역할
- 심장판막 : 혈액이 한 방향으로만 흐르도록 함

③ 심장의 방과 실
- 심장은 2개의 심방과 2개의 심실로 구성(2심방 2심실로 구성)
- 심방 : 혈액 유입, 심실 : 혈액 방출
- 우심방 : 대정맥(상대정맥, 하대정맥)으로부터 혈액을 받아들임
- 우심실 : 탈산화된 혈액을 폐로 보냄
- 좌심방 : 폐(폐정맥)로부터 혈액 유입
- 좌심실 : 대동맥으로 혈액 방출

④ 혈액순환
- 대순환(체순환) : 좌심실 → 대동맥 → 동맥 → 소동맥 → 모세혈관 → 전신 → 소정맥 → 정맥 → 대정맥 → 우심방
- 소순환(폐순환) : 우심실 → 폐동맥 → 폐 → 모세혈관 → 폐정맥 → 좌심방

▌ 혈액

① 혈액의 구성
- 혈장 : 혈액의 약 55% 차지, 물, 전해질, 영양소 및 혈장단백질로 구성
- 혈구 세포(고형성분) : 적혈구, 백혈구, 혈소판

② 혈구 세포의 기원, 조혈 부위
- 적혈구, 백혈구, 혈소판은 하나의 줄기세포에서 온 적골수에서 생성
- 림프구와 단핵구는 적골수에서 온 것으로, 일부 림프구는 림프조직에서 성숙

③ 혈액의 기능
- 세포 환경을 일정하게 유지
- 병원균으로부터 신체 방어, 지혈작용
- 체액의 pH 조절, 일정한 체온 유지(인체의 항상성 유지)

④ 혈액의 성분

구분	적혈구	백혈구	혈소판
특징	• 골수에서 생성 • 작고 유연한 원반 모양의 세포 • 적혈구의 구성 : 대부분 혈색소 • 적혈구 합성물질 : 철분, 비타민 B_{12}, 엽산 등 • 적혈구 생성 : 적혈구 조혈인자에 의해 조절 • 적혈구 파괴 : 간과 비장	• 유핵 • 백혈구의 분류 　- 과립구 : 호중구(식균작용), 호염기구(염증, 알레르기 반응)와 호산구(감염대응, 염증 조절) 　- 무과립구 : 림프구(면역)와 단핵구(식균작용)	• 무핵 • 무색
기능	• 폐에서 각 조직으로 산소 운반, 조직에서 폐로 이산화탄소 운반하여 방출(헤모글로빈) • 체액의 전해질 균형을 조절(수소 이온의 균형) • 혈액의 점성 유지	• 식균작용 • 방어(면역)작용 : 항체 생산과 감염으로부터 신체를 방어	• 지혈작용 • 혈액응고 관여

⑤ 혈장단백질
- 성분 : 알부민(A, 55%), 글로불린(G, 38%), 피브리노겐(7%)
- 혈장단백질의 기능 : 완충제 역할, 물질의 수송, 혈액응고(피브리노겐), 방어작용(글로불린)

⑥ 혈관
- 동맥 : 탄력성이 있으며 심장에서부터 혈액을 운반하고, 가장 작은 세동맥을 포함, 심장으로부터 나가는 혈액의 통로
- 모세혈관 : 혈관 중 가장 작고 가장 수가 많으며 신체의 모든 세포에 접해 있음, 동맥과 정맥을 잇는 가는 관으로 가스 교환이 쉽게 이루어짐
- 정맥 : 모세혈관에서 심장으로 혈액을 운반하고 가장 작은 세정맥을 포함, 전신에 퍼져 있는 혈액을 심장으로 모아들이는 혈관
- 혈류의 방향 : 좌심실 → 동맥 → 세동맥 → 모세혈관 → 세정맥 → 정맥을 거쳐 우심으로 이동

⑦ 혈관벽의 구조
- 내막 : 내층으로 부드럽고 매끄러운 내피
- 중막 : 중간층으로 탄력조직과 평활근으로 구성
- 외막 : 결합조직으로 외층 형성

▌ 림프

① 림프
- 림프(림프액) : 림프관이 순환을 위해 심장으로 운반하는 물, 전해질, 대사물, 단백질을 포함한 맑은 액체
- 림프관 내에 흐르는 체액은 림프액으로 물과 전해질은 혈장에서 조직 사이로 여과
- 림프계 구성 : 림프관, 림프절, 림프기관, 림프조직 및 림프의 큰 조직
  ※ 림프기관 : 림프절, 편도, 흉선, 비장 등

② 림프계의 작용
- 세균이나 바이러스 등 감염에 대한 신체의 면역 방어작용
- 과도한 양의 체액을 혈액으로 조직액의 부속 복귀 경로를 제공
- 소화기계에서 지방을 혈액으로 운반

③ 림프의 흐름
- 골격근의 수축(짜는 힘), 흉곽운동, 림프관 내의 평활근 수축에 의해 흐름
- 모세림프관 → 림프관 → 림프절 → 림프본관 → 집합관 → 쇄골하정맥

④ 림프관

- 림프관 : 모세혈관, 정맥과 구조와 분포가 비슷하며 모세림프관의 큰 구멍으로 조직으로부터 체액과 단백질이 흡수
- 우림프관 : 우측의 팔, 머리, 흉곽에 있는 림프가 우림프관으로 모이고, 정맥으로 회수
- 흉관 : 우림프관으로 모이는 림프를 제외한 다른 부위에서 온 림프가 모이고, 정맥으로 회수

⑤ 림프절

- 주 집단 : 경부, 액와부, 서혜부 림프절
- 감염에 대해 신체를 방어
- 커다란 집단을 형성

⑥ 림프계 면역

T세포, T림프구	B세포, B림프구
• 혈중 림프구의 70~80% 정도로 림프조직에 있으면서 작용(T는 Thymus gland) • 세포매개 면역(T세포는 세포 대 세포 대응방법으로 직접 항원을 공격) • 대식세포는 세포막에 항원을 표현하여 T세포를 활성화 • 활성화된 T세포는 세포의 클론을 생산(클론은 살해T세포, 보조T세포, 억제T세포, 기억T세포)	• 혈중 림프구의 20~30% 정도이고 림프조직 존재(B는 Bone marrow) • 항체매개 면역(B세포는 항체를 분비하여, 항원을 간접적으로 공격) • 대식세포는 B세포와 T세포에 항원을 표시함으로써 B세포 및 협조T세포를 활성화 → 기억세포 및 형질세포의 클론을 생산 • 형질세포는 항체(면역글로불린, IgG, IgA, IgM, IgE)를 분비하고, 혈류를 통해 항원으로 이동

6 소화기계통

▌ **소화기관의 종류**

① 소화관은 구강, 인두, 식도, 위, 소장(작은창자), 대장(큰창자), 항문에 이르는 소화를 담당하는 장기와 그 부속기관인 간, 췌장(이자), 담낭(쓸개) 등으로 구성된다.

② 소화기관의 역할

- 알칼리성인 아밀라아제(아밀레이스, 탄수화물), 리파아제(라이페이스, 지방), 트립신(단백질) 등 소화효소를 분비한다.
- 소화관은 입에서부터 항문까지 연속되는 근육성 관이다.
- 부속기관은 치아, 혀, 쓸개, 소화선(소화샘)으로 구성된다.
- 소화선은 다양한 분비물을 위장관 속으로 분비하여 음식물을 분해한다.

③ 내분비기관의 역할 : 랑게르한스섬에서 호르몬 인슐린(혈당 저하)과 글루카곤(혈당 상승)을 분비하여 혈당을 조절한다.

▌ 소화와 흡수

① 구강(oral cavity)

- 소화관이 시작되는 부분인 구강은 음식물을 저작, 미각과 발성을 담당하는 부분이다.
- 입안의 앞쪽은 입술, 뒤쪽은 인두, 위쪽은 입천장, 아래쪽은 혀, 바깥쪽은 뺨으로 둘러싸여, 치아와 타액선 등이 내부에 부속되어 있다.

② 인두(pharinx) : 입안 뒤에 있는 공간으로, 머리뼈 바닥 높이에서 여섯째 목뼈 높이 약 12cm의 근육기관이다. 식도와 위로 이어져 음식물을 삼키고 공기, 음식물의 공동 통로로 이용된다.

③ 식도(esophagus)

- 여섯째 목뼈 높이의 후두인두에서 열한째 등뼈 높이에 있는 위(stomach)까지 이어지는 약 25cm의 일직선의 관이다.
- 평활근이 연속적으로 수축하여 음식물을 밀어내는 연동운동을 한다.
- 식도의 윗부분 1/3은 골격근으로, 아랫부분 1/3은 평활근으로 이루어져 있으며, 중앙부 1/3은 골격근과 평활근이 혼재되어 있다.

④ 타액선(침샘, salivary gland) : 침을 분비하는 침샘은 이하선, 악하선, 설하선 등 3쌍의 대타액선과 입술, 혀, 입천장, 뺨의 속벽 등에 흩어져 있는 소타액선이 있다.

⑤ 위(stomach)

- 위는 약 25~30cm의 J자 모양을 한 주머니 형태의 기관으로 배 안의 왼쪽 윗부분에 위치한다. 위의 용량은 1.0~2.5L로서 신축성이 있다.
- 위는 식도로부터 음식물을 받아 위액과 혼합하여 단백질 소화를 미약하게 시작하며, 알코올과 같은 일부의 물질만을 흡수하고 나머지는 샘창자로 보낸다.
- 위의 구조

분문(cardia, 들문)	위와 식도가 접하는 곳
위저(fundus)	들문에서 왼쪽 윗부분에 둥근 모양으로 불룩한 부분, 염산과 펩신을 분비
위체(body)	위저 아래의 넓은 부분
유문(pylorus, 날문)	위가 샘창자로 이어지는 부분, 날문은 유문괄약근이 있어 음식물이 샘창자로 배출되는 것을 조절

- 일반적인 소화관의 벽처럼 위벽은 점막, 점막밑층, 근층, 장막 등으로 구성된다.
- 위액의 특징
  - 위액은 pH 1~3 강산이며, 펩신과 염산, 레닌 등이 함유되어 있다.
  - 펩신은 단백질 분해효소이고, 염산은 펩신을 활성화하며 식균작용과 담즙 및 췌장액 분비를 촉진한다. 레닌은 위저선의 주세포에서 분비되는 단백질 분해효소이다.
  - 점액의 분비는 위점막을 기계적·화학적 자극으로부터 보호하고, 음식을 유동성으로 만들어 이동을 원활하게 한다.
  - 음식물이 위로 들어가 확장되면 미주신경에 의해 가스트린이 분비되고 가스트린은 염산과 펩신을 분비, 유문부의 운동을 촉진한다.

⑥ 소장(작은창자, small intestine)
- 위의 날문에서 막창자에 이르는 길이 6~7m의 긴 관이다.
- 위에서 넘어온 영양물질이 이자액과 쓸개즙에 의해 분해, 흡수되고 잔여물은 큰창자로 이동한다.

⑦ 대장(큰창자, large intestine)
- 막창자로 시작되어 곧창자와 항문으로 연결되는 관으로, 지름 7.5cm, 길이 약 1.5m 정도이다.
- 소화된 내용물에서 수분과 전해질을 흡수하여 대변을 만들고 저장한다.
- 대장은 맹장(cecum), 공장(colon), 직장(rectum)으로 구분된다.

⑧ 간(liver)
- 인체에서 가장 큰 내장기관으로 횡격막 바로 아래, 복부의 오른쪽 위에 위치한다. 부분적으로 갈비뼈에 둘러싸여 있다.
- 무게는 약 1,500g 정도이고 적갈색이며 혈관이 발달하였다.
- 간의 기능
  - 문맥계통으로부터 영양소를 받아들여 탄수화물 대사(당원의 합성과 분해 및 저장), 지방 대사(지방산의 산화), 단백질 대사(요소 생성, 혈액응고인자와 같은 혈장단백질을 합성)가 왕성하게 일어나는 생화학공장이다.
  - 비타민(A, D, B_{12})과 철분(Fe)의 저장에도 관여한다.
  - 담즙(쓸개즙, bile)을 분비하고 혈액 내 알코올과 같은 독성물질을 제거한다.

⑨ 담낭(gallbladder)
- 담낭은 간의 오른간엽과 네모엽 사이의 아랫면에 부착된 서양배 모양의 주머니로서 길이 7~10cm, 지름 2.5cm, 용량 30~35mL이다.
- 위쪽의 담낭관(cystic duct)에 이어지는 좁은 부분을 담낭경(neck), 중간 부분을 담낭체(body), 아래쪽의 둥근 쪽을 담낭저(fundus)라 한다.
- 담낭은 간에서 분비되는 담즙을 농축, 저장시킨다.

⑩ 췌장(pancreas)
- 길이 12~15cm, 폭 3~5cm, 두께 2cm, 무게 70g 정도의 길고 약간 납작한 장기이다.
- 내분비선의 기능 : 인슐린과 글루카곤을 분비
- 외분비선의 기능 : 소화효소를 소화관으로 내보냄, 트립신(단백질 분해), 아밀라아제(탄수화물 분해), 리파아제(지방 분해) 분비

CHAPTER
04 | 피부미용기기학

1 피부미용기기 및 기구

▌기본 용어와 개념

① 물질(matter) : 모든 물질은 원자라 불리는 작은 입자로 구성된다.

원자	• 원자핵(atomic nucleus)과 전자(electron)로 구성된다. • 원자핵은 (+)전하를, 전자는 (−)전하를 띤다. • 원소는 원자로 구성되며, 원자는 그것의 특징적인 성질을 가지고 화학반응을 하는 가장 작은 단위이다.
분자	• 물질의 성질을 지닌 가장 작은 입자이다. • 분자가 나뉘면 원자가 되고, 분자가 원자로 나뉘면 물질의 성질을 잃어버린다.

② 원소(elements)

• 분리되지 않는 단순한 물질로, 가장 기본이 되는 물질이다.

• 물질의 성분 원소는 110여 종이고, 이 중 약 90종은 자연적으로 존재하고 있다.

• 각 원소는 하나 혹은 두 개의 문자로 된 약자로 표시한다.

　예 수소(Hydrogen)는 H, 헬륨(Helium)은 He, 산소(Oxygen)는 O

• 정상 상태에서 대부분의 원소는 고체(예 구리, 철 등), 액체(예 수은, 브롬), 기체(예 수소, 산소)로 되어 있다.

③ 화합물(compounds)

• 두 종류 이상의 원소들이 정해진 비율에 의하여 화학적으로 결합하여 만들어진 물질이다.

• 예로 수소와 산소가 '물'이란 화합물을 형성하는데, 이는 구성되기 전의 개별 원소와 성질이 다르다.

　예 물 분자 1개 = 수소 원자 2개 + 산소 원자 1개가 결합하여 만들어진 물질, 화학식은 H_2O

④ 전자(electron) : 음전하를 가지고 원자핵의 주위를 도는 소립자의 하나이다.

⑤ 이온(ions) : 전자를 얻거나 잃은 원자나 원자단을 말한다.

• 양이온(+) : 나트륨 원자가 최외각 껍질에서 전자를 잃으면 전자보다 양성자가 하나 더 많게 되고, 결국 양전하를 띠게 된다. 예 나트륨 이온(Na^+)

• 음이온(−) : 염소 원자가 최외각 껍질에 전자를 얻으면 양성자보다 전자가 하나 더 많게 되고, 결국 음전하를 띠게 된다. 예 염화 이온(Cl^-)

▌ 명명법

① 금속 이온 : 원소의 이름 뒤에 '이온'을 붙인다. 예 나트륨 이온

② 비금속 이온 : 원소 이름에 '~화 이온'을 붙인다. 염소, 산소와 같이 '소'로 끝나는 경우에는 원소 이름에서 '소'를 빼고 '~화 이온'을 붙인다. 예 염화 이온

▌ 전기와 전류

① 전기(electricity) : 전자가 한 원자에서 다른 원자로 이동하는 것으로 다음의 3가지 방법으로 발생한다.

- 마찰로 정전기가 발생(마찰전기)
- 화학반응으로 전류가 발생(배터리−건전지)
- 자기장에서 전류가 발생(유도전기−교류발전기)

② 전류 : 전도체라 불리는 물체를 통해 자유전자가 이동하는 것이다.

직류(direct current)	• 전류가 흐르는 방향과 세기가 시간이 지나도 변하지 않는 전류 예 건전지 • 피부미용에 이용되는 직류 : 갈바닉
교류(alternating current)	• 일정한 시간과 간격으로 방향과 세기가 변하는 전류 예 노트북 등 가정용 전원 • 피부미용에 이용되는 교류 − 감응 전류 : 시간의 흐름에 따라 극성과 세기가 비대칭적으로 변하는 전류 − 정현파 전류 : 시간의 흐름에 따라 극성과 세기가 대칭적으로 변하는 전류 − 격동 전류 : 전류의 세기가 순간적으로 강해졌다, 약해졌다 반복하는 전류

▌ 전기의 기본 용어

구분	설명
전류	전하를 띤 입자들의 전하 흐름[단위 : A(암페어)]
전압	회로에서 전류를 생산하는 필요한 압력[단위 : V(볼트)]
전기 저항	도체 내에서 전지의 흐름을 방해[단위 : Ω(옴)]
전력	전기를 사용할 때 소비되는 전기적인 힘[단위 : W(와트)]
도체	전류가 통하는 물질(금속, 전해질 물질)
부도체	전류가 통하지 않는 물질(유리, 고무)
방전	전류가 흘러 전기 에너지가 소비되는 것
누전	전류가 전선 밖으로 새어 나가는 것
퓨즈(fuse)	전기 회로에 갑자기 많은 전류가 흐를 때 회로를 차단하여 위험을 방지하는 데 쓰이는 금속(납과 주석의 합금으로 만든 철사)
전하	전기 현상을 일으키는 주체적인 원인으로, 어떤 물질이 가진 전기의 양
전자	음(−)의 전하를 띠고 있는 기본 입자
카타포레시스(cataphoresis)	양이온 운동에 의해 음극으로 이동하는 현상
아나포레시스(anaphoresis)	음이온 운동에 의해 양극으로 이동하는 현상

▌ 갈바닉 효과

(+)극 anode	(−)극 cathode
• 산성 반응 • 진정, 수렴, 염증 예방 • 모공 수축, 혈관 수축 • 조직 강화, 신경안정 • 피부탄력 효과	• 알칼리성 반응 • 피부 연화, 활성화 작용 • 모공 세정 및 피지 용해, 혈관 확장 • 조직 이완, 신경 자극 • 혈액순환 촉진

▌ 안면 피부진단기기의 종류 및 기능

종류	기능
확대경(magnifying lamp)	육안으로 판독하기 어려운 피부 문제와 피부 표면 상태를 자세히 관찰할 수 있는 분석 기기
우드 램프(wood lamp)	자외선의 램프가 피부를 비추었을 때 색소침착, 여드름, 염증, 피지, 각질, 피부의 건조 상태에 따라 각각 다른 색상으로 나타나는 광학 피부 분석기
스킨 스코프(skin scope)	내장 카메라를 이용하여 일반 조명, 자외선 아래에서 피부를 분석
유분 측정기(sebum meter)	피부 표면의 지질을 채취하여 유기용매로 추출하는 방법
수분 측정기(corneo meter)	• 유리로 만든 탐침을 피부에 눌러 표피의 수분 함유량을 측정해 수치로 표시 • 경피수분 손실량(TEWL ; Transepidermal Water Loss)을 측정
pH 측정기	지시약을 이용한 비색법과 수소전극, 산화금속전극, 유리전극을 사용하여 전위차를 측정함으로써 pH를 구하는 방법이 있음

▌ 안면 피부관리기기의 종류 및 기능

종류		기능
증기연무기(스티머, steamer), 베이퍼라이저(vaporizer)		죽은 표피의 각질층에 수분을 공급하여 부드럽게 연화시켜 각질 제거를 용이하게 함
전동브러시(frimator)		피부에 자극이 적은 천연모인 염소 또는 산양의 털을 사용하여 만든 여러 크기의 브러시를 기기에 연결시켜 회전하는 속도를 조절하여 피부 클렌징 관리 시 적용
진공흡입기(vacuum suction)		• Vacuum은 '진공', Suction은 '빨아올림', '흡입력'이라는 뜻으로 진공으로 빨아 올리는 공기압이 작용하는 유리컵(벤토즈)을 피부에 접촉하여 흡입 • 과도한 피지, 노폐물 등을 제거, 혈관 확장, 혈액순환 및 림프순환 촉진, 탄력을 증진시키는 근육 강화의 효과 등
갈바닉	디스인크러스테이션(disincrustation)	세정 : 피부 표면의 피지, 각질 제거, 노폐물을 배출시키는 딥 클렌징
	이온토포레시스(iontophoresis)	이온 영동법 : 음극과 양극을 이용해 수용성 물질을 침투
초음파(ultrasound)		• 18,000~20,000Hz 이상의 진동 주파수의 음파, 사람의 귀로 들을 수 없는 불가청 진동음파 • 클렌징 효과 : 온열과 진동을 통한 이온화와 유화작용으로 피부조직의 노폐물을 배출시키는 세정효과 및 소독, 살균의 효과 • 마사지 효과 : 진동으로 미세한 마사지 효과를 나타내며 근육조직을 강화함, 콜라겐과 엘라스틴의 생성 증가, 피부의 탄력 증가, 여드름으로 인한 흉터 완화 등
고주파(high frequency)		• 살균, 소독효과(직접법), 심부열 발생(간접법), 신경 진정효과, 신진대사율 증가, 피지선의 활동 증가, 근육의 긴장 완화 • 직접법 : 관리사가 직접 전극봉을 잡고 관리하는 방법, 관리 시 고객의 안면과 목에 적합한 크림을 바르고, 마른 거즈를 올린 후 그 위에 전극봉으로 가볍게 작은 원을 그리며 관리 • 간접법 : 고객이 전극봉을 잡은 상태에서 관리사의 손을 이용한 마사지를 통해 고주파 전류가 고객의 피부로 전달되는 관리방법

초음파 기기의 효과

물리적 작용	화학적 작용	온열작용
• 진동에 의한 세정효과 • 미세한 마사지 효과 • 세포 활성화로 탄력 증가 • 근육조직 강화	• 피부 균형 조절 • 결체조직 재생 작용 • 지방 분해 활성화 작용	• 혈관기능 강화 • 혈액 및 림프순환 촉진 • 신진대사 증가

전신 피부미용기기의 종류 및 기능

종류	기능
진공흡입기(vacuum suction)	• 압력을 조절하여 진공음압으로 피부조직을 흡입 • 노폐물 제거, 피하지방의 분해 촉진, 신진대사 촉진, 생체리듬 활성화, 림프액과 혈류의 개선, 세포의 기초대사량 증가, 피부박리, 비만관리 등
저주파(low frequency current)	• 1~1,000Hz의 교류 전류 • 피부탄력 증진, 슬리밍 효과 유도, 부종 완화, 체액과 노폐물, 독소 배출
중주파(middle frequency current)	• 1,000~10,000Hz 사이의 교류 전류 • 근육운동을 촉진하여 탄력 강화, 셀룰라이트 제거, 지방 분해, 림프와 혈액 순환 촉진, 림프배농으로 부종 완화
고주파(high frequency current)	• 100,000Hz 이상의 주파수를 발생하는 교류 전류 • 생체에너지로 변환된 고주파에너지는 조직의 온도를 상승시킴 • 세포의 기능 증진, 혈류량 증가, 인체 내분비선의 분비기능 증진, 셀룰라이트와 지방 분해 촉진
엔더몰로지(endermologie)	• 진동펌프에서 나오는 음압이 볼과 롤러를 통해 피부의 결합조직에 인위적 물리 자극을 줌 • 셀룰라이트와 지방 분해, 부종 개선, 혈액순환 및 림프순환 촉진, 노폐물 배출
바이브레이터기(vibrator)	진동에 의한 근육운동, 지방 분해
프레셔테라피(pressuretheraph)	적당한 압력으로 세포 사이에 정체된 체액 제거, 정맥과 림프의 순환, 근육통 완화, 체형관리, 지방 분해 등

광선 관리기기의 종류 및 기능

종류		기능
적외선기	적외선 램프	온열작용으로 혈액순환 촉진, 피부 깊숙이 영양 침투, 근육수축과 이완을 통해 류머티즘 및 허리 통증 완화
	원적외선 사우나	발한과 림프순환 촉진을 통한 노폐물 배출, 체형관리 및 비만관리
	원적외선 마사지기	피지와 땀 분비 증가, 재생효과
자외선기	자외선 소독기	자외선 UV-C로 살균효과
	선탠기	자외선 램프를 이용해 UV-A를 조사하여 태닝효과
컬러테라피 기기		자연 면역력과 치유력 증가, 피부 및 체형 개선

2 피부미용기기 사용법

▌안면 피부진단기기 사용법

종류	사용법	주의사항
확대경(magnifying lamp)	• 클렌징 후 실시한다. • 확대경은 고객의 눈을 보호하기 위해 아이패드를 덮은 후 조명을 켜고 15~20cm 정도 적당한 거리를 두고 사용한다. • 피부를 육안의 3.5~10배 확대하여 분석할 수 있다.	아이패드(eye pad)로 눈을 보호한다.
우드 램프(wood lamp)	• 알코올 성분이 없는 클렌징 제품으로 세안 후 화장품을 도포하지 않고 30분 경과 후 측정한다. • 주위를 어둡게 하고 진단 부위에서 5~6cm 정도 적당한 거리를 두고 측정한다. • 측정 환경은 온도 20~22℃, 습도 50~60%가 적당하다. • 우드 램프 색상에 따라 피부 상태를 관찰하여 분석한다.	아이패드로 눈을 보호한다.
스킨 스코프(skin scope)	• 알코올 성분이 없는 클렌징 제품으로 세안 후 화장품을 도포하지 않고 30분 경과 후 측정한다. • 측정 환경은 온도 20~22℃, 습도는 50~60%가 적당하다. • 피부와 모발을 측정하는 기기로 30~800배 정도 확대하여 분석할 수 있는 기기이다. • 관리사와 고객이 동시에 분석할 수 있는 장점이 있다.	빛을 차단한다.
유분 측정기(sebum meter)	• 유분 측정 : 특수 플라스틱 테이프를 이용하여 피부에 밀착시켜 떼어낸 후 빛을 통과시킨다.	• 직사광선, 직접조명 아래에서의 측정은 피한다. • 운동 후에는 휴식을 취한 후 측정한다.
수분 측정기(corneo meter)	• 수분 측정 : 표면이 유리로 만들어진 탐침을 피부에 눌러준다. • 알코올 성분이 없는 클렌징 제품으로 세안 후 화장품을 도포하지 않고 30분 경과 후 측정한다. • 측정 환경은 온도 20~22℃, 습도 50~60%가 적당하다.	
pH 측정기	• 측정 전 증류수에 측정봉을 세척하고 물기 제거 후 측정한다. • 지성 피부는 pH 3~4, 정상 피부는 pH 4.5~6.5, 건성 피부는 pH 6~7 정도로 측정된다.	온도, 습도, 신체 상태, 화장품 성분, 환경오염 물질 등 고려해서 측정한다.

▌안면 피부관리기기 사용법

종류	사용법	주의사항
증기연무기(스티머, steamer), 베이퍼라이저(vaporizer)	• 정제수를 넣고 고객 관리 10분 전 예열하고, 스팀이 나오기 시작할 때 오존을 켠다. • 스팀 나오는 방향이 코나 입을 향하지 않게 한다. • 피부 상태에 따라 거리를 두고, 모세혈관 확장 부위는 화장솜을 덮어 준다. • 민감 피부 3~5분, 정상·노화 피부 6~10분, 여드름 피부 10~15분 정도로 피부 타입에 따라 분사시간을 다르게 적용한다. • 사용 후에는 식초물(물 10 : 식초 1)에 세척하여 물통을 비우고 보관한다.	모세혈관 확장피부, 상처, 일광에 손상된 피부, 감염 부위, 천식 환자에게는 사용이 부적합하다.
전동브러시(frimator)	• 브러시는 물을 살짝 적셔 핸드 피스에 정확히 끼운다. • 클렌징 제품 도포 후 피부 표면에 브러시가 눌리거나 꺾이지 않게 직각으로 닿도록 한다. • 가볍게 누르듯 원을 그리며 얼굴 굴곡에 따라 이동한다. • 회전 속도는 피부 타입에 따라 정하고 건조 시 스티머나 수분을 주며 사용한다.	피부질환, 상처 부위, 예민 피부, 최근 수술 부위에는 사용이 부적합하다.

종류		사용법	주의사항
진공흡입기 (vacuum suction)		• 관리 목적에 적합한 벤토즈 선택 후 오일을 도포하고 압력을 체크한다. • 피부 표면에 잘 부착하고 컵의 20%를 넘지 않게 흡입하여 벤토즈 구멍을 붙였다 떼었다를 반복한다. • 피부결에 따라 림프절 방향으로 움직이며 울혈이 올라오지 않도록 강도를 조절한다. • 5~10분 정도 적용 후 마사지와 관리 마무리를 한다.	• 예민 피부, 모세혈관 확장피부, 멍든 피부, 정맥류, 혈전증이 있는 자는 사용이 부적합하다. • 갈바닉 관리 후에는 사용을 금지한다.
갈바닉	디스인크러스테이션(disin-crustation)	• 피부를 클렌징한다. • 고객용 전극봉은 소금물에 젖은 스펀지나 패드로 감싸준다. • 피부에 젤, 앰플을 도포하고, 눈 주위도 유화 젤을 도포해 섬광을 예방하며 전류를 조절한다. • 이마, 볼, 코, 턱 순으로 시술한다. • 관리사용 전극은 건조해지지 않도록 계속 적셔주며, 관리 마무리할 때는 전류를 서서히 낮추며 뗀다.	모세혈관 확장피부, 알레르기, 찰과상, 화상 등이 있는 사람, 인공심박기, 신장기 착용자, 인체 내 금속류 부착자, 임산부, 당뇨, 수술환자, 간질환자에게는 사용이 부적합하다.
	이온토포레시스 (iontophoresis)	• 피부를 클렌징한다. • 고객용 전극봉은 젖은 스펀지나 패드로 감싸주고, 관리사용 전극은 젖은 솜으로 감아준다. • 고객의 피부 타입에 알맞은 수용성 앰플을 도포한다(산성 제품-양극, 알칼리성 제품-음극). 오일 타입 앰플은 전도되지 않아 효과가 없다. • 고객의 피부 상태에 따라 전류의 세기와 시간을 체크하며 시술 시 전극봉이 떨어지지 않도록 주의한다. • 비타민 C 침투는 음극(−) 시술, 영양 침투는 양극(+)을 켜서 시술한다. • 관리 마무리를 할 때는 고객에게 자극이 없도록 피부 위에서 서서히 뗀다.	
초음파(ultrasound)		프로브 • 스켈링 관리 시 : 프로브를 세우고 근육 방향으로 아래에서 위로, 안에서 바깥쪽으로 10분 정도 적용한다. • 침투 및 리프팅 관리 시 : 프로브의 편평한 면을 사용하여 근육 방향으로 10분 정도 적용한다. 전극형 헤드 • 전용 젤 도포 후 수직으로 밀착시켜 한 부위에 5초 이상 머무르지 않게 한다. 관리시간은 15분이 넘지 않게 적용한다. • 뼈나 관절 부위는 적용하지 않는다.	염증·상처 부위, 임산부, 인공심장박동기·금속 부착자, 심장질환자, 혈압이상자, 악성종양 환자, 전염성 피부질환자는 사용 부적합하다.
고주파(high frequency)		• 100,000Hz 이상의 높은 진폭의 테슬라(tesla) 전류를 사용한다. • 클렌징 후 무알코올 토너를 바른다. • 피부 표면에 유리봉을 놓고 스위치를 켜고 끈다. • 선택한 유리봉의 세기를 서서히 조절하며 원을 그리듯 마사지한다. • 시술시간은 평균 약 8~15분(건성 피부 3~5분)이다. • 염증, 여드름 압출 후 피부와 유리봉 사이의 거리는 0.2~0.3mm 내외로 한다.	피부염, 찰과상, 혈관 이상, 동맥경화, 혈전증, 고혈압, 저혈압, 간질, 임산부, 금속류 부착자에게는 사용이 부적합하다.

전신 피부미용기기 사용법

종류	사용법	주의사항
진공흡입기 (vacuum suction)	• 오일 도포 후 컵 안의 피부가 10~20% 정도 흡입되게 하고, 컵의 진행 방향은 림프절 가까이로 이동한다. • 등, 다리(후면, 전면), 얼굴, 데콜테, 팔, 복부 순으로 관리하고, 한 부위를 집중해서 시술하지 않는다.	모세혈관 확장피부, 민감성, 여드름, 탄력이 떨어진 피부, 정맥류, 찰과상이 있는 자는 사용이 부적합하다.
저주파(low frequency current)	• 1~1,000Hz의 저주파 전류로 전기자극을 가하여 지방을 에너지로 생성한다. • 적신 스펀지에 금속판을 끼우고 근육 위치에 잘 올려놓는다. • 스펀지에 물이 많으면 관리 시 통증을 유발할 수 있다. • 주파수와 피부의 저항은 반비례적 특성이 있다. • 고객의 상태에 따라 주파수를 선택한 후 근육의 움직임을 관찰한다.	• 관리 전, 후 30분은 금식한다. • 인체 내 금속류 부착자, 인공심박기 등 착용자, 심장 및 신장질환자, 자궁근종 및 물혹, 고혈압, 저혈압, 임산부, 출산 후, 생리 중, 모유 수유, 당뇨, 간질, 모세혈관 확장, 근육계 손상이 있는 자는 사용이 부적합하다.
중주파(middle frequency current)	• 1,000~10,000Hz의 전류를 이용한다. • 4,000Hz에서 간섭파를 이용하여 피부의 극성 없이 피부조직 깊이 심부조직을 효과적으로 자극할 수 있다.	
고주파(high frequency current)	• 100,000Hz 이상의 교류 전류를 이용하여 신체조직 안의 특정 부위를 가열한다. • 플레이트와 도자를 고객의 피부에 밀착시키고 주파수, 시간, 강도를 고객의 상태에 따라 조절한다. • 바디 관리시간은 평균 20~30분 정도 적용한다.	예민 피부, 모세혈관 확장피부, 인체 내 금속류 부착자, 고혈압, 심장병, 임산부, 동맥경화증, 피부질환, 상처가 있는 경우는 사용이 부적합하다.
엔더몰로지 (endermologie)	• 오일 도포 후 말초에서 심장 방향으로 밀어 올리듯 시술한다. • 전신 체형관리 시 약 40~50분이 적용된다.	뼈 부위, 정맥류, 모세혈관 확장 부위는 피하고 멍이 들지 않도록 시술한다.
바이브레이터기 (vibrator)	• 헤드 장착 후 적당한 압력으로 울혈이 생기지 않게 신체 굴곡을 따라 적용한다. • 주로 넓은 부위를 관리하며 뼈가 있는 부위의 시술은 피한다.	타박상, 찰과상, 모세혈관 확장피부, 민감성 피부, 임산부, 최근 수술 부위, 감염성 질환, 상처나 흉터 부위 사용이 부적합하다.
프레셔테라피 (pressuretheraph)	• 관리 부위에 씌워준다. • 적당한 압력을 가해 공기압의 팽창과 수축작용을 한다. • 패드가 파손되지 않게 잘 보관하고 세탁하지 않는다.	임산부, 염증, 상처 부위, 심장병, 악성종양이 있는 경우 사용 부적합하다.

광선 관리기기 사용법

종류		사용법	주의사항
적외선기	적외선 램프	• 피부 상태에 따라 온도 및 조사시간을 조절한다. • 금속 물질 및 콘텍트렌즈를 제거한다. • 아이패드를 깔고 화장수로 정리한 후 45~90cm 내외의 거리를 유지한다.	• 피부 유형에 맞게 시간을 선택하고 자외선 관리 전 사용을 금지한다. • 화상에 주의한다.
	원적외선 사우나		
	원적외선 마사지기		
자외선기	자외선 소독기	• 자외선을 이용한 기기 사용 시 아이패드나 안경을 착용하여 눈을 보호한다. • 고객으로부터 1m 이상 거리를 두고 사용한다. • 1회당 30분을 초과하여 사용하지 않는다.	광과민성 피부, 감광제 약 복용 유무를 확인하고 적용한다.
	선탠기		

종류	사용법	주의사항
컬러테라피 기기	• 관리 후 피부 유형에 적합한 앰플을 도포한다. • 아이패드나 전용 안경을 착용하여 눈을 보호한다. • 컬러를 선택하여 10~20분 정도 적용한다. • 색상별 효과 　– 빨강 : 혈액순환 촉진, 세포재생 및 활성화, 근조직 이완, 셀룰라이트 개선 　– 주황 : 신진대사 촉진, 세포재생 및 활성화, 신경 긴장 완화, 내분비선 기능 조절, 건성, 튼살, 알레르기성, 예민 피부관리 　– 노랑 : 정화작용, 소화기계 기능 강화, 결합섬유 생성 촉진, 노화, 슬리밍, 튼살, 수술 후 회복 관리 　– 녹색 : 신경안정, 지방 분비기능 조절, 스트레스성 여드름, 색소 관리, 비만 　– 파랑 : 진정효과, 부종 완화, 모세혈관 확장증, 지성 피부 염증성 여드름 관리 　– 보라 : 면역성 증가, 화농성 여드름, 기미 관리, 모세혈관 확장, 셀룰라이트, 슬리밍 관리	• 사용 부적합 유형 　– 광 알레르기 피부 　– 습진, 단순포진, 백반증, 흑피증, 홍반성 낭종 등 피부병 질환이 있는 사람 　– 임산부 　– 급성질환이 있는 사람 　– 편두통 및 두통, 현기증 증세가 있는 사람 　– 악성종양, 심장 및 신장 등 질병이 있는 사람 　– 출혈 부위 　– 순환장애가 있는 사람 　– 성형 수술 후 또는 피부이식 직후

▌ 피부 유형별 관리방법

유형	관리 프로그램	적용 기기	관리효과	홈케어
정상 피부	클렌징 → 딥 클렌징(고마쥐) → 매뉴얼 테크닉 → 피부미용기기 → 영양, 팩 → (시트, 고무)마스크 → 마무리	• 스티머 • 전동브러시 • 갈바닉 기기의 디스인크러스테이션, 이온토포레시스 • 고주파기 • 초음파기 • 리프팅 기기	• 건강한 피부 유지관리 • 수분, 영양 공급 • 딥 클렌징 : 고마쥐, 효소, 스크럽, AHA 중 선택	• 보습용 스킨, 로션 사용 권장 • 주 1회 딥 클렌징 하기
건성 피부	클렌징 → 딥 클렌징(효소) → 매뉴얼 테크닉 → 피부미용기기 → 영양, 팩 → (시트, 고무, 석고)마스크 → 마무리	• 스티머 • 전동브러시 • 갈바닉 기기의 이온토포레시스 • 고주파기 • 초음파기 • 리프팅 기기	• 수분 공급 • 탄력성 회복 • 잔주름 예방	• 무알코올 스킨, 로션 사용 권장 • 2주에 1회 딥 클렌징하기
지성 피부	클렌징 → 딥 클렌징(스크럽) 또는 피부미용기기(전기 브러시) → 매뉴얼 테크닉 → 팩 → (시트, 고무)마스크 → 마무리	• 스티머 • 전동브러시 • 갈바닉 기기의 디스인크러스테이션, 이온토포레시스 • 진공흡입기 • 고주파기 • 초음파기 • 리프팅 기기	• 염증 유발 억제 • 피지 분비 조절 • 수분 공급 • 모공 수축 • 딥 클렌징 : 고마쥐, 효소, 스크럽, AHA 중 선택	• 유분이 많은 제품은 삼가 • 주 1~2회 딥 클렌징하기
복합성 피부 (T존 : 지성, U존 : 건성)	클렌징 → 딥 클렌징(효소) → 매뉴얼 테크닉 → 피부미용기기 → 팩(T존 : 지성용, U존 : 건성용) → (석고)마스크 → 마무리	• 스티머 • 전동브러시 • 갈바닉 기기의 디스인크러스테이션(T존), 이온토포레시스 • 고주파기 • 초음파기 • 리프팅 기기	• 염증 유발 억제 • 피지 분비 조절 • 수분, 보습 공급	• 중성 성분의 기초 화장품 사용 • 주 1회 딥 클렌징하기(U존 : 약하게 또는 격주 시행)
예민 피부	클렌징 → 매뉴얼 테크닉(약하게) → 영양, 팩 → (고무 모델링)마스크 → 마무리	• 초음파기 • 갈바닉 기기의 이온토포레시스 • 냉온마사지 기기	• 보습 강화 • 영양 공급	• 무알코올 스킨, 로션 사용 권장 • 딥 클렌징 생략

05 | 화장품학

1 화장품학 개론

▌ 화장품의 정의

① 화장품이란 "인체를 청결·미화하여 매력을 더하고 용모를 밝게 변화시키거나 피부·모발의 건강을 유지 또는 증진하기 위하여 인체에 바르고 문지르거나 뿌리는 등 이와 유사한 방법으로 사용되는 물품으로서 인체에 대한 작용이 경미한 것"을 말한다. 다만, 「약사법」 제2조 제4호의 의약품에 해당하는 물품은 제외한다.

② 화장품과 의약외품, 의약품의 사용 구분

구분	화장품	의약외품	의약품
사용 대상	정상인	정상인	환자
사용 목적	청결, 미화	위생, 미화	질병 진단 및 치료
사용 기간	장기간, 지속적	장기간/단기간	일정 기간
사용 범위	전신	특정 부위	특정 부위
부작용	인정하지 않음	인정하지 않음	인정함
허가 여부	제한 없음	승인	허가

▌ 화장품의 분류

영유아용　목욕용　인체 세정용　눈 화장용　방향용

두발 염색용　색조 화장용　두발용　손발톱용　면도용

기초화장용　체취방지용　체모 제거용

화장품의 종류

분류	종류	분류	종류
3세 이하의 영유아용 제품류	• 영유아용 샴푸, 린스 • 영유아용 로션, 크림 • 영유아용 오일 • 영유아 인체 세정용 제품 • 영유아 목욕용 제품	목욕용 제품류	• 목욕용 오일·정제·캡슐 • 목욕용 소금류 • 버블 배스(bubble bath) • 그 밖의 목욕용 제품류
인체 세정용 제품류	• 폼 클렌저(foam cleanser) • 바디 클렌저(body cleanser) • 액체 비누(liquid soap) • 화장 비누(고체 형태의 세안용 비누) • 외음부 세정제 • 물휴지 • 그 밖의 인체 세정용 제품류	눈 화장용 제품류	• 아이브로(eyebrow) 제품 • 아이라이너(eye liner) • 아이섀도(eye shadow) • 마스카라(mascara) • 아이 메이크업 리무버(eye make up remover) • 그 밖의 눈 화장용 제품류
방향용 제품류	• 향수 • 코롱(cologne) • 그 밖의 방향용 제품류	두발 염색용 제품류	• 헤어 틴트(hair tint) • 헤어 컬러스프레이(hair color sprays) • 염모제 • 탈염·탈색용 제품 • 그 밖의 두발 염색용 제품류
색조 화장용 제품류	• 볼연지 • 페이스 파우더(face powder) • 리퀴드(liquid)·크림·케이크 파운데이션(foundation) • 메이크업 베이스(make-up base) • 메이크업 픽서티브(make-up fixatives) • 립스틱, 립라이너(lip liner) • 립글로스(lip gloss), 립밤(lip balm) • 바디 페인팅(body painting), 페이스 페인팅(face painting), 분장용 제품 • 그 밖의 색조 화장용 제품류	두발용 제품류	• 헤어 컨디셔너(hair conditioners), 헤어 트리트먼트(hair treatment), 헤어 팩(hair pack), 린스 • 헤어 토닉(hair tonics), 헤어 에센스(hair essence) • 포마드(pomade), 헤어 스프레이·무스·왁스·젤, 헤어 그루밍 에이드(hair grooming aids) • 헤어 크림·로션 • 헤어 오일 • 샴푸 • 퍼머넌트 웨이브(permanent wave) • 헤어 스트레이트너(hair straightener) • 흑채 • 그 밖의 두발용 제품류
손발톱용 제품류	• 베이스코트(base coats), 언더코트(under coats) • 네일 폴리시(nail polish), 네일 에나멜(nail enamel) • 탑코트(topcoats) • 네일 크림·로션·에센스·오일 • 네일 폴리시·네일 에나멜 리무버 • 그 밖의 손발톱용 제품류	면도용 제품류	• 애프터셰이브 로션(aftershave lotions) • 프리셰이브 로션(preshave lotions) • 셰이빙 크림(shaving cream) • 셰이빙 폼(shaving foam) • 그 밖의 면도용 제품류
기초화장용 제품류	• 수렴·유연·영양 화장수(face lotions) • 마사지 크림 • 에센스, 오일 • 파우더 • 바디 제품 • 팩, 마스크 • 눈 주위 제품 • 로션, 크림 • 손·발의 피부연화 제품 • 클렌징 워터, 클렌징 오일, 클렌징 로션, 클렌징 크림 등 메이크업 리무버 • 그 밖의 기초화장용 제품류	체취방지용 제품류	• 데오도란트 • 그 밖의 체취방지용 제품류
		체모 제거용 제품류	• 제모제 • 제모왁스 • 그 밖의 체모 제거용 제품류

2 화장품 제조

▌ 화장품의 원료

① 유성원료

구분	특징	성분
유지류	• 식물성 오일은 수분 증발을 억제하고 사용감을 향상시킴, 산패 우려가 있음 • 동물성 오일은 식물성 오일에 비해 피부 생리활성 및 흡수력이 우수하지만 쉽게 산패하고 변질 우려가 있음	• 식물성 오일 : 올리브 오일, 밀배아 오일, 마카다미아 너트 오일, 아보카도 오일, 아몬드 오일, 로즈 힙 오일, 동백 오일, 피마자 오일, 살구씨 오일 등 • 동물성 오일 : 밍크 오일, 에뮤 오일, 스쿠알렌(상어의 간유, 올리브 오일), 난황 오일, 마유 등
왁스류	• 크림의 사용감 증대나 립스틱의 경도 조절용 • 탈모제 등에 사용	• 식물성 왁스 : 카르나우바 왁스, 칸데릴라 왁스, 호호바 오일 • 동물성 왁스 : 밀납, 라놀린
탄화수소류	• 광물성 오일 • 유성감이 강하고 피부 호흡을 방해할 수 있음 • 크림이나 립스틱 등에 사용	유동파라핀, 파라핀, 바셀린, 스쿠알렌(상어의 간유+수소), 오조케라이트, 세레신, 마이크로크리스탈린 왁스
고급 지방산	비누 제조 및 유화제로 사용	라우르산, 미리스트산, 팔미트산, 스테아린산, 아이소스테아린산
고급 알코올	크림류 등의 유화 안정 보조제나 점도 형성제로 사용	세틸 알코올, 스테아릴 알코올, 세토스테아릴 알코올, 아이소스테아릴 알코올, 2-옥틸도데칸올
에스터(에스테르, ester)류	• 피부에 유연성과 사용감 부여 • 원료의 용해제	미리스테이트, 세틸옥타노에이트, 2-옥틸도데실미리스테이트, 세틸2-에틸헥사노에이트, 디아이소스테아릴말레이트, 카프릴릭/카프릭 트리글리세라이드
실리콘 오일	• 피부나 모발에 퍼짐성 우수 • 자외선 차단제 및 워터프루프 형태의 화장품에 사용	디메티콘, 디메틸폴리실록산, 사이클로메치콘, 메틸페닐 폴리실록산

② 수성원료

성분	특징
정제수	물은 화장품을 만드는 기초 물질로 피부를 촉촉하게 하는 기능이 있으며, 제조 공정에서 세정액이나 희석액 등으로 사용
천연수	• 온천수 : 온천을 지하로부터 용출되는 25℃ 이상의 온수로 그 성분이 인체에 유해하지 아니한 것으로 규정 • 빙하수 : 빙하가 녹은 물로, 활성수소가 풍부하고 불순물이 거의 없으며 천연 육각수 구조를 유지 • 해양심층수 : 태양광이 거의 미치지 못하는 깊이 200m 이상인 바다의 물
식물 추출물	카렌듈라 추출물(피부 컨디셔닝제), 병풀 추출물(항산화, 상처 치유, 멜라닌 생성 억제) 등
에틸알코올	독성이 없으며 무색·투명하고, 물 또는 유기용매와 잘 섞임

③ 계면활성제

구분	특징
양이온 계면활성제	• 살균, 소독작용 우수 • 헤어 린스, 유연제 및 대전 방지제
음이온 계면활성제	• 세정력, 기포, 거품 형성 우수 • 클렌징 제품(바디 클렌징, 클렌징 폼), 샴푸, 치약
양쪽성 계면활성제	• 양이온과 음이온을 동시에 가지며, 알칼리에서는 음이온, 산성에서는 양이온 • 저자극 샴푸, 어린이용 샴푸
비이온 계면활성제	• 이온성 계면활성제보다 피부 자극이 적어 피부 안전성이 높음 • 대부분의 화장품에서 사용, 가용화제, 유화제

④ 기타 원료

구분		성분
보습제	다가 알코올	글리세린, 1,3-부틸렌글라이콜, 프로필렌글라이콜, 솔비톨 등
	천연보습인자	아미노산, 젖산나트륨, 2-피롤리돈-5-카르본산나트륨 등
	고분자보습제	히알루론산, 콘드로이틴 황산, 콜라겐, 세라마이드
점증제	천연 고분자	• 식물 유래(다당류) : 구아검, 아라비아검, 카라기난, 펙틴, 전분 등 • 미생물 유래(다당류) : 잔탄검, 덱스트란 등 • 동물 유래(단백류) : 젤라틴, 콜라겐, 알부민 등
	반합성 천연 고분자	메틸셀룰로스, 에틸셀룰로스, 카르복시메틸셀룰로스 등
	합성 고분자	카보머 등
피막형성제		폴리비닐알코올, 폴리비닐피롤리돈, 니트로셀룰로스, 고분자 실리콘
색소	유기합성색소 (타르색소)	염료 화장수, 로션, 샴푸 등 착색
		레이크 불용화시킨 유기안료(립스틱, 네일 에나멜, 블러셔)
		유기안료 색상 선명, 색조 조절
	무기안료	체질안료 카올린, 마이카, 탤크
		착색안료 산화철(황색, 흑색, 적색)
		백색안료 티타늄디옥사이드, 징크옥사이드
		진주광택안료 타이타네이티드마이카, 옥시염화비스무트 등
	천연색소	카민, 베타카로틴, 캐러멜, 커큐민 등
	※ 염료와 안료의 차이점 • 염료 : 물이나 오일에 녹기 때문에 메이크업 화장품에 거의 사용하지 않고 화장수, 로션, 샴푸 등의 착색에 사용 • 안료 : 물이나 오일 등에 녹지 않는 불용성 색소로, 유기안료는 빛, 산, 알칼리에 약하고 무기안료는 강함	
향료	식물성	레몬, 오렌지, 베르가모트, 장미, 재스민, 샌달우드 등
	동물성	사향(머스크), 영묘향(시베트), 해리향(캐스토리움), 용연향(앰버그리스)
	합성	멘톨, 벤질아세테이트 등
	※ 착향제 : 향료로 표시, 착향제의 구성 성분 중 알레르기 유발성분 표시 권장	
보존제		벤질알코올, 페녹시에탄올, EDTA, 이미다졸리디닐 우레아, 1,2-헥산디올 등 ※ 화장품에 사용상의 제한이 필요한 원료 및 그 사용기준에 따라 규정 원료 외의 보존제, 자외선 차단제 등은 사용할 수 없다.
산화방지제	천연 산화방지제	토코페롤, 비타민 C, 레시틴 등
	합성 산화방지제	BHT(Butylated Hydroxy Toluene), BHA(Butyl Hydroxy Anisole), 하이드로 퀴논, 솔비톨, 글리세린
금속이온봉쇄제		인산, 구연산, 아스코르빈산, 폴리인산나트륨, 메타인산나트륨, 이디티에이, 디소듐이디티에이 등
pH조정제		트리에탄올아민 등 산이나 알칼리 성질의 성분

⑤ 영양물질의 종류

구분	성분
보습·탄력	콜라겐, 엘라스틴, 펩타이드, 히알루론산, 세라마이드, 스쿠알렌, 글리세린, 레시틴, 솔비톨, 부틸렌글라이콜 등
미백	비타민 C, 알부틴, 감초 추출물, 닥나무 추출물, 아스코빌글루코사이드, 나이아신아마이드, 알파-비사볼올, 에틸아스코빌에텔 등
진정	카모마일, 알란토인, 위치하젤, 프로폴리스, 아줄렌, 알로에, 감초 추출물, 당귀 추출물, 아보카도 오일 등
세포재생	로열젤리, EGF(세포생성인자), 아데노신, 알란토인, 병풀 추출물, 엘라스틴 등
정화	캄파, 썰파, 클레이, 살리실산, 티트리 등

화장품 전성분 표시제

우리나라는 올바른 화장품 선택을 위한 정보 제공과 소비자의 안전할 권리와 알 권리 확보를 위하여 2007년 10월 17일 화장품법 개정을 통해 2008년 10월 18일부터 화장품 제조에 사용된 모든 성분을 용기 또는 포장에 표시하도록 하는 "화장품 전성분 표시제"를 실시하였다.

※ 화장품에 사용할 수 없는 원료는 「화장품 안전기준 등에 관한 규정」 [별표 1], 사용상의 제한이 필요한 원료에 대한 사용기준은 [별표 2] 참고

화장품의 기술

① 가용화제(solubilization)
- 물에 소량의 오일 성분이 계면활성제에 의해 투명하게 용해되는 상태
- 미셀 입자가 작아 가시광선이 통과되므로 투명하게 보임
- 계면활성제(가용화제)는 친수성이 강한 HLB(Hydrophilic Lipophilic Balance) 값 15~18인 것을 사용

  예 화장수, 향수, 헤어 토닉 등

② 유화제(emulsion)
- 물과 기름처럼 서로 섞이지 않는 두 가지 액체의 한쪽을 작은 입자(내상)로써 다른 쪽의 액체(외상) 중에 안정한 상태로 분산시킨 것
- 미셀 입자가 가용화의 미셀 입자보다 커 가시광선이 통과하지 못하므로 불투명하게 보임

  예 에멀션, 영양크림, 수분크림, 마사지 크림, 클렌징 크림, 메이크업 베이스, 파운데이션 등

종류	특징
O/W형(수중유형)	• 물 베이스에 오일 성분이 분산되어 있는 상태 • 로션, 에센스, 크림
W/O형(유중수형)	• 오일 베이스에 물이 분산되어 있는 상태 • 영양크림, 클렌징 크림, 자외선 차단제
O/W/O형, W/O/W형	분산되어 있는 입자가 영양물질과 활성물질의 안정된 상태

③ 분산(dispersion)
- 안료 등의 고체 입자를 액체 속에 균일하게 혼합시키는 것
- 메이크업 화장품의 제조에 이용

  예 파운데이션, 마스카라, 아이라이너, 네일 에나멜 등

화장품의 특성

① **안전성** : 피부에 바를 때 자극과 알레르기, 독성이 없어야 한다.
② **안정성** : 보관에 따른 화장품의 분리, 침전, 변색, 변취 등 변질이 없어야 한다.
③ **사용성** : 피부에 대한 사용감과 제품의 편리성을 말한다.
④ **유효성** : 사용 목적에 따른 효과와 기능을 말한다(주름 개선, 보습, 미백, 자외선 차단 등).

3 화장품의 종류와 기능

▌ 기초화장품

분류	기능	종류
세안 · 청결	피부 표면의 더러움, 메이크업 찌꺼기 및 노폐물을 제거하여 피부를 청결하게 해 준다.	클렌징 폼, 클렌징 오일, 클렌징 로션, 클렌징 크림, 클렌징 워터 등 클렌징 제품, 딥 클렌징(각질 제거와 모공청결) 제품
피부 정돈	세안에 의해 상승된 피부의 pH를 정상적인 상태로 돌아오게 하고 수분과 유분을 공급하여 피부결을 정돈해 준다.	유연화장수, 수렴화장수, 팩(마스크)
피부 보호 · 영양 공급	피부 표면의 건조를 방지하고, 매끄러움을 유지시키며 추위로부터 피부를 보호하거나 공기 중의 세균 침입을 막아 준다.	로션, 에센스, 크림류, 마사지 크림

▌ 메이크업 화장품

분류	종류
베이스 메이크업	메이크업 베이스, 파운데이션, 컨실러, 파우더류 등
포인트 메이크업	아이섀도, 아이라이너, 마스카라, 아이브로, 블러셔(치크), 립스틱 등

▌ 모발 화장품

분류	종류
세정용	샴푸, 헤어 린스
트리트먼트	헤어 트리트먼트, 헤어 로션, 헤어 팩
염모제, 탈색제	염색약, 헤어 블리치
양모제	헤어 토닉, 모발촉진제, 육모제

▌ 바디(body)관리 화장품

분류	종류
세정효과	바디 클렌저, 바디 스크럽, 입욕제
신체 보호 · 보습효과	바디 로션, 바디 오일
체취 억제	데오도란트, 샤워 코롱
제모제	제모왁스, 제모젤, 탈모제

▌ 네일 화장품

분류	종류
네일 영양	네일 강화제, 큐티클 오일, 에센스 등
색채 화장품	네일 폴리시(네일 에나멜) 등

▌ 향수

① 발산 속도에 따른 분류

- 탑 노트(top note) : 발향의 첫 시작에 느껴지는 향
- 미들 노트(middle note) : 뿌린 후 30분에서 1시간 정도 지난 뒤 느껴지는 향
- 베이스 노트(base note) : 가장 마지막의 향으로, 향이 사라지기 전까지 남아 있는 잔향

② 부향률에 따른 분류

향수	지속시간	부향률	특징
퍼퓸(perfume)	6~7시간	15~30%	향의 농도가 강하며 지속성이 높다.
오드 퍼퓸(eau de perfume)	5~6시간	9~12%	퍼퓸에 가까운 지속성을 가진다.
오드 투왈렛(eau de toilette)	3~5시간	6~8%	오드 퍼퓸보다는 향이 약하다.
오드 코롱(eau de cologne)	1~2시간	3~5%	향수를 처음 접하는 사람에게 적합하다.
샤워 코롱(shower cologne)	1시간	1~3%	향료의 함유량이 가장 낮고, 샤워 후 가볍게 사용한다.

▌ 에센셜(아로마) 오일 및 캐리어 오일

① 아로마테라피 : 아로마(aroma, 향기)와 테라피(therapy, 치료)의 합성어로 향기를 이용한 치료를 의미한다.

② 오일의 종류와 효과

구분		종류	효과
에센셜(아로마) 오일	꽃	재스민, 네놀리, 일랑일랑, 로즈, 카모마일, 클라리세이지 등	모든 피부, 민감성, 노화 피부, 항감염, 원기회복, 항우울작용
	잎	유칼립투스, 티트리, 페퍼민트, 파인, 페티그레인 등	모든 피부, 방부작용, 활력증진
	나무	시더우드, 샌달우드, 로즈우드 등	건성 피부, 수렴, 진정, 항통증작용
	과일 껍질	베르가모트, 레몬, 라임, 오렌지, 만다린, 그레이프프루트 등	지성, 여드름 피부, 방부, 수렴, 원기회복
캐리어 오일(베이스 오일)		호호바 오일	모든 피부, 항박테리아, 지성, 여드름 피부의 피지를 조절
		스위트 아몬드 오일	모든 피부, 윤기 없는 피부, 거친 피부, 가려움증, 염증 부위에 효과
		그레이프시드 오일	모든 피부, 여드름 피부, 항산화 작용과 피부 재생 효과
		아보카도 오일	모든 피부, 건성, 습진, 탈수예방 효과

③ 에센셜 오일 사용 시 주의사항

- 빛이 차단되는 용기(갈색병)에 보관한다.
- 원액 사용을 금하며, 개봉 후 1년 이내 사용한다.
- 사용 전 패치테스트를 실시한다.
- 감광성을 일으킬 수 있으므로 주의한다.

▌ 기능성 화장품

① **기능성 화장품의 정의** : 피부를 건강하고 아름답게 관리하기 위하여 사용하는 화장품으로 피부의 미백에 도움을 주는 제품, 피부의 주름 개선에 도움을 주는 제품, 피부를 곱게 태워주거나 자외선으로부터 피부를 보호하는 데 도움을 주는 제품 등을 말한다.

② **기능성 화장품의 종류**
- 피부에 멜라닌 색소가 침착하는 것을 방지하여 기미·주근깨 등의 생성을 억제함으로써 피부의 미백에 도움을 주는 기능을 가진 화장품
- 피부에 침착된 멜라닌 색소의 색을 엷게 하여 피부의 미백에 도움을 주는 기능을 가진 화장품
- 피부에 탄력을 주어 피부의 주름을 완화 또는 개선하는 기능을 가진 화장품
- 강한 햇볕을 방지하여 피부를 곱게 태워주는 기능을 가진 화장품
- 자외선을 차단 또는 산란시켜 자외선으로부터 피부를 보호하는 기능을 가진 화장품
- 모발의 색상을 변화(탈염·탈색을 포함)시키는 기능을 가진 화장품. 다만, 일시적으로 모발의 색상을 변화시키는 제품은 제외한다.
- 체모를 제거하는 기능을 가진 화장품. 다만, 물리적으로 체모를 제거하는 제품은 제외한다.
- 탈모 증상의 완화에 도움을 주는 화장품. 다만, 코팅 등 물리적으로 모발을 굵게 보이게 하는 제품은 제외한다.
- 여드름성 피부를 완화하는 데 도움을 주는 화장품. 다만, 인체 세정용 제품류로 한정한다.
- 피부장벽(피부의 가장 바깥 쪽에 존재하는 각질층의 표피를 말함)의 기능을 회복하여 가려움 등의 개선에 도움을 주는 화장품
- 튼살로 인한 붉은 선을 엷게 하는 데 도움을 주는 화장품

③ **미백에 도움을 주는 성분**

작용 원리	성분
티로신의 산화를 촉매하는 티로시나아제의 작용을 억제하는 물질	알부틴, 코직산, 상백피 추출물, 닥나무 추출물, 감초 추출물 등
도파(DOPA)의 산화를 억제하는 물질	비타민 C 및 유도체, 글루타치온 등
각질세포를 벗겨내어 멜라닌 색소를 제거하는 물질	AHA(α-hydroxy acid), 살리실산, 각질분해효소 등
멜라닌 세포 자체를 사멸시키는 물질	하이드로퀴논(hydroquinone)
자외선을 차단하는 물질	옥틸디메틸파바, 감마오리자놀 등

④ **주름 개선에 도움을 주는 성분** : 레티놀, 아데노신, 레티닐팔미테이트 등

⑤ **자외선 차단성분**

구분	자외선 산란제(물리적 차단제)	자외선 흡수제(화학적 차단제)
특징	피부 표면에서 자외선을 반사, 산란	피부 속으로 자외선을 흡수시킨 후 화학작용 후 배출
성분	산화아연(징크옥사이드), 이산화타이타늄(타이타늄다이옥사이드)	옥틸디메틸파바, 옥틸메톡시신나메이트, 벤조페논유도체, 캠퍼유도체, 다이벤조일메탄유도체, 갈릭산유도체, 파라아미노벤조산

06 | 공중위생관리학

1 공중보건학

공중보건학 총론

① **공중보건학의 정의** : 조직화된 지역사회의 노력을 통하여 질병을 예방하고, 수명을 연장하며, 건강과 능률을 증진시키는 과학이자 기술이다[윈슬로(C. E. A. Winslow)].

② **공중보건학의 범위**
- 공중보건의 대상 : 지역사회 주민 전체
- 공중보건의 목표 : 국민 전체의 건강 실현을 위한 질병의 예방 및 수명 연장을 위한 신체적·정신적 효율 증진
- 공중보건사업 수행의 3대 요소 : 보건교육, 보건행정, 보건관계법규
- ※ 보건교육이란 개인 또한 집단으로 하여금 건강에 유익한 행위를 자발적으로 수행하도록 하는 교육을 말한다(국민건강증진법).

③ **WHO의 건강지표(health indicator)**
- 비례사망지수(PMI ; Proportional Mortality Indicator) : 일 년 동안 사망한 전체 사망자에 대한 같은 해 사망한 50세 이상의 사망자를 표시한 것
- 평균수명 : 특정 기간 동안 사망한 사람들의 나이에 대한 평균
- 보통사망률 : 특정 연도의 인구 중에서 같은 해의 총 사망자 수
- 영아사망률 : 출생 1,000명에 대한 생후 1년 미만의 사망 영아 수(공중보건 수준을 나타내는 지표)

인구구조의 형태

구분	형태	특징
피라미드형	65 50 남 여 20	• 출생률과 사망률이 높은 형태 • 인구증가형 • 14세 이하 인구가 65세 이상 인구의 2배 이상 나타나는 구조 • 후진국형
종형	65 50 남 여 20	• 저출생률과 저사망률로 인구 증가가 정지되는 인구정지형으로 이상적인 형태 • 14세 이하 인구가 65세 이상 인구의 2배 정도로 나타남

구분	형태	특징
항아리형		• 출생률이 사망률보다 낮아 인구가 감소하는 형으로 평균수명이 높은 선진국에서 나타남 • 14세 이하 인구가 65세 이상 인구의 2배 이하로 나타남
별형		• 생산연령층의 인구가 많이 모여들고 있는 유입형으로 도시형 • 생산층(15~49세) 인구가 전체 인구의 50% 이상을 차지
표주박형		• 기타형(guitar form)이라고도 하며, 생산연령층의 인구가 감소하는 유출형 • 농촌에서 주로 나타나며, 생산층(15~49세) 인구가 전체 인구의 50% 미만

▮ 인구정태와 인구동태

① 인구정태 : 인구의 크기나 자연적 구조(성별, 연령), 사회적 구조(국적, 가족관계), 경제적 구조(직업, 산업)에 관한 통계로 어느 특정 시점에 있는 인구상태로 얻게 되는 통계

② 인구동태 : 일정 기간 동안의 인구 변동요인에 관한 통계로 출생과 사망, 전입과 전출 등에 관한 조사

▮ 질병의 3대 발생 요인

요인	내용
병인적 요인	정신적 요인, 병원체의 독성 정도, 생물화학적 요인, 유해 중금속 등 물리·화학적 요인, 병원체, 영양
숙주적 요인	• 심리적·생물적 특성 등 감수성의 인간 숙주인 개인 및 민족적 특성 • 연령, 성별, 병에 대한 저항력, 영양상태, 유전적 요인, 생활습관 등
환경적 요인	인간을 둘러싸고 있는 물리적, 생물학적, 사회적, 경제적인 것들을 모두 포함하는 것

▮ 감염병

① 감염병의 정의 : 감염된 사람 또는 동물 등의 병원소로부터 감수성이 있는 새로운 숙주로 병원체가 전파되어 발생하는 것을 말한다.

② 감염병 유행의 3대 요인 : 감염원, 감염경로, 감수성 숙주

③ 감염병 발생단계 : 병원체 → 병원소 → 병원소로부터 병원체의 탈출 → 전파 → 새로운 숙주의 침입 → 감수성 있는 숙주의 감염

④ 감염병 신고 : 의사, 치과의사, 한의사, 의료기관의 장 → 관할 보건소로 신고

⑤ 감염병 보고 : 보건소장 → 관할 특별자치시장·특별자치도지사 또는 시장·군수·구청장 → 특별자치시장·특별자치도지사는 질병관리청장에게, 시장·군수·구청장은 질병관리청장 및 시·도지사에게 각각 보고

⑥ 법정 감염병의 분류와 관리(감염병의 예방 및 관리에 관한 법률)

구분	제1급 감염병	제2급 감염병	제3급 감염병	제4급 감염병
특성	생물테러감염병 또는 치명률이 높거나 집단 발생의 우려가 커서 발생 또는 유행 즉시 신고, 음압격리와 같은 높은 수준의 격리가 필요한 감염병(17종)	전파가능성을 고려하여 발생 또는 유행 시 24시간 이내에 신고, 격리가 필요한 감염병(21종)	발생을 계속 감시할 필요가 있어 발생 또는 유행 시 24시간 이내 신고하여야 하는 감염병(28종)	제1급 감염병부터 제3급 감염병까지의 감염병 외에 유행 여부를 조사하기 위하여 표본감시 활동이 필요한 감염병(22종)
종류	1. 에볼라바이러스병 2. 마버그열 3. 라싸열 4. 크리미안콩고출혈열 5. 남아메리카출혈열 6. 리프트밸리열 7. 두창 8. 페스트 9. 탄저 10. 보툴리눔독소증 11. 야토병 12. 신종감염병증후군 13. 중증급성호흡기증후군(SARS) 14. 중동호흡기증후군(MERS) 15. 동물인플루엔자 인체감염증 16. 신종인플루엔자 17. 디프테리아	1. 결핵 2. 수두 3. 홍역 4. 콜레라 5. 장티푸스 6. 파라티푸스 7. 세균성 이질 8. 장출혈성대장균감염증 9. A형간염 10. 백일해 11. 유행성이하선염 12. 풍진 13. 폴리오 14. 수막구균 감염증 15. b형헤모필루스인플루엔자 16. 폐렴구균 감염증 17. 한센병 18. 성홍열 19. 반코마이신내성황색포도알균(VRSA) 감염증 20. 카바페넴내성장내세균목(CRE) 감염증 21. E형간염	1. 파상풍 2. B형간염 3. 일본뇌염 4. C형간염 5. 말라리아 6. 레지오넬라증 7. 비브리오패혈증 8. 발진티푸스 9. 발진열 10. 쯔쯔가무시증 11. 렙토스피라증 12. 브루셀라증 13. 공수병 14. 신증후군출혈열 15. 후천성면역결핍증(AIDS) 16. 크로이츠펠트-야콥병(CJD) 및 변종크로이츠펠트-야콥병(vCJD) 17. 황열 18. 뎅기열 19. 큐열 20. 웨스트나일열 21. 라임병 22. 진드기매개뇌염 23. 유비저 24. 치쿤구니야열 25. 중증열성혈소판감소증후군(SFTS) 26. 지카바이러스 감염증 27. 엠폭스 28. 매독	1. 인플루엔자 2. 회충증 3. 편충증 4. 요충증 5. 간흡충증 6. 폐흡충증 7. 장흡충증 8. 수족구병 9. 임질 10. 클라미디아감염증 11. 연성하감 12. 성기단순포진 13. 첨규콘딜롬 14. 반코마이신내성장알균(VRE) 감염증 15. 메티실린내성황색포도알균(MRSA) 감염증 16. 다제내성녹농균(MRPA) 감염증 17. 다제내성아시네토박터바우마니균(MRAB) 감염증 18. 장관감염증 19. 급성호흡기감염증 20. 해외유입기생충감염증 21. 엔테로바이러스감염증 22. 사람유두종바이러스감염증
신고 시기	즉시	24시간 이내	24시간 이내	7일 이내

※ 비고
• 신종감염병증후군 : 급성출혈열증상, 급성호흡기증상, 급성설사증상, 급성황달증상 또는 급성신경증상을 나타내는 신종감염병증후군
• 장관감염증 : 살모넬라균 감염증, 장염비브리오균 감염증, 장독소성대장균(ETEC) 감염증, 장침습성대장균(EIEC) 감염증, 장병원성대장균(EPEC) 감염증, 캄필로박터균 감염증, 클로스트리듐 퍼프린젠스 감염증, 황색포도알균 감염증, 바실루스 세레우스균 감염증, 예르시니아 엔테로콜리티카 감염증, 리스테리아 모노사이토제네스 감염증, 그룹 A형 로타바이러스 감염증, 아스트로바이러스감염증, 장내 아데노바이러스 감염증, 노로바이러스 감염증, 사포바이러스 감염증, 이질아메바 감염증, 람블편모충 감염증, 작은와포자충 감염증, 원포자충 감염증
• 급성호흡기감염증 : 아데노바이러스 감염증, 사람 보카바이러스 감염증, 파라인플루엔자바이러스 감염증, 호흡기세포융합바이러스 감염증, 리노바이러스 감염증, 사람 메타뉴모바이러스 감염증, 사람 코로나바이러스 감염증, 마이코플라스마 폐렴균 감염증, 클라미디아폐렴균 감염증
• 해외유입기생충감염증 : 리슈만편모충증, 바베스열원충증, 아프리카수면병, 샤가스병, 주혈흡충증, 광동주혈선충증, 악구충증, 사상충증, 포충증, 톡소포자충증, 메디나충증

▎ **가족보건**

① **모자보건**
- 1973년부터 「모자보건법」을 시행, 제1조에 "이 법은 모성(母性) 및 영유아의 생명과 건강을 보호하고 건전한 자녀의 출산과 양육을 도모함으로써 국민보건 향상에 이바지함을 목적으로 한다."라고 정의하였다.
- 모자보건의 지표 : 영아사망률, 주산기 사망률, 모성사망비, 모성사망률

② **가족계획**
- WHO는 "가족계획이란 근본적으로 산아제한을 의미하는 것으로 출산의 시기 및 간격을 조절하여 출생 자녀수도 제한하고 불임증 환자의 진단 및 치료를 하는 것이다."라고 정의하였다.
- 각 나라의 인구 상황, 경제·사회적 여건 등에 따라 조금씩 다르게 정의되고 있다.
- 가족계획 시 고려사항 : 연령을 고려한 초산 시기, 출산 횟수, 임신 간격 조정, 단산 연령

▎ **노인보건**

① 노인(老人)이란 신체적·정신적으로 기능의 쇠퇴와 심리적인 변화가 일어나 자기유지 기능과 사회적 역할 기능이 약화되고 있는 사람을 말하며, 우리나라에서 「노인복지법」상 노인 기준 연령은 만 65세이다.

② 노인보건은 가능한 한 노화의 진행을 억제하며 노인들의 건강을 유지함과 동시에 질병을 감소시켜 수명을 연장시키는 것은 물론, 노인이 지역사회에서 의미 있는 삶을 영위할 수 있도록 하는 데 그 목적이 있다.

③ **고령화(aging)의 기준**
- 「고용상 연령차별금지 및 고령자고용촉진에 관한 법률」에 따르면 고령자란 "55세 이상인 사람"을 말한다.
- 유엔(UN)의 기준에 따르면 전체 인구에서 65세 이상 노인 인구가 차지하는 비율이 7% 이상이면 고령화 사회, 14% 이상이면 고령 사회, 20% 이상이면 초고령 사회로 구분된다.

④ **노인복지법** : 노인의 질환을 사전예방 또는 조기 발견하고 질환상태에 따른 적절한 치료·요양으로 심신의 건강을 유지하고, 노후의 생활안정을 위하여 필요한 조치를 강구함으로써 노인의 보건복지 증진에 기여함을 목적으로 한다.

▎ **환경보건**

세계보건기구(WHO) 환경위생전문위원회에서는 환경위생을 "인간이 신체적·정신적 및 사회적으로 안정된 상태일 때 몸에 유해한 작용을 주거나 영향을 미칠 수 있는 물질적인 환경에 대한 모든 요소를 조절하는 것"으로 정의하였다.

기후

① 기후의 3대 요소 : 기온, 기습, 기류

② 온열 조건

- 기온 : 대기의 온도를 말하며 일반적으로 실내에서는 1.5m, 실외에서는 1.2~1.5m 높이의 건구 온도를 측정
- 기습 : 일반적으로 습도라고 하며, 대기 중의 수증기량에 의하여 결정됨
- 기류 : 기동 또는 바람이라고 하며 기압의 차이와 기온의 차이에 의하여 형성

③ 불쾌지수(discomfort index) : 기후 상태로 인하여 인간이 느끼는 불쾌감을 표시한 것으로, 기온과 습도의 관계로 나타낸 지수

불쾌지수	내용
70 이상	일부의 사람이 불쾌감을 느낌
75 이상	50%의 사람이 불쾌감을 느낌
80 이상	모든 사람이 불쾌감을 느낌
85 이상	모든 사람이 매우 불쾌감을 느낌

④ 체온 조절작용

- 체온을 거의 일정하게 유지하는 신체활동을 체온작용이라고 함
- 체온은 신체로부터의 방열작용(열을 외부로 발산하는 것)과 신체에서의 산열작용(체내에서의 열 생산작용)이라는 두 가지 작용에 의하여 조절됨
  ※ 이상기온에 의한 증상 : 열경련, 열허탈증, 열사병(울열증), 열쇠약증

공기

① 공기의 조성

구분	비중(%)	특징
질소	78%	• 질소 가스는 정상 기압에서 비활성이지만 3기압에서 자극작용, 4기압 이상 시 중추신경계에 마취작용, 10기압 이상이면 의식상실이 발생할 수 있음 • 잠함병(감압병) : 고압에서 급격하게 압력이 저하되면 모세혈관에 혈전현상이 발생

산소	21%	• 고농도의 산소에서는 산소중독이 발생할 수 있음
		• 산소 농도에 따른 증상
		  − 15~50% : 특별한 이상 없이 생존 가능
		  − 12% 이하 : 현기증, 구토, 근력저하 증상 발생
		  − 7% 이하 : 산소결핍, 질식사

이산화탄소	0.03%	• 실내 공기오염의 지표로 사용
		• 이산화탄소 농도에 따른 증상
		  − 3% 이상 : 불쾌감
		  − 5% 이상 : 호흡중추의 자극으로 호흡 증가
		  − 10% 정도 : 호흡곤란으로 사망

기타		네온, 헬륨, 수소, 오존 등 미량 함유

② 공기의 자정작용 : 희석작용, 세정작용, 산화작용, 살균작용, 산소와 이산화탄소 교환작용

③ 대기오염의 영향
  • 대기오염물질은 호흡기를 통하여 체내로 침입하여 인체에 영향을 줌
  • 대기오염물질은 기관지나 폐에도 영향을 주어 기관지염이나 폐기종을 발생시킴
④ 실내 공기오염
  • 일산화탄소(CO)
    − 인체에 유해한 무색, 무취, 무자극성 가스
    − 실내에 0.05~0.1%만 존재하여도 중독증상이 발생
    − 혈액 중의 헤모글로빈과 결합하여 세포조직에 무산소증을 발생
  • 군집독 : 많은 사람이 밀집된 실내에서 공기가 물리적·화학적 조성의 변화를 일으켜 두통이나
    구토, 불쾌감 등의 생리적 이상을 초래
⑤ 먼지
  • 알레르기성 반응 : 꽃가루나 유기성 먼지
  • 결막염, 기관지염 등 점막질환 : 유독성 화학물질이나 세균
  • 금속열 : 산화아연 등 금속성 증기
  • 진폐증 : 토양입자, 석탄입자, 석면입자
    ※ 분진에 의한 질환 : 진폐증, 규폐증, 석면폐증
  • 금속중독 : 납, 수은, 망가니즈(망간) 등의 금속
    ※ 3대 직업병 : 납 중독, 벤젠 중독, 규폐증
  • 방사선 장애 : 먼지에 흡착된 방사성 핵종
  • 폐암 : 먼지나 석면

▌ 상하수 처리
① 상수
  • 물의 자정작용
    − 희석작용, 침전작용, 산화작용, 일광에 의한 살균작용, 수중생물에 의한 식균작용
    − 지표수가 시간이 경과하면 자연적으로 정화되는 작용
    − 수중의 미생물이나 불순물이 물리·화학·생물학적 작용을 통하여 무해한 상태로 변하는
      과정
  • 정수처리 : 침전 → 여과 → 소독
② 하수 : 생활에서 생기는 오수
  • 하수처리 : 예비처리 → 본처리 → 오니처리
  • 하수의 수질 기준
    − 생물화학적 산소요구량(BOD ; Biochemical Oxygen Demand) : 수중의 유기물질이 생물학
      적으로 산화되는 데 필요한 산소량

- 화학적 산소요구량(COD ; Chemical Oxygen Demand) : 수중의 과산화물을 산화제로 처리하는 데 소비되는 산소량
- 용존산소량(DO ; Dissolved Oxygen) : 물에 용해된 산소의 양

▎ 수질오염

① 수질오염의 측정
- 이화학적 수질오염지표 : 수소이온농도(pH), 용존산소량(DO), 생물화학적 산소요구량(BOD), 부유물질 등
- 생물학적 수질오염지표 : 미생물(일반 세균, 대장균 등), 저서생물, 어류, 조류 등

② 수질오염이 인체에 미치는 영향
- 미나마타병 : 메틸수은 폐수에 오염된 어패류를 섭취할 경우, 뇌나 중추신경계에 영향을 주어 신경마비를 일으킴
- 이타이이타이병 : 카드뮴이 지하수나 지표수에 축적되어 이를 섭취한 사람에게서 발생하는 것으로, 전신권태나 피로감, 골연화증 등을 일으킴

▎ 식품위생과 영양

① 식중독의 종류

종류	구분	원인
세균성 식중독	감염형	살모넬라균, 장염비브리오균, 병원성 대장균
	독소형	황색포도상구균, 보툴리누스균
	생체 내 독소형(감염형과 독소형 중간)	웰치균
화학성 식중독	유독, 유해 화학물질에 의한 것	• 유해 식품첨가물에 의한 식중독 • 농약, 유해 중금속에 의한 식중독 • 식품 변질에 의한 식중독 • 조리기구 및 포장 용기에 있는 유해물질에 의한 식중독
자연독 식중독	식물성 독소	독버섯, 청매, 독미나리 등
	동물성 독소	복어, 모시조개 등
곰팡이 식중독	곰팡이독(mycotoxin) 중독	황변미독, 아플라톡신

② 식품의 보존
- 물리적 보존법 : 가열법, 냉장 및 냉동법, 건조법, 자외선 및 방사선 이용법
- 화학적 보존법 : 염장법 및 당장법, 보존료의 첨가법

③ 영양소의 구성
- 구성 영양소 : 신체조직을 구성(단백질, 지방, 무기질, 물)
- 열량 영양소 : 에너지로 사용(탄수화물, 지방, 단백질)
- 조절 영양소 : 대사조절과 생리기능 조절(비타민, 무기질, 물)

▌ 보건행정

① **보건행정** : 국민보건에 관한 행정으로서, 보건사업이나 공중보건을 위해 국가나 지방자치단체에서 행하는 공적인 행정활동으로, 보건의료의 기술적인 부분과 행정적인 부분이 조화를 이룰 때 효율적으로 이루어질 수 있다.

② **보건행정의 범위** : 예방의학적 봉사를 넘어 치료의학적 봉사와 사회적 봉사를 포함한다.

③ **보건행정의 특성** : 봉사성, 공공성과 사회성, 과학성과 기술성, 교육성과 조장성

④ **보건행정 조직의 역할**
- 보건행정은 공중보건을 행정조직에서 기술적으로 관리하고 통제하는 것이다.
- 일반적인 행정원리, 즉 관리과정, 의사결정과정, 기획과정, 조직과정, 수행과정, 통제과정을 통해 공중보건적 측면인 생태학적 고찰, 역학조사, 의학적 기초, 환경위생학적 부분을 기술적으로 다루고 있다.
- 해방 이후인 1948년 사회부 신설을 처음으로 우리나라의 보건행정 조직과 체계가 갖춰지기 시작하였고, 현재는 보건복지부에서 여러 보건사업을 실시하고 있다.

⑤ **사회보험(social insurance)** : 사회 보장을 목적으로 건강, 노후 및 사망, 실업, 산업재해의 사고를 대비한 강제보험을 말한다.

※ 우리나라 4대 보험 : 국민연금, 건강보험, 고용보험, 산재보험

2 소독학

▌ 소독의 정의

① **멸균** : 병원균이나 포자까지 완전히 사멸시켜 제거한다.

② **살균** : 미생물을 물리적, 화학적으로 급속히 죽이는 것(내열성 포자 존재)이다.

③ **소독** : 유해한 병원균 증식과 감염의 위험성을 제거한다(포자는 제거되지 않음).
→ 병원성 미생물의 생활력을 파괴 또는 멸살시켜 감염 및 증식력을 없애는 것이다.

④ **방부** : 병원성 미생물의 발육을 정지시켜 부패나 발효를 방지한다.

▌ 소독법의 분류

① **자연소독법** : 희석, 태양광선, 한랭(저온상태) 등

② **물리적 소독법**
- 건열에 의한 멸균법 : 건열멸균법, 소각소독법, 화염멸균법 등
- 습열에 의한 멸균법 : 자비소독법, 고압증기멸균법, 저온살균법, 간헐멸균법 등
- 그 외 방사선 살균법, 자외선 살균법, 세균여과법, 초음파살균법 등

③ 화학적 소독법 : 에탄올, 페놀화합물, 과산화수소, 크레졸, 역성비누, 계면활성제 등

④ 가스에 의한 멸균법 : E.O(에틸렌옥사이드) 가스, 오존, 폼알데하이드(포름알데히드) 등

▌ 소독약의 조건

① 살균력이 있어야 한다.

② 인체에 독성이 없어야 한다.

③ 대상물을 손상시키지 말아야 한다.

④ 부식 및 표백이 되지 않아야 한다.

⑤ 빠르게 침투하여 소독효과가 우수해야 한다.

⑥ 안정성 및 용해성이 있어야 한다.

⑦ 사용법이 간단하고 경제적이어야 한다.

⑧ 환경오염을 유발하지 않아야 한다.

▌ 미생물 총론

① 미생물의 정의

- 육안의 가시한계를 넘어선 0.1mm 이하의 미세한 생물체
- 단일세포 또는 균사로 몸을 이룸
- 생물로서 최소 생활단위를 영위하는 생물체

② 미생물의 역사

로버트 훅 (Robert Hooke, 1635~1703)	1665년 복합 광학현미경을 조립하여 얇게 썬 코르크를 관찰하는 데 사용하였으며, 세포(cell)라는 새로운 용어를 명명
레벤후크 (Anton Van Leeuwenhoek, 1632~1723)	1673년 자신이 고안한 단일렌즈 현미경으로 살아 있는 미생물을 최초로 관찰하여 미소동물(animalcules)이라 명명함
파스퇴르 (Louis Pasteur, 1822~1895)	• 면섬유 여과기로 수집한 먼지 속에서 많은 세균을 증명함 • 자연발생설의 반증과 저온멸균법을 발견함 • 간헐멸균법, 고압증기멸균법, 건열멸균법 등을 발견함 • 포도주와 맥주의 발효, 면양의 탄저병 예방법, 광견병 백신 등을 개발함

로버트 코흐
(Robert Koch, 1843~1910)
	• 특정한 세균이 질병을 일으킴을 최초로 증명하고, 하나의 미생물이 하나의 특정한 질병을 일으킨다는 '병원균설'을 확립함
	• 세균염색법, 동물실험법, 한천을 넣어 만든 고형배지를 고안하여 세균의 순수배양법을 발견
	• 결핵균과 콜레라균 발견
	• 병원균을 규정하는 4대 원칙 설정
	  - 병에 걸린 환자나 동물에게는 반드시 그 균이 존재할 것
	  - 병원균은 분리배양법에 의하여 순수 분리될 것
	  - 순수하게 배양된 균을 건강한 개체에 접종하였을 때 그 병이 발병할 것
	  - 실험적으로 감염시킨 동물체에서 그 균이 발견되고 다시 분리배양될 것

▌ 병원성 미생물

① 진핵생물

- 진균 : 형태에 따라 곰팡이, 효모, 버섯으로 나누어지며 주로 생식 방식에 근거하여 분류됨
- 원생동물 : 원충류라고도 하며, 한 개의 세포로 구성되어 있음
- 조류 : 엽록소와 특수한 색소를 이용하여 광합성을 함
- 점균 : 일정한 형태 없이 아메바 상태를 이루기 때문에 변형균이라고도 함

② 원핵생물

세균	• 형태에 따라 구균(포도상구균, 수막염균 등), 간균(디프테리아균, 결핵균 등), 나선균(콜레라균, 매독균 등)으로 구분 • 생육 특성에 따라 호기성균(탄저균, 고초균), 혐기성균(보툴리누스균, 파상풍균, 웰치균 등) 등으로 구분
마이코플라즈마 (mycoplasma)	사람의 점막조직, 생식기, 요도, 호흡기, 구강조직에 감염을 일으킴
바이러스 (virus)	• 바이러스는 크기가 세균보다 작아 세균여과기의 구멍을 통과하므로 세균여과기로는 제거하기 어려움 • 살아 있는 세포 내에만 존재하고 동식물이나 세균에 기생함
리케차 (rickettsia)	• 바이러스와 마찬가지로 살아 있는 세포 내에서만 증식이 가능한 특징을 가지며 리케차를 보유하는 동물인 절지동물을 매개로 감염됨 • 발진티푸스, 발진열, 쯔쯔가무시병 등
클라미디아 (chlamydia)	세균과 유사한 특성을 갖지만 대사계를 갖지 않고 이분 분열로 증식함

▌ 소독방법

① 일반기준

- 자외선 소독 : 1cm^{2}당 85μW 이상의 자외선을 20분 이상 쬐어준다.
- 건열멸균 소독 : 섭씨 100℃ 이상의 건조한 열에 20분 이상 쐬어준다.
- 증기소독 : 섭씨 100℃ 이상의 습한 열에 20분 이상 쐬어준다.
- 열탕소독 : 섭씨 100℃ 이상의 물속에 10분 이상 끓여준다.
- 석탄산수 소독 : 석탄산수(석탄산 3%, 물 97%의 수용액)에 10분 이상 담가둔다.
- 크레졸 소독 : 크레졸수(크레졸 3%, 물 97%의 수용액)에 10분 이상 담가둔다.
- 에탄올 소독 : 에탄올수용액(에탄올이 70%인 수용액)에 10분 이상 담가두거나 에탄올수용액을 머금은 면 또는 거즈로 기구의 표면을 닦아준다.

② 개별기준 : 이용기구 및 미용기구의 종류, 재질 및 용도에 따른 구체적인 소독기준 및 방법은 보건복지부장관이 정하여 고시한다.

▌ 분야별 위생 · 소독

① 이용업의 시설 및 설비기준

- 이용기구는 소독을 한 기구와 소독을 하지 아니한 기구를 구분하여 보관할 수 있는 용기를 비치하여야 한다.
- 소독기, 자외선 살균기 등 이용기구를 소독하는 장비를 갖추어야 한다.
- 영업소 안에는 별실 그 밖에 이와 유사한 시설을 설치하여서는 아니 된다.

② 미용업의 시설 및 설비기준

- 미용기구는 소독을 한 기구와 소독을 하지 아니한 기구를 구분하여 보관할 수 있는 용기를 비치하여야 한다.
- 소독기, 자외선 살균기 등 미용기구를 소독하는 장비를 갖추어야 한다.

3 공중위생관리법규(법, 시행령, 시행규칙)

▌ 공중위생관리법의 목적(법 제1조)

공중이 이용하는 영업의 위생관리 등에 관한 사항을 규정함으로써 위생수준을 향상시켜 국민의 건강 증진에 기여함을 목적으로 한다.

▌ 공중위생영업의 정의(법 제2조)

① **공중위생영업** : 다수인을 대상으로 위생관리서비스를 제공하는 영업으로서 숙박업 · 목욕장업 · 이용업 · 미용업 · 세탁업 · 건물위생관리업을 말한다.

② **이용업** : 손님의 머리카락 또는 수염을 깎거나 다듬는 등의 방법으로 손님의 용모를 단정하게 하는 영업을 말한다.

③ **미용업** : 손님의 얼굴, 머리, 피부 및 손톱 · 발톱 등을 손질하여 손님의 외모를 아름답게 꾸미는 다음의 영업을 말한다.

- 일반미용업 : 파마 · 머리카락 자르기 · 머리카락 모양내기 · 머리피부 손질 · 머리카락 염색 · 머리감기, 의료기기나 의약품을 사용하지 아니하는 눈썹손질을 하는 영업
- 피부미용업 : 의료기기나 의약품을 사용하지 아니하는 피부 상태 분석 · 피부관리 · 제모 · 눈썹손질을 하는 영업
- 네일미용업 : 손톱과 발톱을 손질 · 화장하는 영업
- 화장 · 분장 미용업 : 얼굴 등 신체의 화장, 분장 및 의료기기나 의약품을 사용하지 아니하는 눈썹손질을 하는 영업
- 그 밖에 대통령령으로 정하는 세부 영업
- 종합미용업 : 위의 업무를 모두 하는 영업

▌ 영업의 신고 및 폐업신고(법 제3조)

① 영업의 신고
- 공중위생영업을 하고자 하는 자는 공중위생영업의 종류별로 보건복지부령이 정하는 시설 및 설비를 갖추고 시장·군수·구청장(자치구의 구청장에 한함)에게 신고하여야 한다.
- 보건복지부령이 정하는 중요사항을 변경하고자 하는 때에도 또한 같다.

② 폐업신고
- 공중위생영업의 신고를 한 자(공중위생영업자)는 공중위생영업을 폐업한 날부터 20일 이내에 시장·군수·구청장에게 신고하여야 한다. 다만, 영업정지 등의 기간 중에는 폐업신고를 할 수 없다.
- 이용업 또는 미용업의 신고를 한 자의 사망으로 면허를 소지하지 아니한 자가 상속인이 된 경우에는 그 상속인은 상속받은 날부터 3개월 이내에 시장·군수·구청장에게 폐업신고를 하여야 한다.
- 시장·군수·구청장은 공중위생영업자가 「부가가치세법」에 따라 관할 세무서장에게 폐업신고를 하거나 관할 세무서장이 사업자등록을 말소한 경우에는 보건복지부령으로 정하는 바에 따라 신고 사항을 직권으로 말소할 수 있다.
- 공중위생영업 신고의 방법 및 절차 등에 관하여 필요한 사항은 보건복지부령으로 정한다.

▌ 영업자 준수사항(규칙 [별표 4])

① 이용업자
- 이용기구 중 소독을 한 기구와 소독을 하지 아니한 기구는 각각 다른 용기에 넣어 보관하여야 한다.
- 1회용 면도날은 손님 1인에 한하여 사용하여야 한다.
- 영업장 안의 조명도는 75lx 이상이 되도록 유지하여야 한다.
- 영업소 내부에 이용업 신고증 및 개설자의 면허증 원본을 게시하여야 한다.
- 영업소 내부에 부가가치세, 재료비 및 봉사료 등이 포함된 요금표(이하 최종지급요금표)를 게시 또는 부착하여야 한다.
- 신고한 영업장 면적이 66m^2 이상인 영업소의 경우 영업소 외부(출입문, 창문, 외벽면 등을 포함)에도 손님이 보기 쉬운 곳에 「옥외광고물 등 관리법」에 적합하게 최종지급요금표를 게시 또는 부착하여야 한다. 이 경우 최종지급요금표에는 일부 항목(3개 이상)만을 표시할 수 있다.
- 3가지 이상의 이용서비스를 제공하는 경우에는 개별 이용서비스의 최종 지급가격 및 전체 이용서비스의 총액에 관한 내역서를 이용자에게 미리 제공하여야 한다. 이 경우 이용업자는 해당 내역서 사본을 1개월간 보관하여야 한다.

② 미용업자

- 점 빼기·귓불 뚫기·쌍꺼풀수술·문신·박피술 그 밖에 이와 유사한 의료행위를 하여서는 아니 된다.
- 피부미용을 위하여 의약품 또는 의료기기를 사용하여서는 아니 된다.
- 미용기구 중 소독을 한 기구와 소독을 하지 아니한 기구는 각각 다른 용기에 넣어 보관하여야 한다.
- 1회용 면도날은 손님 1인에 한하여 사용하여야 한다.
- 영업장 안의 조명도는 75lx 이상이 되도록 유지하여야 한다.
- 영업소 내부에 미용업 신고증 및 개설자의 면허증 원본을 게시하여야 한다.
- 영업소 내부에 최종지급요금표를 게시 또는 부착하여야 한다.
- 신고한 영업장 면적이 $66m^2$ 이상인 영업소의 경우 영업소 외부에도 손님이 보기 쉬운 곳에 「옥외광고물 등 관리법」에 적합하게 최종지급요금표를 게시 또는 부착하여야 한다. 이 경우 최종지급요금표에는 일부 항목(5개 이상)만을 표시할 수 있다.
- 3가지 이상의 미용서비스를 제공하는 경우에는 개별 미용서비스의 최종 지급가격 및 전체 미용서비스의 총액에 관한 내역서를 이용자에게 미리 제공하여야 한다. 이 경우 미용업자는 해당 내역서 사본을 1개월간 보관하여야 한다.

▌ 이용사 및 미용사의 면허 등(법 제6조)

① 이용사 또는 미용사가 되고자 하는 자는 다음에 해당하는 자로서 보건복지부령이 정하는 바에 의하여 시장·군수·구청장의 면허를 받아야 한다.

- 전문대학 또는 이와 같은 수준 이상의 학력이 있다고 교육부장관이 인정하는 학교에서 이용 또는 미용에 관한 학과를 졸업한 자
- 「학점인정 등에 관한 법률」에 따라 대학 또는 전문대학을 졸업한 자와 같은 수준 이상의 학력이 있는 것으로 인정되어 이용 또는 미용에 관한 학위를 취득한 자
- 고등학교 또는 이와 같은 수준의 학력이 있다고 교육부장관이 인정하는 학교에서 이용 또는 미용에 관한 학과를 졸업한 자
- 초·중등교육법령에 따른 특성화고등학교, 고등기술학교나 고등학교 또는 고등기술학교에 준하는 각종 학교에서 1년 이상 이용 또는 미용에 관한 소정의 과정을 이수한 자
- 「국가기술자격법」에 의한 이용사 또는 미용사 자격을 취득한 자

② ①에 따라 면허증을 발급받은 사람은 다른 사람에게 그 면허증을 빌려주어서는 아니 되고, 누구든지 그 면허증을 빌려서는 아니 된다.

③ 누구든지 ②에 따라 금지된 행위를 알선하여서는 아니 된다.

④ 이용사 및 미용사의 면허 취소 및 정지(법 제7조)

면허취소	• 피성년후견인 • 「정신건강증진 및 정신질환자 복지서비스 지원에 관한 법률」에 따른 정신질환자(다만, 전문의가 이용사 또는 미용사로서 적합하다고 인정하는 사람은 그러하지 아니함) • 공중의 위생에 영향을 미칠 수 있는 감염병 환자로서 보건복지부령이 정하는 자 • 마약 기타 대통령령으로 정하는 약물 중독자 • 「국가기술자격법」에 따라 자격이 취소된 때 • 이중으로 면허를 취득한 때(나중에 발급받은 면허를 말함) • 면허정지처분을 받고도 그 정지 기간 중에 업무를 한 때
면허정지	• 면허증을 다른 사람에게 대여한 때 • 「국가기술자격법」에 따라 자격정지처분을 받은 때(「국가기술자격법」에 따른 자격정지처분 기간에 한정함) • 「성매매알선 등 행위의 처벌에 관한 법률」이나 「풍속영업의 규제에 관한 법률」을 위반하여 관계 행정기관의 장으로부터 그 사실을 통보받은 때

■ 업무(규칙 제13조, 제14조)

① 이용사의 업무 범위 : 이발·아이론·면도·머리피부 손질·머리카락 염색 및 머리감기로 한다.

② 미용사의 업무 범위

취득 시기 및 종류	미용사의 업무 범위
2007년 12월 31일 이전에 미용사 자격을 취득한 자로서 미용사 면허를 받은 자	• 일반미용업 : 파마·머리카락 자르기·머리카락 모양내기·머리피부 손질·머리카락 염색·머리감기, 의료기기나 의약품을 사용하지 아니하는 눈썹손질을 하는 영업 • 피부미용업 : 의료기기나 의약품을 사용하지 아니하는 피부 상태 분석·피부관리·제모·눈썹손질을 하는 영업 • 네일미용업 : 손톱과 발톱을 손질·화장하는 영업 • 화장·분장 미용업 : 얼굴 등 신체의 화장, 분장 및 의료기기나 의약품을 사용하지 아니하는 눈썹손질을 하는 영업 • 그 밖에 대통령령으로 정하는 세부 영업 • 종합미용업 : 위의 업무를 모두 하는 영업
2008년 1월 1일부터 2015년 4월 16일까지 미용사(일반) 자격을 취득한 자로서 미용사 면허를 받은 자	파마·머리카락 자르기·머리카락 모양내기·머리피부 손질·머리카락 염색·머리감기, 의료기기나 의약품을 사용하지 아니하는 눈썹손질, 얼굴의 손질 및 화장, 손톱과 발톱의 손질 및 화장
2015년 4월 17일부터 2016년 5월 31일까지 미용사(일반) 자격을 취득한 자로서 미용사 면허를 받은 자	파마·머리카락 자르기·머리카락 모양내기·머리피부 손질·머리카락 염색·머리감기, 의료기기나 의약품을 사용하지 않는 눈썹손질, 얼굴의 손질 및 화장
2016년 6월 1일 이후 미용사(일반) 자격을 취득한 자로서 미용사 면허를 받은 자	파마·머리카락 자르기·머리카락 모양내기·머리피부 손질·머리카락 염색·머리감기, 의료기기나 의약품을 사용하지 아니하는 눈썹손질
미용사(피부) 자격을 취득한 자로서 미용사 면허를 받은 자	의료기기나 의약품을 사용하지 아니하는 피부 상태 분석·피부관리·제모·눈썹손질
미용사(네일) 자격을 취득한 자로서 미용사 면허를 받은 자	손톱과 발톱의 손질 및 화장
미용사(메이크업) 자격을 취득한 자로서 미용사 면허를 받은 자	얼굴 등 신체의 화장·분장 및 의료기기나 의약품을 사용하지 아니하는 눈썹손질

③ 이용·미용의 업무보조 범위
- 이용·미용 업무를 위한 사전 준비에 관한 사항
- 이용·미용 업무를 위한 기구·제품 등의 관리에 관한 사항
- 영업소의 청결 유지 등 위생관리에 관한 사항
- 그 밖에 머리감기 등 이용·미용 업무의 보조에 관한 사항

④ 영업소 외에서의 이용 및 미용 업무
- 질병, 고령, 장애나 그 밖의 사유로 영업소에 나올 수 없는 자에 대하여 이용 또는 미용을 하는 경우
- 혼례나 그 밖의 의식에 참여하는 자에 대하여 그 의식 직전에 이용 또는 미용을 하는 경우
- 「사회복지사업법」에 따른 사회복지시설에서 봉사활동으로 이용 또는 미용을 하는 경우
- 방송 등의 촬영에 참여하는 사람에 대하여 그 촬영 직전에 이용 또는 미용을 하는 경우
- 이외에 특별한 사정이 있다고 시장·군수·구청장이 인정하는 경우

▌ 행정지도감독

① 시·도지사 또는 시장·군수·구청장은 다음 어느 하나에 해당하는 자에 대하여 보건복지부령으로 정하는 바에 따라 기간을 정하여 그 개선을 명할 수 있다(법 제10조).
- 공중위생영업의 종류별 시설 및 설비기준을 위반한 공중위생영업자
- 위생관리의무 등을 위반한 공중위생영업자

② 행정지원(규칙 제23조의2)
- 시장·군수·구청장은 위생교육 실시단체의 장의 요청이 있으면 공중위생영업의 신고 및 폐업신고 또는 영업자의 지위승계신고 수리에 따른 위생교육대상자의 명단(업종, 업소명, 대표자 성명, 업소 소재지 및 전화번호를 포함)을 통보하여야 한다.
- 시·도지사 또는 시장·군수·구청장은 위생교육 실시단체의 장의 지원요청이 있으면 교육대상자의 소집, 교육장소의 확보 등과 관련하여 협조하여야 한다.

▌ 업소 위생등급

① 위생관리등급 구분(규칙 제21조)
- 최우수업소 : 녹색등급
- 우수업소 : 황색등급
- 일반관리대상 업소 : 백색등급

② 시장·군수·구청장은 보건복지부령이 정하는 바에 의하여 위생서비스평가의 결과에 따른 위생관리등급을 해당 공중위생영업자에게 통보하고 이를 공표하여야 한다(법 제14조).

■ **위생교육(제17조)**

① 공중위생영업자는 매년 위생교육을 받아야 하고, 교육시간은 3시간으로 한다.
② 위생교육의 방법·절차 등에 관하여 필요한 사항은 보건복지부령으로 정한다.

■ **벌칙(법 제20조)**

벌칙	위반행위
2년 이하의 징역 또는 2천만 원 이하의 벌금	공중위생영업의 신고를 하지 아니하고 숙박업 영업을 한 자
1년 이하의 징역 또는 1천만 원 이하의 벌금	• 공중위생영업의 신고를 하지 아니하고 공중위생영업(숙박업은 제외)을 한 자 • 영업정지 명령 또는 일부 시설의 사용중지 명령을 받고도 그 기간 중에 영업을 하거나 그 시설을 사용한 자 또는 영업소 폐쇄명령을 받고도 계속하여 영업을 한 자
6월 이하의 징역 또는 500만 원 이하의 벌금	• 공중위생영업의 변경신고를 하지 아니한 자 • 공중위생영업자의 지위를 승계한 자로서 규정에 의한 신고를 하지 아니한 자 • 건전한 영업질서를 위하여 공중위생영업자가 준수하여야 할 사항을 준수하지 아니한 자
300만 원 이하의 벌금	• 다른 사람에게 이용사 또는 미용사의 면허증을 빌려주거나 빌린 사람 • 이용사 또는 미용사의 면허증을 빌려주거나 빌리는 것을 알선한 사람 • 다른 사람에게 위생사의 면허증을 빌려주거나 빌린 사람 • 위생사의 면허증을 빌려주거나 빌리는 것을 알선한 사람 • 면허의 취소 또는 정지 중에 이용업 또는 미용업을 한 사람 • 면허를 받지 아니하고 이용업 또는 미용업을 개설하거나 그 업무에 종사한 사람

■ **시행령 관련 사항**

① **목적(영 제1조)** : 「공중위생관리법」에서 위임된 사항과 그 시행에 관하여 필요한 사항을 규정함을 목적으로 한다.

② **과태료 부과기준(영 [별표 2])**

• 보건복지부장관 또는 시장·군수·구청장은 다음의 어느 하나에 해당하는 경우에는 개별기준에 따른 과태료 금액의 2분의 1 범위에서 그 금액을 줄일 수 있다. 다만, 과태료를 체납하고 있는 위반행위자에 대해서는 그렇지 않다.

  – 위반행위자가 「질서위반행위규제법 시행령」 제2조의2 제1항 어느 하나에 해당하는 경우
  – 위반행위가 사소한 부주의나 오류로 발생한 것으로 인정되는 경우
  – 위반의 내용·정도가 경미하다고 인정되는 경우
  – 위반행위자가 법 위반상태를 시정하거나 해소하기 위해 노력한 것이 인정되는 경우
  – 그 밖에 위반행위의 정도, 위반행위의 동기와 그 결과 등을 고려하여 과태료 금액을 줄일 필요가 있다고 인정되는 경우

• 보건복지부장관 또는 시장·군수·구청장은 다음의 어느 하나에 해당하는 경우에는 개별기준에 따른 과태료 금액의 2분의 1 범위에서 그 금액을 늘려 부과할 수 있다. 다만, 늘려 부과하는 경우에도 공중위생관리법 규정에 따른 과태료 금액의 상한을 넘을 수 없다.

  – 위반의 내용 및 정도가 중대하여 이로 인한 피해가 크다고 인정되는 경우

- 법 위반상태의 기간이 6개월 이상인 경우
- 그 밖에 위반행위의 정도, 위반행위의 동기와 그 결과 등을 고려하여 가중할 필요가 있다고 인정되는 경우

• 개별기준

위반행위	과태료 금액 (단위 : 만 원)
목욕장의 목욕물 중 원수의 수질기준 또는 위생기준을 준수하지 않은 자로서 개선명령에 따르지 않은 경우	150
목욕장의 목욕물 중 욕조수의 수질기준 또는 위생기준을 준수하지 않은 자로서 개선명령에 따르지 않은 경우	150
이용업소의 위생관리 의무를 지키지 않은 경우	80
미용업소의 위생관리 의무를 지키지 않은 경우	80
세탁업소의 위생관리 의무를 지키지 않은 경우	60
건물위생관리업소의 위생관리 의무를 지키지 않은 경우	60
숙박업소의 시설 및 설비를 위생적이고 안전하게 관리하지 않은 경우	90
목욕장업소의 시설 및 설비를 위생적이고 안전하게 관리하지 않은 경우	90
영업소 외의 장소에서 이용 또는 미용 업무를 행한 경우	80
필요한 보고를 하지 않거나 관계공무원의 출입·검사 기타 조치를 거부·방해 또는 기피한 경우	150
개선명령에 위반한 경우	150
이용업 신고를 하지 아니하고 이용업소 표시등을 설치한 경우	90
위생교육을 받지 않은 경우	60
위생사의 명칭을 사용한 경우	50

▌ 시행규칙 관련 사항

① 목적(규칙 제1조) : 이 규칙은 「공중위생관리법」 및 같은 법 시행령에서 위임된 사항과 그 시행에 관하여 필요한 사항을 규정함을 목적으로 한다.

② 행정처분 일반기준(규칙 [별표 7])

• 위반행위가 2 이상인 경우로서 그에 해당하는 각각의 처분기준이 다른 경우에는 그중 중한 처분기준에 의하되, 2 이상의 처분기준이 영업정지에 해당하는 경우에는 가장 중한 정지처분기간에 나머지 각각의 정지처분기간의 2분의 1을 더하여 처분한다.

• 행정처분을 하기 위한 절차가 진행되는 기간 중에 반복하여 같은 사항을 위반한 때에는 그 위반횟수마다 행정처분기준의 2분의 1씩 더하여 처분한다.

• 위반행위의 차수에 따른 행정처분기준은 최근 1년간(「성매매알선 등 행위의 처벌에 관한 법률」 제4조를 위반하여 관계 행정기관의 장이 행정처분을 요청한 경우에는 최근 3년간) 같은 위반행위로 행정처분을 받은 경우에 이를 적용한다. 이 경우 기간의 계산은 위반행위에 대하여 행정처분을 받은 날과 그 처분 후 다시 같은 위반행위를 하여 적발된 날(수거검사에 의한 경우에는 해당 검사결과를 처분청이 접수한 날을 말함)을 기준으로 한다.

- 가중된 행정처분을 하는 경우 가중처분의 적용 차수는 그 위반행위 전 행정처분 차수(기간 내에 행정처분이 둘 이상 있었던 경우에는 높은 차수를 말함)의 다음 차수로 한다.
- 행정처분권자는 위반사항의 내용으로 보아 그 위반 정도가 경미하거나 해당 위반사항에 관하여 검사로부터 기소유예의 처분을 받거나 법원으로부터 선고유예의 판결을 받은 때에는 개별기준에 불구하고 그 처분기준을 다음의 구분에 따라 경감할 수 있다.
  - 영업정지 및 면허정지의 경우에는 그 처분기준 일수의 2분의 1의 범위 안에서 경감할 수 있다.
  - 영업장 폐쇄의 경우에는 3월 이상의 영업정지처분으로 경감할 수 있다.
- 영업정지 1월은 30일을 기준으로 하고, 행정처분기준을 가중하거나 경감하는 경우 1일 미만은 처분기준 산정에서 제외한다.

③ 행정처분 미용업 개별기준(규칙 [별표 7])

위반행위	근거 법조문	행정처분기준			
		1차 위반	2차 위반	3차 위반	4차 이상 위반
가. 법 제3조 제1항 전단에 따른 영업신고를 하지 않거나 시설과 설비기준을 위반한 경우	법 제11조 제1항 제1호				
1) 영업신고를 하지 않은 경우		영업장 폐쇄명령			
2) 시설 및 설비기준을 위반한 경우		개선명령	영업정지 15일	영업정지 1월	영업장 폐쇄명령
나. 법 제3조 제1항 후단에 따른 변경신고를 하지 않은 경우	법 제11조 제1항 제2호				
1) 신고를 하지 않고 영업소의 명칭 및 상호, 법 제2조 제1항 제5호 각 목에 따른 미용업 업종 간 변경을 하였거나 영업장 면적의 3분의 1 이상을 변경한 경우		경고 또는 개선명령	영업정지 15일	영업정지 1월	영업장 폐쇄명령
2) 신고를 하지 않고 영업소의 소재지를 변경한 경우		영업정지 1월	영업정지 2월	영업장 폐쇄명령	
다. 법 제3조의2 제4항에 따른 지위승계신고를 하지 않은 경우	법 제11조 제1항 제3호	경고	영업정지 10일	영업정지 1월	영업장 폐쇄명령
라. 법 제4조에 따른 공중위생영업자의 위생관리 의무 등을 지키지 않은 경우	법 제11조 제1항 제4호				
1) 소독을 한 기구와 소독을 하지 않은 기구를 각각 다른 용기에 넣어 보관하지 않거나 1회용 면도날을 2인 이상의 손님에게 사용한 경우		경고	영업정지 5일	영업정지 10일	영업장 폐쇄명령
2) 피부미용을 위하여 「약사법」에 따른 의약품 또는 「의료기기법」에 따른 의료기기를 사용한 경우		영업정지 2월	영업정지 3월	영업장 폐쇄명령	

위반행위	근거 법조문	행정처분기준			
		1차 위반	2차 위반	3차 위반	4차 이상 위반
3) 점빼기·귓불뚫기·쌍꺼풀수술·문신· 박피술 그 밖에 이와 유사한 의료행위를 한 경우		영업정지 2월	영업정지 3월	영업장 폐쇄명령	
4) 미용업 신고증 및 면허증 원본을 게시하지 않거나 업소 내 조명도를 준수하지 않은 경우		경고 또는 개선명령	영업정지 5일	영업정지 10일	영업장 폐쇄명령
5) 별표 4 제4호 자목 전단을 위반하여 개별 미용서비스의 최종 지급가격 및 전체 미용 서비스의 총액에 관한 내역서를 이용자에 게 미리 제공하지 않은 경우		경고	영업정지 5일	영업정지 10일	영업정지 1월
마. 법 제5조를 위반하여 카메라나 기계장치를 설 치한 경우	법 제11조 제1항 제4호의2	영업정지 1월	영업정지 2월	영업장 폐쇄명령	
바. 법 제7조 제1항의 어느 하나에 해당하는 면허 정지 및 면허취소 사유에 해당하는 경우	법 제7조 제1항				
1) 법 제6조 제2항 제1호부터 제4호까지에 해 당하게 된 경우		면허취소			
2) 면허증을 다른 사람에게 대여한 경우		면허정지 3월	면허정지 6월	면허취소	
3) 「국가기술자격법」에 따라 자격이 취소된 경우		면허취소			
4) 「국가기술자격법」에 따라 자격정지처분을 받은 경우(「국가기술자격법」에 따른 자격 정지처분 기간에 한정한다)		면허정지			
5) 이중으로 면허를 취득한 경우(나중에 발급 받은 면허를 말한다)		면허취소			
6) 면허정지처분을 받고도 그 정지기간 중 업 무를 한 경우		면허취소			
사. 법 제8조 제2항을 위반하여 영업소 외의 장소 에서 미용 업무를 한 경우	법 제11조 제1항 제5호	영업정지 1월	영업정지 2월	영업장 폐쇄명령	
아. 법 제9조에 따른 보고를 하지 않거나 거짓으로 보고한 경우 또는 관계공무원의 출입, 검사 또 는 공중위생영업 장부 또는 서류의 열람을 거 부·방해하거나 기피한 경우	법 제11조 제1항 제6호	영업정지 10일	영업정지 20일	영업정지 1월	영업장 폐쇄명령
자. 법 제10조에 따른 개선명령을 이행하지 않은 경우	법 제11조 제1항 제7호	경고	영업정지 10일	영업정지 1월	영업장 폐쇄명령
차. 「성매매알선 등 행위의 처벌에 관한 법률」, 「풍 속영업의 규제에 관한 법률」, 「청소년 보호법」, 「아동·청소년의 성보호에 관한 법률」 또는 「의료법」을 위반하여 관계 행정기관의 장으 로부터 그 사실을 통보받은 경우	법 제11조 제1항 제8호				

위반행위	근거 법조문	행정처분기준			
		1차 위반	2차 위반	3차 위반	4차 이상 위반
1) 손님에게 성매매알선 등 행위 또는 음란행위를 하게 하거나 이를 알선 또는 제공한 경우					
가) 영업소		영업정지 3월	영업장 폐쇄명령		
나) 미용사		면허정지 3월	면허취소		
2) 손님에게 도박 그 밖에 사행행위를 하게 한 경우		영업정지 1월	영업정지 2월	영업장 폐쇄명령	
3) 음란한 물건을 관람·열람하게 하거나 진열 또는 보관한 경우		경고	영업정지 15일	영업정지 1월	영업장 폐쇄명령
4) 무자격안마사로 하여금 안마사의 업무에 관한 행위를 하게 한 경우		영업정지 1월	영업정지 2월	영업장 폐쇄명령	
카. 영업정지처분을 받고도 그 영업정지 기간에 영업을 한 경우	법 제11조 제2항	영업장 폐쇄명령			
타. 공중위생영업자가 정당한 사유 없이 6개월 이상 계속 휴업하는 경우	법 제11조 제3항 제1호	영업장 폐쇄명령			
파. 공중위생영업자가 「부가가치세법」 제8조에 따라 관할 세무서장에게 폐업신고를 하거나 관할 세무서장이 사업자 등록을 말소한 경우	법 제11조 제3항 제2호	영업장 폐쇄명령			
하. 공중위생영업자가 영업을 하지 않기 위하여 영업시설의 전부를 철거한 경우	법 제11조 제3항 제3호	영업장 폐쇄명령			

교육이란 사람이 학교에서 배운 것을 잊어버린 후에 남은 것을 말한다.

– 알버트 아인슈타인 –

PART

01

기출복원문제

행운이란 100%의 노력 뒤에 남는 것이다.

– 랭스턴 콜먼(Langston Coleman)

01 천연 과일에서 추출한 필링제는?

✔ ① AHA
② 라틱산
③ TCA
④ 페놀

해설
AHA는 화학적인 딥 클렌징 방법으로 사탕수수 추출물, 발효우유 추출물, 사과산, 주석산(포도), 감귤 추출물(구연산) 등을 이용하여 노폐물과 각질을 제거하는 방법이다.

02 피부 분석 시 사용되는 방법으로 가장 거리가 먼 것은?

① 고객 스스로 느끼는 피부 상태를 물어본다.
② 스패출러(spatula)를 이용하여 피부에 자극을 주어 본다.
✔ ③ 세안 전에 우드 램프를 사용하여 측정한다.
④ 유·수분 분석기 등을 이용하여 피부를 분석한다.

해설
우드 램프는 클렌징 후 사용한다.

03 슬리밍 제품을 이용한 관리 시 최종 마무리 단계에서 시행해야 하는 것은?

① 피부 노폐물을 제거한다.
✔ ② 진정 파우더를 바른다.
③ 매뉴얼 테크닉 동작을 시행한다.
④ 슬리밍과 피부 유연제 성분을 피부에 흡수시킨다.

해설
슬리밍 제품을 이용한 관리는 주로 열이 발생하여 피부에 자극을 줄 수 있으므로 진정 파우더를 바르는 것이 좋다.

04 매뉴얼 테크닉 기법 중 닥터 자켓법에 관한 설명으로 가장 적합한 것은?

① 디스인크러스테이션을 하기 위한 준비 단계에 하는 것이다.
② 피지선의 활동을 억제한다.
✔ ③ 모낭 내 피지를 모공 밖으로 배출시킨다.
④ 여드름 피부를 클렌징할 때 쓰는 기법이다.

해설
닥터 자켓법은 피부를 꼬집듯이 튕기면서 모낭 내의 피지를 밖으로 배출시켜 제거하는 것이다. 여드름을 관리하고 예방하는 동시에 탄력까지 효과적으로 유지할 수 있는 방법이다.

05 다음에서 설명하는 베이스 오일은?

> 인간의 피지와 화학구조가 매우 유사한 오일로 피부염을 비롯하여 여드름, 습진, 건선 피부에 안심하고 사용할 수 있으며 침투력과 보습력이 우수하여 일반 화장품에도 많이 함유되어 있다.

✔ **호호바 오일**
② 스위트 아몬드 오일
③ 아보카도 오일
④ 그레이프시드 오일

해설
호호바 오일은 피부친화성과 침투력이 우수하고 수분 함유량이 많다. 또한 항균작용이 뛰어나 여드름 피부에 효과적이다.

06 피부미용에 대한 설명으로 가장 거리가 먼 것은?

① 피부를 청결하고 아름답게 가꾸어 건강하고 아름답게 변화시키는 과정이다.
② 피부미용은 에스테틱, 스킨 케어 등의 이름으로 불리고 있다.
③ 일반적으로 외국에서는 매니큐어, 페디큐어가 피부미용의 영역에 속한다.
✔ **제품에 의존한 관리법이 주를 이룬다.**

해설
피부미용은 매뉴얼 테크닉과 피부미용기기, 제품을 이용하여 피부를 건강하고 아름답게 가꾸는 전신미용술이다.

07 클렌징에 대한 설명으로 옳지 않은 것은?

① 피부의 피지, 메이크업 잔여물을 없애기 위해서이다.
✔ **모공 깊숙이 있는 불순물과 피부 표면의 각질 제거를 주목적으로 한다.**
③ 제품 흡수를 효율적으로 도와준다.
④ 피부의 생리적인 기능을 정상으로 도와준다.

해설
②는 딥 클렌징에 대한 설명이다.

08 피부 유형별 화장품 사용방법으로 적합하지 않은 것은?

① 민감성 피부 – 무색, 무취, 무알코올 화장품 사용
② 복합성 피부 – T존과 U존 부위별로 각각 다른 화장품 사용
③ 건성 피부 – 수분과 유분이 함유된 화장품 사용
✔ **모세혈관 확장피부 – 일주일에 2번 정도 딥 클렌징제 사용**

해설
모세혈관 확장피부는 저자극성 관리가 필요하므로 가급적 딥 클렌징 시 물리적 제품은 피하고, 효소 등 저자극 타입으로 2주 1회 정도 적절히 사용한다.

09 건성 피부의 관리방법으로 틀린 것은?

✔ 알칼리성 비누를 이용하여 뜨거운 물로 자주 세안을 한다.

② 화장수는 알코올 함량이 적고 보습기능이 강화된 제품을 사용한다.

③ 클렌징 제품은 부드러운 밀크 타입이나 유분기가 있는 크림 타입을 선택하여 사용한다.

④ 세라마이드, 호호바 오일, 아보카도 오일, 알로에베라, 히알루론산 등의 성분이 함유된 화장품을 사용한다.

해설
건성 피부는 땀과 피지 분비가 원활하지 못하여 자극을 받기 쉬우므로 열이나 강한 제품의 사용을 금지한다.

10 피부관리 후 마무리 동작에서 수렴작용을 할 수 있는 가장 적합한 방법은?

① 건타월을 이용한 마무리 관리

② 미지근한 타월을 이용한 마무리 관리

✔ 냉타월을 이용한 마무리 관리

④ 스팀타월을 이용한 마무리 관리

해설
피부관리의 마지막 단계에서 냉타월을 이용하면 모공을 수축시키는 수렴작용을 한다.

11 다음 중 인체의 임파선을 통한 노폐물의 이동을 통해 해독작용을 도와주는 관리방법은?

① 반사요법

② 바디 랩

③ 향기요법

✔ 림프 드레나지

해설
림프 드레나지 : 림프의 순환을 촉진시켜 임파선을 통한 노폐물의 체외 배출과 해독작용을 도와주는 마사지

12 딥 클렌징 시 스크럽 제품을 사용할 때 주의해야 할 사항 중 틀린 것은?

① 코튼이나 해면으로 닦아낼 때 알갱이가 남지 않도록 깨끗하게 닦아낸다.

✔ 과각화된 피부, 모공이 큰 피부, 면포성 여드름 피부에는 적합하지 않다.

③ 눈이나 입속으로 들어가지 않도록 조심한다.

④ 심한 핸들링을 피하며, 마사지 동작을 해서는 안 된다.

해설
스크럽은 물리적 자극으로 노화된 각질을 제거하는 방법이다. 과각화된 피부, 모공이 큰 피부, 면포성 여드름 피부에 적합하나, 민감성 피부에는 적합하지 않다.

13 팩의 사용방법에 대한 내용 중 틀린 것은?

✔ **① 천연팩은 흡수시간을 길게 유지할수록 효과적이다.**

② 팩의 진정시간은 제품에 따라 다르나 일반적으로 10~20분 정도의 범위이다.

③ 팩을 사용하기 전 알레르기 유무를 확인한다.

④ 팩을 하는 동안 아이패드를 적용한다.

해설

천연팩도 민감한 경우 피부 트러블이 발생할 수 있으므로 적용시간을 지나치게 길게 하는 것은 부적합하다.

14 계절에 따른 피부 특성 분석으로 옳지 않은 것은?

① 봄 – 자외선이 점차 강해지며 기미와 주근깨 등 색소침착이 피부 표면에 두드러지게 나타난다.

✔ **② 여름 – 기온의 상승으로 혈액순환이 촉진되어 표피와 진피의 탄력이 증가된다.**

③ 가을 – 기온의 변화가 심해 피지막의 상태가 불안정해진다.

④ 겨울 – 기온이 낮아져 피부의 혈액순환과 신진대사 기능이 둔화된다.

해설

여름철은 기온 상승으로 피부 탄력성이 떨어질 수 있다.

15 매뉴얼 테크닉의 동작 중 부드럽게 스쳐가는 동작으로 처음과 마지막이나 연결동작으로 많이 사용하는 것은?

① 반죽하기   ✔ **② 쓰다듬기**

③ 두드리기   ④ 진동하기

해설

쓰다듬기(경찰법, effleurage)는 매뉴얼 테크닉의 처음과 마지막 단계에 사용하며 부드럽게 쓰다듬는 것이다. 피부 진정, 신경 안정에 효과적이다.

16 제모의 종류와 방법을 설명한 것으로 옳은 것은?

① 일시적 제모는 면도, 가위를 이용한 커팅법, 화학적 제모, 전기침 탈모법이 있다.

② 영구적 제모는 전기 탈모법, 전기핀셋 탈모법, 탈색법이 있다.

✔ **③ 제모 시 사용되는 왁스는 크게 콜드왁스와 웜왁스로 구분할 수 있다.**

④ 왁스를 이용한 제모법은 피부나 모낭 등에 화학적 해를 미치는 단점이 있다.

해설

① 일시적 제모에는 면도, 커팅법, 화학적 제모, 탈색법, 왁싱 등이 있다.

② 영구적 제모에는 전기 탈모법, 전기핀셋 탈모법 등이 있다.

④ 왁스를 이용한 제모법은 피부나 모낭 등에 화학적 해를 미치지 않는다.

17 마스크에 대한 설명 중 틀린 것은?

① 석고 – 석고와 물의 교반작용 후 크리스털 성분이 열을 발산하여 굳어진다.

② 파라핀 – 열과 오일이 모공을 열어주고, 피부를 코팅하는 과정에서 발한작용이 발생한다.

③ 젤라틴 – 중탕되어 녹여진 팩제를 온도 테스트 후 브러시로 바르는 예민 피부용 진정팩이다.

✔ **콜라겐 벨벳 – 천연 용해성 콜라겐의 침투가 이루어지도록 기포를 형성시켜 공기층의 순환이 되도록 한다.**

[해설]
콜라겐 벨벳 마스크는 용해성 콜라겐을 동결건조시켜 종이 형태로 만든 것으로, 사용 시 기포가 생기지 않도록 피부에 밀착시킨다.

18 클렌징 시 주의사항으로 틀린 것은?

① 클렌징 제품이 눈, 코, 입에 들어가지 않도록 주의한다.

✔ **강하게 문질러 닦아준다.**

③ 클렌징 제품 사용은 피부 타입에 따라 선택하여야 한다.

④ 눈과 입은 포인트 메이크업 리무버를 사용하는 것이 좋다.

[해설]
강하게 문질러 닦아낼 경우 피부에 자극을 줄 수 있다.

19 아토피성 피부에 관계되는 설명으로 옳지 않은 것은?

① 유전적 소인이 있다.

② 가을이나 겨울에 더 심해진다.

③ 면직물의 의복을 착용하는 것이 좋다.

✔ **소아 습진과는 관계가 없다.**

[해설]
아토피성 피부염
• 심한 가려움증 동반
• 만성적으로 재발하는 피부 습진 질환
• 보통 태열이라고 부르는 영아기 습진은 아토피 피부염의 시작으로 봄
• 환자의 유전적인 소인과 환경적인 요인, 환자의 면역학적 이상과 피부 보호막의 이상 등 여러 원인이 복합적으로 작용함

20 피지와 땀의 분비 저하로 유·수분의 균형이 정상적이지 못하고, 피부결이 얇으며 탄력 저하와 주름이 쉽게 형성되는 피부는?

✔ **건성 피부**   ② 지성 피부

③ 이상 피부   ④ 민감 피부

[해설]
건성 피부는 땀과 피지의 분비 저하로 유·수분의 균형이 정상적이지 못하고, 모공이 작고 피부결이 얇으며 탄력 저하와 주름이 쉽게 형성되는 피부이다.

21 피부 색소를 퇴색시키며 기미, 주근깨 등의 치료에 주로 쓰이는 것은?

① 비타민 A
② 비타민 B
③ **비타민 C**
④ 비타민 D

해설
비타민 C는 멜라닌 색소 형성을 억제·환원하여 피부를 밝게 해 주고 기미, 주근깨 등의 색소침착에 효과적이다.

22 다음 중 뼈의 기능을 모두 고른 것은?

가. 지지
나. 보호
다. 조혈
라. 운동

① 가, 다
② 나, 라
③ 가, 나, 다
④ **가, 나, 다, 라**

해설
뼈의 기능
• 지지 : 장기를 지탱하고 고정시키며, 몸의 무게를 견디는 강한 뼈대를 제공
• 보호 : 뼈는 부드러운 신체 장기를 보호
• 운동 : 건(힘줄)으로 뼈에 부착된 골격근육은 뼈를 지렛대로 사용하여 신체와 신체 부위를 움직이도록 함
• 조혈 : 뼈 속에 있는 골수강 내의 적골수는 조혈기관으로 적혈구나 백혈구를 생산함
• 저장 : 무기질을 비롯하여 칼슘과 인 등 중요한 성분이 저장됨

23 여드름 발생의 주요 원인과 가장 거리가 먼 것은?

① **아포크린한선의 분비 증가**
② 모낭 내 이상 각화
③ 여드름균의 군락 형성
④ 염증반응

해설
여드름은 피지의 과도한 분비가 원인이다.

24 피부노화 현상을 설명한 것으로 가장 적절한 것은?

① 피부노화가 진행되어도 진피의 두께는 그래도 유지된다.
② 광노화는 내인성 노화와 달리 표피가 얇아지는 것이 특징이다.
③ 피부노화에는 나이가 들면서 자연스럽게 일어나는 광노화가 있고, 누적된 햇빛 노출에 의하여 야기되기도 한다.
④ **내인성 노화보다는 광노화에서 표피 두께가 두꺼워진다.**

해설
생리적인 원인으로 인한 내인성 노화는 표피와 진피가 모두 얇아지며, 자외선 노출로 인한 광노화의 경우 표피가 두꺼워진다.

25 다음 중 표피층을 순서대로 나열한 것은?

① 각질층, 유극층, 투명층, 과립층, 기저층
② 각질층, 유극층, 망상층, 기저층, 과립층
③ 각질층, 과립층, 유극층, 투명층, 기저층
④ **각질층, 투명층, 과립층, 유극층, 기저층**

해설
표피층은 피부의 가장 위에서부터 각질층, 투명층, 과립층, 유극층, 기저층의 순이다.

26 다음 중 멜라닌 세포에 관한 설명으로 틀린 것은?

① 멜라닌의 기능은 자외선으로부터의 보호작용이다.
② **과립층에 위치한다.**
③ 색소제조 세포이다.
④ 자외선을 받으면 왕성하게 활성한다.

해설
색소를 생산하는 멜라닌 세포(색소형성 세포)는 기저층에 위치한다.

27 다음 중 원발진이 아닌 것은?

① 구진
② 농포
③ **반흔**
④ 종양

해설
반흔(흉터) : 속발진으로, 피부 손상이나 질병에 의해 진피와 심부에 생긴 조직결손이 새로운 결체조직으로 대치된 상태

28 혈액의 기능이 아닌 것은?

① 조직에 산소를 운반하고 이산화탄소를 제거한다.
② 조직에 영양을 공급하고 대사 노폐물을 제거한다.
③ **체내의 유분을 조절하고 pH를 낮춘다.**
④ 호르몬이나 기타 세포 분비물을 필요한 곳으로 운반한다.

해설
혈액
• 인체 내부의 항상성 유지
• 체액의 pH 조절
• 혈액의 pH는 7.4로 약간의 알칼리성을 띰

29 성인의 경우 피부가 차지하는 비중은 체중의 약 몇 %인가?

① 5~7%

✔ **15~17%**

③ 25~27%

④ 35~37%

해설
피부가 차지하는 비중은 성인 체중의 약 15~17% 내외이다.

30 세포에 대한 설명으로 틀린 것은?

① 세포는 생명체의 구조 및 기능적 기본 단위이다.

✔ **세포는 핵과 근원섬유로 이루어져 있다.**

③ 세포 내에는 핵이 핵막에 의해 둘러싸여 있다.

④ 기능이나 소속된 조직에 따라 원형, 아메바, 타원 등 다양한 모양을 하고 있다.

해설
세포는 세포막, 핵, 세포질로 이루어져 있다.

31 위팔을 올리거나 내릴 때 또는 바깥쪽으로 돌릴 때 사용되는 근육은?

✔ **승모근**

② 흉쇄유돌근

③ 대둔근

④ 비복근

해설
승모근은 견갑골의 상승, 하강, 내전, 회전에 관여한다.

32 이온에 대한 설명으로 틀린 것은?

① 원자가 전자를 얻거나 잃으면 전하를 띠게 되는데 이온은 이 전하를 띤 입자를 말한다.

✔ **같은 전하의 이온은 끌어당긴다.**

③ 중성인 원자가 전자를 얻으면 음이온이라 불리는 음전하를 띤 이온이 된다.

④ 이온은 원소기호의 오른쪽 위에 이온이 띠고 있는 전하의 종류와 잃거나 얻은 전자 수를 + 또는 − 부호를 붙여 나타낸다.

해설
같은 전하끼리는 서로 밀어내고, 다른 전하는 서로 끌어당긴다.

33 다음 중 웃을 때 사용하는 얼굴 근육이 아닌 것은?

① 안륜근   ② 구륜근
③ 대협골근   ✔ **전거근**

해설
전거근은 천층 흉부근의 일종으로 견갑골의 외전에 관여한다.

34 골격근에 대한 설명으로 적절한 것은?

✔ **뼈에 부착되어 있으며 근육이 횡문과 단백질로 구성되어 있고, 수의적 활동이 가능하다.**
② 골격근은 일반적으로 내장벽을 형성하여 위와 방광 등의 장기를 둘러싸고 있다.
③ 골격근은 줄무늬가 보이지 않아서 민무늬근이라고 한다.
④ 골격근은 움직임, 자세 유지, 관절 안정을 주며 불수의근이다.

해설
골격근은 횡문근이며 수의근으로 전신의 관절운동에 관여한다.

35 다음 중 소화기계가 아닌 것은?

✔ **폐, 신장**
② 간, 담
③ 비장, 위
④ 소장, 대장

해설
폐는 호흡기계, 신장은 비뇨기계이다.

36 브러시(brush, 프리마톨) 사용법으로 옳지 않은 것은?

✔ **회전하는 브러시를 피부와 45° 각도로 하여 사용한다.**
② 피부 상태에 따라 브러시의 회전 속도를 조절한다.
③ 화농성 여드름 피부와 모세혈관 확장피부 등은 사용을 피하는 것이 좋다.
④ 브러시 사용 후 중성세제로 세척한다.

해설
브러시는 피부와 90° 수직으로 세워서 꺾이거나 눌리지 않게 사용한다.

37 스티머 기기의 사용방법으로 적합하지 않은 것은?

① 증기 분출 전에 분사구를 고객의 얼굴로 향하도록 미리 준비해 놓는다.
② 일반적으로 얼굴과 분사구와의 거리는 30~40cm 정도로 하고 민감성 피부의 경우 거리를 좀 더 멀게 위치한다.
③ 유리병 속에 세제나 오일이 들어가지 않도록 한다.
④ 수분이 없이 오존만을 쐬어주지 않도록 한다.

해설
스티머는 사용 전에 전원을 켜고 증기가 분출되면 고객의 얼굴로 서서히 방향을 전환한다.

38 수분 측정기로 표피의 수분 함유량을 측정하고자 할 때 고려해야 하는 내용이 아닌 것은?

① 온도는 20~22℃에서 측정하여야 한다.
② 직사광선이나 직접조명 아래에서 측정한다.
③ 운동 직후에는 휴식을 취한 후 측정하도록 한다.
④ 습도는 40~60%가 적당하다.

해설
② 직사광선이나 직접조명 아래에서는 측정을 피한다.

39 디스인크러스테이션에 대한 설명 중 틀린 것은?

① 화학적인 전기분해에 기초를 두고 있으며 직류가 식염수를 통과할 때 발생하는 화학작용을 이용한다.
② 모공에 있는 피지를 분해하는 작용을 한다.
③ 지성과 여드름 피부관리에 적합하게 사용될 수 있다.
④ 양극봉은 활동 전극봉이며 박리관리를 위하여 안면에 사용된다.

해설
디스인크러스테이션 시술 시 음극봉은 박리관리를 위하여 안면에 사용하고, 양극봉은 고객이 잡고 관리한다.

40 눈으로 판별하기 어려운 피부의 심층 상태 및 문제점을 명확하게 분별할 수 있는 특수 자외선을 이용한 기기는?

① 확대경
② 홍반 측정기
③ 적외선 램프
④ 우드 램프

해설
우드 램프 : 자외선 파장을 이용해 피부 표면이나 심층 상태를 분석하는 기기

41 핸드케어 제품 중 사용할 때 물을 사용하지 않고 직접 바르는 것으로 피부 청결 및 소독효과를 위해 사용하는 것은?

① 핸드 워시

✔ 핸드 새니타이저

③ 비누

④ 핸드 로션

> **해설**
> 핸드 새니타이저는 알코올을 함유하고 있어 피부 청결 및 소독효과를 위해 사용한다.

42 크림 파운데이션에 대한 설명 중 알맞은 것은?

① 얼굴의 형태를 바꾸어 준다.

✔ 피부의 잡티나 결점을 커버해 주는 목적으로 사용된다.

③ O/W형은 W/O형에 비해 비교적 사용감이 무겁고 퍼짐성이 낮다.

④ 화장 시 산뜻하고 청량감이 있으나 커버력이 약하다.

> **해설**
> 크림 파운데이션은 W/O형으로 피부 결점 커버력이 우수하다.

43 땀의 분비로 인한 냄새와 세균의 증식을 억제하기 위해 주로 겨드랑이 부위에 사용하는 것은?

✔ 데오도란트 로션

② 핸드 로션

③ 바디 로션

④ 파우더

> **해설**
> 데오도란트 로션은 땀의 분비로 인한 냄새와 세균의 증식을 억제하는 체취방지용 제품으로 주로 겨드랑이 부위에 사용한다.

44 다음 중 물에 오일 성분이 혼합되어 있는 유화 상태는?

✔ O/W 에멀션

② W/O 에멀션

③ W/S 에멀션

④ W/O/W 에멀션

> **해설**
> 유화제(emulsion)
>
> | 종류 | 특징 |
> |---|---|
> | O/W형
(수중유형) | • 물 베이스에 오일 성분이 분산되어 있는 상태
• 로션, 에센스, 크림 |
> | W/O형
(유중수형) | • 오일 베이스에 물이 분산되어 있는 상태
• 영양크림, 클렌징 크림, 자외선 차단제 |
> | O/W/O형,
W/O/W형 | 분산되어 있는 입자가 영양물질과 활성물질의 안정된 상태 |

45 상수의 수질오염 분석 시 대표적인 생물학적 지표로 이용되는 것은?

    ☑ 대장균

    ② 살모넬라균

    ③ 장티푸스균

    ④ 포도상구균

> **해설**
> 상수의 수질오염 생물학적 지표는 대장균이다.

46 자외선 차단제에 대한 설명 중 틀린 것은?

    ① 자외선 차단제는 크게 자외선 산란제와 자외선 흡수제로 구분된다.

    ☑ 자외선 차단제 중 자외선 산란제는 투명하고, 자외선 흡수제는 불투명한 것이 특징이다.

    ③ 자외선 산란제는 물리적인 산란작용을 이용한 제품이다.

    ④ 자외선 흡수제는 화학적인 흡수작용을 이용한 제품이다.

> **해설**
> 자외선 산란제는 불투명하고 피부 자극이 적고, 자외선 흡수제는 투명하지만 접촉성 피부염을 유발할 가능성이 있다.

47 다음 중 기능성 화장품의 범위에 해당하지 않는 것은?

    ① 미백크림

    ☑ 바디 오일

    ③ 자외선 차단 크림

    ④ 주름 개선 크림

> **해설**
> 기능성 화장품은 미백, 주름 개선, 자외선 차단 등에 도움을 주는 제품을 말한다.

48 아로마테라피에 사용되는 아로마 오일에 대한 설명 중 가장 거리가 먼 것은?

    ① 아로마테라피에 사용되는 아로마 오일은 주로 수증기 증류법에 의해 추출된 것이다.

    ② 아로마 오일은 공기 중의 산소, 빛 등에 의해 변질될 수 있으므로 갈색병에 보관하여 사용하는 것이 좋다.

    ☑ 아로마 오일은 원액을 그대로 피부에 사용해야 한다.

    ④ 아로마 오일을 사용할 때에는 안전성 확보를 위하여 사전에 패치테스트를 실시하여야 한다.

> **해설**
> 아로마 오일은 원액이므로 피부에 사용할 때는 캐리어 오일과 블렌딩하여 사용한다.

49 자연능동면역 중 감염면역만 형성되는 감염병은?

① 두창, 홍역
② 일본뇌염, 폴리오
✓ **매독, 임질**
④ 디프테리아, 폐렴

해설
감염면역이란 생물이 몸 안에 병원체를 가지고 있는 동안, 그 병원체의 침입에 대하여 면역성을 가지는 것이다. 감염면역의 대표적인 질병으로는 매독, 임질 등이 있다.

50 발열 증상이 가장 심한 식중독은?

✓ **살모넬라 식중독**
② 웰치균 식중독
③ 복어중독
④ 포도상구균 식중독

해설
살모넬라 식중독 : 발열, 두통, 구토, 설사 등의 위장장애 발생

51 다음 중 가장 대표적인 보건 수준 평가기준으로 사용되는 것은?

① 성인사망률
✓ **영아사망률**
③ 노인사망률
④ 사인별 사망률

해설
영아사망률은 출생 1,000명에 대한 생후 1년 미만의 사망 영아 수를 나타낸 것으로, 지역 간, 국가 간의 보건 수준을 나타내는 지표로 사용된다.

52 소독약의 사용 및 보존상의 주의점으로서 틀린 것은?

① 일반적으로 소독약은 밀폐시켜 일광이 직사되지 않는 곳에 보관해야 한다.
✓ **모든 소독약은 사용할 때마다 반드시 새로이 만들어 사용하여야 한다.**
③ 승홍이나 석탄산 등은 인체에 유해하므로 특별히 주의 취급하여야 한다.
④ 염소제는 일광과 열에 의해 분해되지 않도록 냉암소에 보관하는 것이 좋다.

해설
② 필요에 따라 사용 시 만드는 것이 좋지만 반드시 지켜야 하는 것은 아니다.

53 고압증기멸균법에 있어 20lbs, 126.5°C의 상태에서 몇 분간 처리하는 것이 가장 좋은가?

① 5분   ☑ **15분**

③ 30분   ④ 60분

해설

고압증기멸균법 소독시간
- 10파운드(lbs) : 115°C → 30분간
- 15파운드(lbs) : 121°C → 20분간
- 20파운드(lbs) : 126°C → 15분간

54 소독장비 사용 시 주의해야 할 사항으로 옳은 것은?

① 건열멸균기 – 멸균된 물건을 소독기에서 꺼낸 즉시 냉각시켜야 살균효과가 크다.

② 자비소독기 – 금속성 기구들은 물이 끓기 전부터 넣고 끓인다.

☑ **간헐멸균기 – 가열과 가열 사이에 20°C 이상의 온도를 유지한다.**

④ 자외선 소독기 – 날이 예리한 기구 소독 시 타월 등으로 싸서 넣는다.

해설

간헐멸균기는 가열과 가열 사이에 20°C 이상의 온도를 항상 유지해야 한다.

55 이 · 미용업소에서 수건 소독에 가장 많이 사용되는 물리적 소독법은?

① 석탄산 소독

② 알코올 소독

☑ **자비소독**

④ 과산화수소 소독

해설

화학적 소독법 : 석탄산, 알코올, 과산화수소

56 공중위생관리법상 위생서비스 수준의 평가에 대한 설명 중 맞는 것은?

☑ **평가의 전문성을 높이기 위하여 필요하다고 인정하는 경우에는 관련 전문기관 및 단체로 하여금 위생서비스 평가를 실시하게 할 수 있다.**

② 평가주기는 3년마다 실시한다.

③ 평가주기와 방법, 위생관리등급은 대통령령으로 정한다.

④ 위생관리등급은 2개 등급으로 나뉜다.

해설

① 법 제13조 제3항
② 위생서비스평가는 2년마다 실시한다(규칙 제20조).
③ 위생서비스평가의 주기 · 방법, 위생관리등급의 기준 기타 평가에 관하여 필요한 사항은 보건복지부령으로 정한다(법 제13조 제4항).
④ 위생관리등급은 최우수업소(녹색등급), 우수업소(황색등급), 일반관리대상 업소(백색등급)로 구분된다(규칙 제21조).

57 공중위생관리법상 이·미용업소의 조명 기준은?

① 50lx 이상

☑ **75lx 이상**

③ 100lx 이상

④ 125lx 이상

해설

이·미용업 영업장 안의 조명도는 75lx 이상이 되도록 유지하여야 한다(규칙 [별표 4]).

58 이·미용업 영업자가 공중위생관리법을 위반하여 관계 행정기관의 장의 요청이 있는 때에는 몇 월 이내의 기간을 정하여 그 면허의 정지 등을 명할 수 있는가?

① 3월 　　　　☑ **6월**

③ 1년 　　　　④ 2년

해설

시장·군수·구청장은 이용사 또는 미용사가 「성매매 알선 등 행위의 처벌에 관한 법률」이나 「풍속영업의 규제에 관한 법률」을 위반하여 관계 행정기관의 장으로부터 그 사실을 통보받은 때 그 면허를 취소하거나 6월 이내의 기간을 정하여 그 면허의 정지를 명할 수 있다(법 제7조 제1항).

59 행정처분 대상자 중 중요처분 대상자에게 청문을 실시할 수 있다. 그 청문 대상이 아닌 것은?

① 면허정지 및 면허취소

② 영업정지

③ 영업소 폐쇄명령

☑ **자격증 취소**

해설

청문(법 제12조)

보건복지부장관 또는 시장·군수·구청장은 다음의 어느 하나에 해당하는 처분을 하려면 청문을 하여야 한다.

• 이용사와 미용사의 면허취소 또는 면허정지

• 공중위생영업소의 영업정지명령, 일부 시설의 사용중지명령 또는 영업소 폐쇄명령

60 다음 중 (　　) 안에 들어갈 가장 적합한 말은?

> 공중위생관리법상 "미용업"의 정의는 손님의 얼굴, 머리, 피부 및 손톱·발톱 등을 손질하여 손님의 (　　)를(을) 아름답게 꾸미는 영업이다.

① 모습 　　　　② 외양

☑ **외모** 　　　　④ 신체

해설

미용업은 손님의 얼굴, 머리, 피부 및 손톱·발톱 등을 손질하여 손님의 외모를 아름답게 꾸미는 영업을 말한다(법 제2조).

01 워시 오프 타입의 팩이 아닌 것은?

① 크림팩
② 거품팩
③ 클레이팩
✔ **젤라틴팩**

해설
젤라틴팩 : 젤라틴이 굳으면서 막을 형성하여 제거할 때 막을 떼어내는 필 오프 타입의 팩

02 지성 피부를 위한 관리방법은?

① 토너는 알코올 함량이 적고 보습기능이 강화된 제품을 사용한다.
② 클렌저는 유분기 있는 클렌징 크림을 선택하여 사용한다.
③ 동·식물성 지방 성분이 함유된 음식을 많이 섭취한다.
✔ **클렌징 로션이나 산뜻한 느낌의 클렌징 젤을 이용하여 메이크업을 지운다.**

해설
지성 피부의 관리방법
• 토너 : 알코올 함량이 있는 수렴화장수 사용
• 클렌저 : 로션이나 젤 타입의 유분이 적은 제품 사용
• 식생활 개선 : 지방 섭취의 제한으로 피지량 조절

03 피부관리 시 매뉴얼 테크닉을 하는 목적과 가장 거리가 먼 것은?

① 정신적 스트레스 경감
② 혈액순환 촉진
③ 신진대사 활성화
✔ **부종 감소**

해설
림프 드레나지 : 림프의 순환을 촉진시키고 노폐물의 체외 배출과 해독작용, 부종 감소를 도와주는 마사지

04 왁스 시술에 대한 내용 중 옳은 것은?

① 제모하기 적당한 털의 길이는 2cm이다.
② 온왁스의 경우 왁스는 제모 실시 직전에 데운다.
③ 왁스를 바른 위에 머슬린(부직포)은 수직으로 세워 떼어낸다.
✔ **남아 있는 왁스의 끈적임은 왁스 제거용 리무버로 제거한다.**

해설
① 제모하기 적당한 털의 길이는 1cm 정도이다.
② 온왁스는 제모 전에 미리 데워 녹여 놓는다(직전이 아님).
③ 부직포를 수직으로 떼어낼 경우 털이 모근까지 제거되지 않으며 피부에 자극이 갈 수 있다. 부직포는 눕혀서 떼어낸다.

05 눈썹이나 겨드랑이 등과 같이 연약한 피부의 제모에 사용하며, 부직포를 사용하지 않고 체모를 제거할 수 있는 왁스(wax) 제모방법은?

① 소프트(soft) 왁스법
② 콜드(cold) 왁스법
③ 물(water) 왁스법
✔ 하드(hard) 왁스법

왁스 제모방법
• 소프트 왁스 : 부직포를 이용하여 제모하는 방법
• 하드 왁스 : 부직포 없이 제모하는 방법

06 클렌징 시술 준비과정의 유의사항과 가장 거리가 먼 것은?

① 고객에게 가운을 입히고 고객이 액세서리를 제거하여 보관하게 한다.
② 터번은 귀가 겹쳐지지 않게 조심한다.
③ 깨끗한 시트와 중간 타월로 준비된 침대에 눕힌 다음 큰 타월이나 담요로 덮어 준다.
✔ 터번이 흘러내리지 않도록 핀셋으로 다시 고정시킨다.

터번은 벨크로(찍찍이)를 이용하여 흘러내리지 않도록 고정한다.

07 다음 설명과 가장 가까운 피부 타입은?

> • 모공이 넓다.
> • 뾰루지가 잘 난다.
> • 정상 피부보다 두껍다.
> • 블랙헤드가 생성되기 쉽다.

✔ 지성 피부　② 민감 피부
③ 건성 피부　④ 정상 피부

지성 피부의 특징
• 피부의 두께가 두껍다.
• 모공이 넓고, 피지 분비가 많다.
• 뾰루지, 화이트헤드, 블랙헤드가 생기기 쉽다.

08 피부미용의 개념에 대한 설명으로 적절하지 않은 것은?

① 피부미용이라는 명칭은 독일의 미학자 바움가르텐(Baumgarten)에 의해 처음 사용되었다.
✔ Cosmetic이란 용어는 독일어의 Kos-mein에서 유래되었다.
③ Esthetique란 용어는 화장품과 피부관리를 구별하기 위해 사용된 것이다.
④ 피부미용이라는 의미로 사용되는 용어는 각 나라마다 다양하게 지칭되고 있다.

피부미용 용어
• 독일 : 코스메틱(Kosmetilk)
• 영국 : 코스메틱(cosmetic)
• 미국 : 스킨 케어(skin care), 에스테틱(esthetic, aesthetic),
• 한국 : 피부관리, 피부미용(esthetic, skin care)

09 피부관리 시술 단계로 옳은 것은?

✔ **클렌징 → 피부 분석 → 딥 클렌징 →**
매뉴얼 테크닉 → 팩 → 마무리

② 피부 분석 → 클렌징 → 딥 클렌징 →
매뉴얼 테크닉 → 팩 → 마무리

③ 피부 분석 → 클렌징 → 매뉴얼 테크닉
→ 딥 클렌징 → 팩 → 마무리

④ 클렌징 → 딥 클렌징 → 팩 → 매뉴얼
테크닉 → 마무리 → 피부 분석

해설
클렌징을 한 후 피부를 분석하고 피부에 알맞은 딥 클렌
징과 매뉴얼 테크닉을 실시하며 팩, 마무리 순으로 관리
한다.

11 다음 중 눈 주위에 가장 적합한 매뉴얼 테
크닉의 방법은?

① 문지르기　　　② 주무르기

③ 흔들기　　　✔ **쓰다듬기**

해설
눈 주위는 안면에서 가장 얇고 민감한 부위이므로 가볍
게 쓰다듬기로 마사지한다.

10 습포에 대한 설명으로 맞는 것은?

① 피부미용 관리에서 냉습포는 사용하지
않는다.

② 해면을 사용하기 전에 습포를 우선 사용
한다.

✔ **냉습포는 피부를 긴장시키며 진정효과**
를 위해 사용한다.

④ 온습포는 피부미용 관리의 마무리 단계
에서 피부 수렴효과를 위해 사용한다.

해설
온습포와 냉습포의 효과
• 온습포 : 노폐물 제거, 모공 확대, 혈액순환 촉진 등
• 냉습포 : 관리의 마무리 단계에서 모공 수축, 진정효과

12 딥 클렌징의 효과에 대한 설명으로 틀린
것은?

① 면포를 연화시킨다.

② 피부 표면을 매끈하게 해주고 혈색을
맑게 한다.

③ 클렌징의 효과가 있으며 피부의 불필요
한 각질세포를 제거한다.

✔ **혈액순환을 촉진시키고 피부조직에 영**
양을 공급한다.

해설
딥 클렌징의 효과
• 각질 제거
• 면포의 배출을 용이하게 함
• 피부 표면을 매끄럽게 함
• 혈색을 맑게 함

13 매뉴얼 테크닉의 주의사항이 아닌 것은?

① 동작은 피부결 방향으로 한다.

✔ **청결하게 하기 위해서 찬물에 손을 깨끗이 씻은 후 바로 마사지한다.**

③ 시술자의 손톱은 짧아야 한다.

④ 일광으로 붉어진 피부나 상처가 난 피부는 매뉴얼 테크닉을 피한다.

> **해설**
> ② 시술 전 관리사의 손을 따뜻하게 한다.

14 전동브러시(frimator)에 대한 설명으로 옳지 않은 것은?

✔ **물에 적셔서 사용하지 않는다.**

② 클렌징 제품 도포 후 피부 표면에 브러시가 눌리거나 꺾이지 않게 직각으로 닿도록 한다.

③ 모공의 피지와 각질을 제거해 준다.

④ 상처가 있는 피부나 예민 피부에는 사용하지 않는다.

> **해설**
> 브러시를 물에 적시지 않을 경우 피부와 마찰이 심해 자극이 될 수 있으므로 물에 적셔서 사용하는 것이 좋다.

15 딥 클렌징 방법이 아닌 것은?

① 디스인크러스테이션

② 효소 필링

③ 브러싱

✔ **이온토포레시스**

> **해설**
> 이온토포레시스는 갈바닉 전류를 이용하여 피부에 필요한 영양성분을 공급하는 방법이다.

16 고객이 처음 내방하여 피부관리에 대해 첫 상담을 실시하였을 때 이 과정에서 고객이 얻는 효과와 가장 거리가 먼 것은?

✔ **전 단계의 피부관리 방법을 배우게 된다.**

② 피부관리에 대한 지식을 얻게 된다.

③ 피부관리에 대한 경계심이 풀어지며 심리적으로 안정된다.

④ 피부관리에 대한 긍정적이고 적극적인 생각을 가지게 된다.

> **해설**
> 피부관리 첫 상담에서는 고객의 방문 동기와 목적을 파악하고, 전문적인 지식을 바탕으로 피부관리에 대한 조언을 한다. 또한 피부의 문제점과 원인을 파악하여 향후 관리방법과 계획을 세운다.

17 콜라겐 벨벳 마스크는 어떤 타입이 주로 사용되는가?

① **시트 타입**
② 크림 타입
③ 파우더 타입
④ 젤 타입

해설
콜라겐 벨벳 마스크는 콜라겐을 냉동·건조시켜 종이 형태로 만들어 증류수 등을 사용해 피부에 흡수시킨다.

18 셀룰라이트 관리에서 중점적으로 행해야 할 관리방법은?

① 근육의 운동을 촉진시키는 관리를 집중적으로 행한다.
② **림프순환을 촉진시키는 관리를 한다.**
③ 피지가 모공을 막고 있으므로 피지 배출 관리를 집중적으로 행한다.
④ 한선이 막혀 있으므로 한선관리를 집중적으로 행한다.

해설
셀룰라이트는 지방이 뭉쳐 있는 염증성 병변으로, 림프 요법을 통해 지방을 분해하고 노폐물을 배출하여 개선할 수 있다.

19 산소라디칼 방어에서 가장 중심적인 역할을 하는 효소는?

① FDA
② **SOD**
③ AHA
④ NMF

해설
SOD(Super Oxide Dismutase)는 활성산소를 제거하는 효소이다. 즉, 세포에서 생성되는 활성산소인 super-oxide radical(O_2^-)을 무해물질인 hydrogen peroxide(H_2O_2)로 전환하는 효소이다.

20 원주형 세포가 단층적으로 이어져 있으며 각질형성 세포와 색소형성 세포가 존재하는 피부 세포층은?

① **기저층**
② 투명층
③ 각질층
④ 유극층

해설
기저층
• 표피의 가장 아래 위치, 원주형의 단층으로 구성된 유핵세포
• 기저세포(각질형성 세포)는 세포분열을 통해 새로운 세포 생성
• 멜라닌 세포가 존재하여 피부의 색을 결정
• 각질형성 세포 : 멜라닌 세포가 4 : 1~10 : 1의 비율로 구성
• 촉각을 담당하는 머켈 세포(merkel cell) 존재
• 물결 모양의 요철이 깊고 많을수록 탄력 있는 피부, 편평할수록 노화 피부
• 산소와 영양분을 모세혈관으로부터 공급받음
• 수분 함유량 약 70% 정도

21 다음 중 피부의 기능이 아닌 것은?

① 보호작용

② 체온 조절작용

③ 감각작용

✔ **순환작용**

해설
피부의 기능 : 체온 조절, 지각기능, 분비 및 배설기능, 보호기능, 비타민 D 합성 등

22 내인성 노화가 진행될 때 감소현상을 나타내는 것은?

① 각질층 두께

② 주름

③ 피부 처짐현상

✔ **랑게르한스 세포**

해설
내인성 노화
• 각질층이 두꺼워지고, 주름이 증가한다.
• 피부 처짐현상이 나타난다.
• 랑게르한스 세포가 감소하여 면역기능이 저하된다.

23 다음 중 주름살이 생기는 요인으로 가장 거리가 먼 것은?

① 수분의 부족 상태

② 지나치게 햇빛(sunlight)에 노출되었을 때

✔ **갑자기 살이 찐 경우**

④ 과도한 안면운동

해설
주름이 생기는 원인
• 자외선에 장시간 노출
• 세포 활성의 저하
• 콜라겐 등의 감소
• 피부 건조(수분 10% 미만)

24 콜레스테롤의 대사 및 해독작용과 스테로이드 호르몬의 합성과 관계있는 무과립 세포는?

① 조면형질내세망

✔ **골면형질내세망**

③ 용해소체

④ 골지체

해설
형질내세망은 과립의 유무에 따라 조면형질내세망과 골면형질내세망로 구분된다.
• 조면형질내세망 : 리보솜이 붙어 있는 과립 세포질로 세포 속에서 물질 운반을 담당하는 순환기 역할과 단백질 합성을 담당
• 골면형질내세망 : 리보솜이 없는 무과립 소포체로, 지방질의 대사, 합성, 지방산의 불포화, 스테로이드 합성, 유독물질의 중화 및 해독작용

25 다음 내용과 가장 관계있는 것은?

> • 곰팡이균에 의하여 발생한다.
> • 피부 껍질이 벗겨진다.
> • 가려움증이 동반된다.
> • 주로 손과 발에서 번식한다.

① 농가진   ☑ **무좀**

③ 홍반   ④ 사마귀

해설
② 무좀 : 곰팡이균(진균)에 의하여 발생
① 농가진 : 포도상구균과 연쇄상구균에 의해 발생
③ 홍반 : 모세혈관의 울혈에 의한 피부 발적
④ 사마귀 : 유두종 바이러스의 감염으로 인해 발생

26 아포크린한선의 설명으로 틀린 것은?

☑ **아포크린한선의 냄새는 여성보다 남성에게 강하게 나타난다.**

② 땀의 산도가 붕괴되면서 심한 냄새를 동반한다.

③ 겨드랑이, 대음순, 배꼽 주변에 존재한다.

④ 인종적으로 흑인이 가장 많이 분비한다.

해설
아포크린한선(대한선)에서 분비되는 땀 자체는 냄새가 없으나 세균의 영향으로 개인 특유의 냄새를 부여한다. 남성보다 여성에게 강하게 나타난다. 아포크린한선은 겨드랑이, 유륜, 배꼽 주위에 분포한다.

27 다음 중 가장 이상적인 피부의 pH 범위는?

① pH 3.5~4.5

☑ **pH 5.2~5.8**

③ pH 6.5~7.2

④ pH 7.5~8.2

해설
피부는 pH 4.5~6.5 약산성일 때 가장 이상적이다.

28 성장기에 있어 뼈의 길이 성장이 일어나는 곳을 무엇이라 하는가?

① 상지골

② 두개골

③ 연지상골

☑ **골단연골**

해설
뼈의 끝부분인 골단연골에서 뼈의 길이 성장이 일어난다.

29 섭취된 음식물 중의 영양물질을 산화시켜 인체에 필요한 에너지를 생성해 내는 세포 소기관은?

① 리보솜

② 리소좀

③ 골지체

✔ **미토콘드리아**

해설

미토콘드리아

• 세포호흡에 관여하는 각종 효소를 가짐
• 세포 내의 주요한 에너지 대사장치
• 산화효소 생성
• 영양분 분해
• ATP를 만들어 에너지를 생산

30 자율신경의 지배를 받는 민무늬근은?

① 골격근(skeletal muscle)

② 심근(cardiac muscle)

✔ **평활근(smooth muscle)**

④ 승모근(trapezius muscle)

해설

근육의 구분

• 골격근 : 횡문근(가로무늬근), 의지의 지배를 받는 수의근
• 심근 : 횡문근(가로무늬근), 자율신경의 지배를 받는 불수의근
• 내장근 : 평활근(민무늬근), 자율신경의 지배를 받는 불수의근

31 인체 내의 화학물질 중 근육수축에 주로 관여하는 것은?

✔ **액틴과 미오신**

② 단백질과 칼슘

③ 남성호르몬

④ 비타민과 미네랄

해설

골격근 : 액틴과 미오신 단백질의 다발로, 액틴 섬유(가는 섬유)와 미오신 섬유(굵은 섬유)가 결합과 분리를 반복하면서 근육의 움직임, 근육수축이 일어난다.

32 혈관의 구조에 관한 설명으로 적절하지 않은 것은?

① 동맥은 3층 구조이며 혈관벽이 정맥에 비해 두껍다.

② 동맥은 중막인 평활근 층이 발달해 있다.

③ 정맥은 3층 구조이며 혈관벽이 얇으며 판막이 발달해 있다.

✔ **모세혈관은 3층 구조이며 혈관벽이 얇다.**

해설

모세혈관

• 한 겹의 내막으로 구성되어 있으며 굵기는 $10\mu m$ 정도이다(적혈구 하나가 겨우 지나갈 크기).
• 모세혈관의 입구에는 괄약근이 있어 모세혈관의 혈류를 조절하며, 관벽에 위치한 민무늬근은 흐르는 혈액의 유량을 조절한다.

33 소화선(소화샘)으로서 소화액을 분비하는 동시에 호르몬을 분비하는 혼합선(내·외분비선)에 해당하는 것은?

① 타액선

② 간

③ 담낭

✔️ **췌장**

해설

췌장

• 소화샘으로 소화액(이자액)을 분비하는 외분비선

• 에너지 대사의 조절에 중요한 역할을 하는 인슐린을 생산하는 내분비기관

34 신경계의 기본 세포는?

① 혈액

✔️ **뉴런**

③ 미토콘드리아

④ DNA

해설

신경계를 구성하는 기본 단위는 뉴런(신경원)이다.

뉴런의 기본 구조

• 세포체 : 핵과 세포질로 구성되며, 수상돌기(가지돌기)에서 자극을 받아들인다.

• 수상돌기 : 다른 뉴런이나 감각기에서 자극을 받아들인다.

• 축삭돌기 : 자극을 다른 뉴런이나 근육에 전달한다.

35 고주파 피부미용기기의 사용방법 중 간접법에 대한 설명으로 옳은 것은?

① 고객의 얼굴에 적합한 크림을 바르고 그 위에 전극봉으로 마사지한다.

✔️ **얼굴에 적합한 크림을 바르고 손으로 마사지한다.**

③ 고객의 얼굴에 마른 거즈를 올린 후 그 위를 전극봉으로 마사지한다.

④ 고객에게 전극봉을 잡게 한 후 얼굴에 마른 거즈를 올리고 손으로 눌러준다.

해설

고주파 간접법 : 고객의 손에 전극봉을 잡게 한 후 관리사가 피부에 적합한 크림을 바르고 손으로 마사지를 함으로써 고주파 전류의 효과를 얻어내는 것

36 피지, 면포가 있는 피부 부위의 우드 램프(wood lamp)의 반응 색상은?

① 청백색   ② 진보라색

③ 암갈색   ✔️ **오렌지색**

해설

피부 상태별 우드 램프의 색상

• 정상 피부 : 청백색

• 민감성, 모세혈관 확장피부 : 진보라색

• 색소침착 피부 : 암갈색

• 피지, 면포, 지성 피부 : 주황색

37 컬러테라피 기기에서 빨강 색광의 효과와 가장 거리가 먼 것은?

① 혈액순환 증진, 세포의 활성화, 세포 재생활동

✓ 소화기계 기능 강화, 신경 자극, 신체 정화작용

③ 지루성 여드름, 혈액순환 불량 피부관리

④ 근조직 이완, 셀룰라이트 개선

해설
②는 노랑 색광의 효과이다.

38 클렌징이나 딥 클렌징 단계에서 사용하는 기기와 가장 거리가 먼 것은?

① 베이퍼라이저
② 브러싱 머신
③ 진공흡입기
✓ 확대경

해설
확대경은 피부 분석단계에서 주로 사용한다.

39 전류에 대한 내용이 틀린 것은?

✓ 전하량의 단위는 쿨롱으로 1쿨롱은 도선에 1V의 전압이 걸렸을 때 1초 동안 이동하는 전하의 양이다.

② 교류 전류란 전류 흐름의 방향이 시간에 따라 주기적으로 변하는 전류이다.

③ 전류의 세기는 도선의 단면을 1초 동안 흘러간 전하의 양으로서 단위는 A(암페어)이다.

④ 직류전동기는 속도 조절이 자유롭다.

해설
전하량의 단위는 쿨롱(C)으로 나타낸다. 1C은 1A(암페어)의 전류가 흐르는 도선의 단면을 1초 동안 흘러간 전하의 양이다.

40 이온에 대한 설명으로 옳지 않은 것은?

① 양전하 또는 음전하를 지닌 원자를 말한다.

✓ 증류수는 이온수에 속한다.

③ 원소가 전자를 잃어 양이온이 되고, 전자를 얻어 음이온이 된다.

④ 양이온과 음이온의 결합을 이온결합이라 한다.

해설
증류수는 정제한 비교적 순수한 상태의 물로, 이온을 제거한 탈이온수이다.

41 향수의 구비요건이 아닌 것은?

① 향에 특징이 있어야 한다.

✅ **향이 강하므로 지속성이 약해야 한다.**

③ 시대성에 부합하는 향이어야 한다.

④ 향의 조화가 잘 이루어져야 한다.

해설

향수는 부향률에 따라 일정 시간 동안 지속성이 있어야 한다.

42 계면활성제에 대한 설명 중 잘못된 것은?

① 계면활성제는 계면을 활성화시키는 물질이다.

② 계면활성제는 친수성기와 친유성기를 모두 소유하고 있다.

✅ **계면활성제는 표면장력을 높이고 기름을 유화시키는 등의 특징을 가지고 있다.**

④ 계면활성제는 표면활성제라고도 한다.

해설

계면활성제 : 물질의 표면장력을 약하게 하여 두 물질이 잘 섞이게 하는 물질

43 다음 중 기초화장품의 필요성에 해당되지 않는 것은?

① 세정　　　　　✅ **미백**

③ 피부 정돈　　④ 피부 보호

해설

② 미백, 주름 개선, 자외선 차단 등은 기능성 화장품의 기능이다.

기초화장품의 분류

세안·청결	클렌징 폼, 클렌징 오일, 클렌징 로션, 클렌징 크림, 클렌징 워터 등 클렌징 제품, 딥 클렌징 제품
피부 정돈	유연화장수, 수렴화장수, 팩(마스크)
피부 보호·영양 공급	로션, 에센스, 크림류, 마사지 크림

44 아하(AHA)의 설명이 아닌 것은?

① 각질 제거 및 보습기능이 있다.

② 글리콜릭산, 젖산, 사과산, 주석산, 구연산이 있다.

✅ **알파 하이드록시카프로익 애시드(Alpha Hydroxycaproic Acid)의 약어이다.**

④ 피부와 점막에 약간의 자극이 있다.

해설

AHA는 알파 하이드록시 애시드(Alpha Hydroxy Acid)의 약어이다.

45 화장품과 의약품의 차이를 바르게 정의한 것은?

① 화장품의 사용 목적은 질병의 치료 및 진단이다.

② 화장품은 특정 부위만 사용 가능하다.

③ 의약품의 사용 대상은 정상적인 상태인 자로 한정되어 있다.

④ **의약품의 부작용은 어느 정도까지는 인정된다.**

해설

화장품과 의약품
- 화장품 : 청결, 미화를 목적으로 전신에 사용되며 부작용은 인정되지 않는다.
- 의약품 : 환자에게 질병의 치료 및 진단 목적으로 사용되며, 부작용은 어느 정도까지는 인정된다.

46 비누의 제조방법 중 지방산의 글리세린 에스테르와 알칼리를 함께 가열하면 유지가 가수분해되어 비누와 글리세린이 얻어지는 방법은?

① 중화법   ② **검화법**

③ 유화법   ④ 화학법

해설

② 검화법 : 지방산의 글리세린 에스테르와 알칼리를 함께 가열하면 유지가 가수분해되어 비누와 글리세린이 얻어지는 방법

① 중화법 : 유지를 미리 고급지방산과 글리세롤로 가수분해하고, 이 지방산을 수산화나트륨 또는 탄산나트륨으로 중화하여 소지 비누를 만드는 것

③ 유화법 : 물과 기름을 계면활성제에 의해 섞는 방법

47 다음 중 샤워 코롱(shower cologne)이 속하는 분류는?

① 세정용 화장품

② 메이크업용 화장품

③ 모발용 화장품

④ **방향용 화장품**

해설

방향용 화장품은 부향률에 따라 퍼퓸, 오드 퍼퓸, 오드 투왈렛, 오드 코롱, 샤워 코롱으로 분류된다.

48 다음 중 동물과 전염병의 병원소로 연결이 잘못된 것은?

① 소 – 결핵

② **쥐 – 말라리아**

③ 돼지 – 일본뇌염

④ 개 – 공수병

해설

매개체별 감염병
- 모기 : 말라리아, 뇌염 등
- 쥐 : 쯔쯔가무시증, 발진열 등

49 다음 중 식품의 혐기성 상태에서 발육하여 신경계 증상이 주 증상으로 나타나는 것은?

① 살모넬라증 식중독

✓ **보툴리누스균 식중독**

③ 포도상구균 식중독

④ 장염비브리오 식중독

해설
보툴리누스균 식중독은 세균성 식중독 중 가장 치명률이 높다. 보툴리누스균이 혐기성 상태에서 발육하여 신경독소를 분비하여 신경 증상을 일으킨다.

50 감염병예방법상 제3급 감염병에 속하는 것은?

① 한센병

② 폴리오

✓ **일본뇌염**

④ 파라티푸스

해설
한센병, 폴리오, 파라티푸스는 제2급 감염병이다.

51 한 지역이나 국가의 공중보건을 평가하는 기초 자료로 가장 신뢰성 있게 인정되고 있는 것은?

① 질병이환율   ✓ **영아사망률**

③ 신생아사망률   ④ 조사망률

해설
영아사망률은 출생 1,000명에 대한 생후 1년 미만의 사망 영아 수를 나타내는 것으로, 한 국가의 공중보건 수준을 나타내는 지표이다.

52 다음 중 음료수 소독에 사용되는 소독방법과 가장 거리가 먼 것은?

① 염소소독   ② 표백분 소독

③ 자비소독   ✓ **승홍액 소독**

해설
승홍수는 염화제2수은의 수용액으로 강력한 살균력이 있어 기물의 살균이나 피부 소독(0.1% 용액), 매독성 질환(0.2% 용액) 등에 사용된다. 점막이나 금속기구, 음료수 소독에는 적합하지 않다.

53 보통 상처 표면을 소독하는 데 이용하며 발생기 산소가 강력한 산화력으로 미생물을 살균하는 소독제는?

① 석탄산

❷ **과산화수소수**

③ 크레졸

④ 에탄올

해설

과산화수소는 피부 상처 소독에 사용하며 미생물 살균의 소독약제, 표백제 및 모발의 탈색제로도 이용된다.

54 알코올 소독의 미생물 세포에 대한 주된 작용기전은?

① 할로겐 복합물 형성

❷ **단백질 변성**

③ 효소의 완전 파괴

④ 균체의 완전 융해

해설

알코올은 효과적인 단백질 변성제와 지질 용제로서 효과적인 살균작용을 한다.

55 자비소독에 관한 내용으로 적합하지 않은 것은?

① 물에 탄산나트륨을 넣으면 살균력이 강해진다.

② 소독할 물건은 열탕 속에 완전히 잠기도록 해야 한다.

③ 100℃에서 15~20분간 소독한다.

❹ **금속기구, 고무, 가죽의 소독에 적합하다.**

해설

자비소독은 식기류, 도자기류, 주사기, 의료 소독에 적합하다.

56 공중위생영업소의 위생관리 수준을 향상시키기 위하여 위생서비스 평가계획을 수립하는 자는?

① 대통령

② 보건복지부장관

❸ **시·도지사**

④ 공중위생관련협회 또는 단체

해설

위생서비스 수준의 평가(법 제13조 제1항)

시·도지사는 공중위생영업소(관광숙박업 제외)의 위생관리 수준을 향상시키기 위하여 위생서비스 평가계획을 수립하여 시장·군수·구청장에게 통보하여야 한다.

57 신고를 하지 아니하고 영업소의 소재를 변경한 때 1차 위반 시의 행정처분기준은?

✓ **① 영업정지 1월**　② 영업정지 2월

③ 영업정지 3월　④ 영업장 폐쇄명령

해설

행정처분기준(규칙 [별표 7])
신고를 하지 않고 영업소의 소재지를 변경한 경우
• 1차 위반 : 영업정지 1월
• 2차 위반 : 영업정지 2월
• 3차 위반 : 영업장 폐쇄명령

58 이·미용업의 영업신고를 하지 아니하고 업소를 개설한 자에 대한 법적 조치는?

① 200만 원 이하의 과태료

② 300만 원 이하의 벌금

③ 6월 이하의 징역 또는 500만 원 이하의 벌금

✓ **④ 1년 이하의 징역 또는 1천만 원 이하의 벌금**

해설

벌칙(법 제20조 제2항)
다음의 어느 하나에 해당하는 자는 1년 이하의 징역 또는 1천만 원 이하의 벌금에 처한다.
• 공중위생영업의 신고를 하지 아니하고 공중위생영업(숙박업은 제외)을 한 자
• 영업정지명령 또는 일부 시설의 사용중지명령을 받고도 그 기간 중에 영업을 하거나 그 시설을 사용한 자 또는 영업소 폐쇄명령을 받고도 계속하여 영업을 한 자

59 공중위생관리법에서 규정하는 명예공중위생감시원의 위촉대상자가 아닌 것은?

① 공중위생 관련 협회장이 추천하는 자

② 소비자단체장이 추천하는 자

③ 공중위생에 대한 지식과 관심이 있는 자

✓ **④ 3년 이상 공중위생 행정에 종사한 경력이 있는 공무원**

해설

명예공중위생감시원의 자격 등(영 제9조의2)
명예공중위생감시원은 시·도지사가 다음에 해당하는 자 중에서 위촉한다.
• 공중위생에 대한 지식과 관심이 있는 자
• 소비자단체, 공중위생 관련 협회 또는 단체의 소속직원 중에서 해당 단체 등의 장이 추천하는 자

60 소독을 한 기구와 소독을 하지 아니한 기구를 각각 다른 용기에 넣어 보관하지 아니한 때에 대한 2차 위반 시의 행정처분기준에 해당하는 것은?

① 경고　　　　✓ **② 영업정지 5일**

③ 영업정지 10일　④ 영업장 폐쇄명령

해설

행정처분기준(규칙 [별표 7])
소독을 한 기구와 소독을 하지 않은 기구를 각각 다른 용기에 넣어 보관하지 않거나 1회용 면도날을 2인 이상의 손님에게 사용한 경우
• 1차 위반 : 경고
• 2차 위반 : 영업정지 5일
• 3차 위반 : 영업정지 10일
• 4차 이상 위반 : 영업장 폐쇄명령

01 딥 클렌징의 분류로 옳은 것은?

  ✔ **고마쥐 – 물리적 각질관리**

  ② 스크럽 – 화학적 각질관리

  ③ AHA – 물리적 각질관리

  ④ 효소 – 물리적 각질관리

> **해설**
> 딥 클렌징의 분류
> • 생물학적 딥 클렌징 : 효소(enzyme)
> • 물리적 딥 클렌징 : 스크럽, 고마쥐
> • 화학적 딥 클렌징 : AHA, BHA

02 다음 중 노폐물과 독소 및 과도한 체액의 배출을 원활하게 하는 효과에 가장 적합한 관리방법은?

  ① 지압

  ② 인디안 헤드 마사지

  ✔ **림프 드레나지**

  ④ 반사요법

> **해설**
> 림프 드레나지 : 림프의 순환을 촉진시켜 노폐물의 체외 배출을 돕고 조직의 대사를 원활하게 해 주는 관리방법

03 팩의 목적이 아닌 것은?

  ① 노폐물의 제거와 피부 정화

  ② 혈액순환 및 신진대사 촉진

  ③ 영양과 수분 공급

  ✔ **잔주름 및 피부 건조 치료**

> **해설**
> 팩의 목적은 예방 차원의 관리이므로 치료의 개념은 포함되지 않는다.

04 안면 클렌징 시술 시 주의사항으로 틀린 것은?

  ① 고객의 눈이나 콧속으로 화장품이 들어가지 않도록 한다.

  ✔ **근육결 반대 방향으로 시술한다.**

  ③ 처음부터 끝까지 일정한 속도와 리듬감을 유지하도록 한다.

  ④ 동작은 근육이 처지지 않게 한다.

> **해설**
> 안면 클렌징 시술은 근육결 방향으로 시술한다.

05 일시적 제모방법 중 겨드랑이 및 다리의 털을 제거하기 위해 피부미용실에서 가장 많이 사용되는 것은?

① 면도기를 이용한 제모
② 레이저를 이용한 제모
③ 족집게를 이용한 제모
④ **왁스를 이용한 제모**

해설
왁스 제모는 일시적인 제모방법으로 피부관리실에서 많이 사용된다.

06 효소 필링이 가장 적합하지 않은 피부는?

① 각질이 두껍고 피부 표면이 건조하여 당기는 피부
② 비립종을 가진 피부
③ 화이트헤드, 블랙헤드를 가지고 있는 지성 피부
④ **자외선에 의해 손상된 피부**

해설
자외선에 의해 손상된 피부는 딥 클렌징이 자극이 될 수 있으므로 적합하지 않다.

07 상담 시 고객에 대해 취해야 할 사항으로 옳은 것은?

① 상담 시 다른 고객의 신상정보, 관리정보를 제공한다.
② 고객의 사생활에 대한 정보를 정확하게 파악한다.
③ 고객과의 친밀감을 갖기 위해 사적으로 친목을 도모한다.
④ **전문적인 지식과 경험을 바탕으로 관리방법과 절차 등에 관해 차분하게 설명해 준다.**

해설
피부관리사는 상담 시 고객의 방문 동기와 목적을 파악하고, 고객 피부의 문제점과 원인에 대하여 전문적인 지식과 경험을 바탕으로 관리방법과 절차 등에 관해 차분하게 설명해야 한다.

08 습포에 대한 설명으로 틀린 것은?

① 타월은 항상 자비소독 등의 방법을 실시한 후 사용한다.
② 온습포는 팔의 안쪽에 대어서 온도를 확인한 후 사용한다.
③ **피부관리의 최종단계에서 피부의 경직을 위해 온습포를 사용한다.**
④ 피부관리 시 사용되는 습포에는 온습포와 냉습포의 두 종류가 일반적이다.

해설
피부관리의 마무리 단계에는 피부의 진정효과 및 모공수축을 위해 냉습포를 사용한다.

09 건성 피부의 특징과 가장 거리가 먼 것은?

✔ **각질층의 수분이 50% 이하로 부족하다.**

② 피부가 손상되기 쉬우며 주름 발생이 쉽다.

③ 피부가 얇고 외관으로 피부결이 섬세해 보인다.

④ 모공이 작다.

해설

건성 피부는 각질층의 수분이 10% 이하로 부족하다.

10 피부 유형에 맞는 화장품 선택으로 잘못된 것은?

① 건성 피부 – 유분과 수분이 많이 함유된 화장품

② 민감성 피부 – 향, 색소, 방부제가 함유되지 않거나 적게 함유된 화장품

③ 지성 피부 – 피지조절제가 함유된 화장품

✔ **정상 피부 – 오일이 함유되어 있지 않은 오일 프리(oil free) 화장품**

해설

정상 피부는 적당한 유분과 수분 밸런스를 유지할 수 있는 화장품이 적당하다.

11 림프 드레나지를 금해야 하는 증상에 속하지 않는 것은?

① 심부전증　　　② 혈전증

✔ **켈로이드증**　　④ 급성염증

해설

켈로이드증은 피부의 결합조직이 이상 증식하여 단단하게 융기한 것으로 림프 드레나지 마사지에는 문제가 없다.

12 다음 밑줄 친 내용에 대한 공중위생법상의 범위 설명으로 적절한 것은?

> 피부관리(skin care)는 "인체의 피부"를 대상으로 아름답게, 보다 건강한 피부로 개선, 유지, 증진, 예방하기 위해 피부관리사가 고객의 피부를 분석하고 분석 결과에 따라 적합한 화장품, 기구 및 식품 등을 이용하여 피부관리 방법을 제공하는 것을 말한다.

① 두피를 포함한 얼굴 및 전신의 피부를 말한다.

✔ **두피를 제외한 얼굴 및 전신의 피부를 말한다.**

③ 얼굴과 손의 피부를 말한다.

④ 얼굴의 피부만을 말한다.

해설

스킨 케어(skincare)는 오늘날 피부미용의 의미로, 머리미용, 전신미용, 체형관리, 안면관리, 발관리 등 얼굴에서 발끝까지의 피부미용을 의미한다. 공중위생법상 머리와 두피관리는 미용사(일반)의 업무이다.

13 매뉴얼 테크닉 시 가장 많이 이용되는 기술로, 손바닥을 평평하게 하고 손가락을 약간 구부려 근육이나 피부 표면을 쓰다듬고 어루만지는 동작은?

① 프릭션(friction)

✔ **에플라지(effleurage)**

③ 페트리사지(petrissage)

④ 바이브레이션(vibration)

> **해설**
> 에플라지(effleurage) : 경찰법(쓰다듬기)으로 손바닥으로 피부 표면을 쓰다듬는 동작이다. 마사지의 처음과 마지막 단계에 사용한다.

14 화학적 제모에 대한 설명으로 틀린 것은?

✔ **화학적 제모는 털을 모근으로부터 제거한다.**

② 제모제품은 강알칼리성으로 피부를 자극하므로 사용 전 첩포시험을 실시하는 것이 좋다.

③ 제모제품 사용 전 피부를 깨끗이 건조시킨 후 적정량을 바른다.

④ 제모 후 산성화장수를 바른 뒤에 진정로션이나 크림을 흡수시킨다.

> **해설**
> ① 모근까지 제거하는 것은 영구적 제모이다.
> 화학적 제모는 특정 화학성분으로 털의 단백질 구조를 분해하여 제거하는 원리이다.

15 다음 중 피지 분비가 많은 지성 피부나 여드름성 피부의 노폐물 제거에 가장 효과적인 팩은?

① 오이팩   ② 석고팩

✔ **머드팩**   ④ 알로에젤팩

> **해설**
> 머드(클레이)팩은 지성, 여드름성 피부의 피지 흡착과 노폐물 제거에 효과적이다.

16 클렌징 순서가 가장 적합한 것은?

① 클렌징 손동작 → 화장품 제거 → 포인트 메이크업 클렌징 → 클렌징 제품 도포 → 습포

② 화장품 제거 → 포인트 메이크업 클렌징 → 클렌징 제품 도포 → 클렌징 손동작 → 습포

③ 클렌징 제품 도포 → 클렌징 손동작 → 포인트 메이크업 클렌징 → 화장품 제거 → 습포

✔ **포인트 메이크업 클렌징 → 클렌징 제품 도포 → 클렌징 손동작 → 화장품 제거 → 습포**

> **해설**
> 클렌징 순서
> • 1차 : 포인트 메이크업 클렌징
> • 2차 : 안면 클렌징(클렌징 제품 도포 → 클렌징 손동작 → 티슈, 해면을 이용한 화장품 제거 → 습포)
> • 3차 : 화장수 정리

17 레몬 아로마 에센셜 오일의 사용과 관련된 설명으로 틀린 것은?

① 무기력한 기분을 상승시킨다.

② 기미, 주근깨가 있는 피부에 좋다.

③ 여드름, 지성 피부에 사용된다.

☑ 진정작용이 뛰어나다.

해설
레몬 에센셜 오일의 효능은 스트레스 해소, 두뇌 강화, 항균, 항바이러스, 여드름 개선 등이다. 그러나 광과민성이 있고 민감성 피부에 자극을 줄 수 있어 주의해야 한다.

18 매뉴얼 테크닉 시술에 대한 내용으로 틀린 것은?

① 매뉴얼 테크닉 시 모든 동작이 연결될 수 있도록 해야 한다.

☑ 매뉴얼 테크닉 시 중추부터 말초 부위로 향해서 시술해야 한다.

③ 매뉴얼 테크닉 시 손놀림도 균등한 리듬을 유지해야 한다.

④ 매뉴얼 테크닉 시 체온의 손실을 막는 것이 좋다.

해설
매뉴얼 테크닉 시술은 안에서 밖으로, 아래에서 위로, 근육의 결에 따라 시술하며 마사는 혈행 방향(말초에서 심장 방향)으로 실시한다.

19 체내에서 근육 및 신경의 자극 전도, 삼투압 조절 등의 작용을 하며, 식욕에 관계가 깊기 때문에 부족하면 피로감, 노동력의 저하 등을 일으키는 것은?

① 구리(Cu)

☑ 식염(NaCl)

③ 아이오딘(I, 요오드)

④ 인(P)

해설
식염(NaCl) : 근육 및 신경의 자극 전도, 삼투압 조절 등의 기능을 하며 부족 시 온열질환, 피로감, 노동력의 저하 등이 발생한다.

20 접촉성 피부염의 주된 알레르기원이 아닌 것은?

① 니켈

☑ 금

③ 수은

④ 크롬

해설
알레르기성 접촉 피부염의 주된 원인 : 중금속(니켈, 수은, 크롬), 염색약, 옻나무 등

21 다음 중 원발진에 해당하는 피부 변화는?

① 가피 ② 미란
③ 위축 ④ **구진** ✔

해설
원발진과 속발진
• 원발진 : 반점, 소수포, 대수포, 홍반, 구진, 결절, 종양, 낭종 등
• 속발진 : 가피, 미란, 인설, 켈로이드, 태선화, 궤양, 위축 등

22 식후 12~16시간 경과되어 정신적, 육체적으로 아무것도 하지 않고 가장 안락한 자세로 조용히 누워있을 때 생명을 유지하는 데 소요되는 최소한의 열량을 무엇이라 하는가?

① 순환대사량
② **기초대사량** ✔
③ 활동대사량
④ 상대대사량

해설
기초대사량이란 생명과정에 필요한 최소한의 에너지량을 말한다.

23 표피 중에서 피부로부터 수분이 증발하는 것을 막는 층은?

① 각질층 ② 기저층
③ **과립층** ✔ ④ 유극층

해설
과립층
• 2~5개 층으로 편평하거나 방추형의 납작한 과립세포
• 케라토하이알린(keratohyalin)이 각질 유리 과립 모양으로 존재
• 수분 저지막(레인 방어막) : 외부로부터의 이물질 침투에 대한 방어막 역할
• 수분 함유량 약 30% 정도, 각질화가 시작되는 층

24 다음 내용에 해당하는 세포질 내부의 구조물은?

• 세포 내의 호흡생리에 관여
• 이중막으로 싸인 계란형(타원형)의 모양
• 아데노신 삼인산(adenosine triphosphate)을 생산

① 형질내세망(endoplasmic reticulum)
② 용해소체(lysosome)
③ 골지체(golgi apparatus)
④ **사립체(mitochondria)** ✔

해설
사립체(미토콘드리아) : 세포호흡에 관여, ATP를 만들어 에너지 생산, 아데노신 삼인삼 생산

25 에크린한선에 대한 설명으로 틀린 것은?

① 실밥을 둥글게 한 것 같은 모양으로 진 피 내에 존재한다.

✓ **사춘기 이후에 주로 발달한다.**

③ 특수한 부위를 제외한 거의 전신에 분포한다.

④ 손바닥, 발바닥, 이마에 가장 많이 분포한다.

해설
사춘기 이후에 주로 발달하는 것은 아포크린한선(대한선)이다.

26 셀룰라이트(cellulite)의 설명으로 옳은 것은?

① 수분이 정체되어 부종이 생긴 현상

② 영양 섭취의 불균형 현상

✓ **피하지방이 축적되어 뭉친 현상**

④ 화학물질에 대한 저항력이 강한 현상

해설
셀룰라이트 : 지방에 노폐물과 체액이 결합되어 형성되는 변형세포

27 피부에 계속적인 압박으로 생기는 각질층의 증식현상이며, 원추형의 국한성 비후증으로 경성과 연성이 있는 것은?

① 사마귀   ② 무좀

③ 굳은살   ✓ **티눈**

해설
티눈은 원뿔 형태의 국한성 각질 비후증으로, 과도한 기계적 비틀림이나 마찰력이 만성적으로 작용하는 경우에 발생한다.

28 신경계 중 중추신경계에 해당되는 것은?

✓ **뇌**

② 뇌신경

③ 척수신경

④ 교감신경

해설
신경계의 분류
• 중추신경계 : 뇌(대뇌, 간뇌, 중뇌, 뇌교, 연수, 소뇌), 척수
• 말초신경계 : 체성신경계(뇌신경, 척수신경), 자율신경계(교감신경, 부교감신경)

29 세포막을 통한 물질의 이동방법이 아닌 것은?

① 여과

② 확산

③ 삼투

✔ **수축**

해설

세포막을 통한 물질 이동 : 확산, 삼투, 여과, 운반체에 의한 이동, 능동적 운반

30 혈액의 구성 물질로 항체 생산과 감염의 조절에 가장 관계가 깊은 것은?

① 적혈구

✔ **백혈구**

③ 혈장

④ 혈소판

해설

혈액의 성분
• 백혈구 : 식균작용, 방어(면역)작용, 항체 생산(림프구)
• 적혈구 : 골수에서 생성, 산소와 이산화탄소 운반
• 혈소판 : 지혈작용, 혈액응고 관여

31 요의 생성 및 배설과정이 아닌 것은?

① 사구체 여과

✔ **사구체 농축**

③ 세뇨관 재흡수

④ 세뇨관 분비

해설

요의 생성 및 배설과정
사구체 여과과정(세뇨관에서 요가 형성되는 첫 단계로, 토리에서 여과되는 양은 분당 125mL, 하루에 약 180L, 배설량은 약 1.5L) → 세뇨관 재흡수 과정 → 세뇨관 분비과정(체내에 존재하는 독성물질을 체외로 효과적으로 배설하기 위함)의 세 과정을 통해 소변이 형성된다.

32 다음 중 뼈의 기본 구조가 아닌 것은?

① 골막　　　　　② 골외막

③ 골내막　　　　✔ **심막**

해설

④ 심막 : 심장을 둘러싸고 있는 막
뼈의 구조 : 골막(골외막, 골내막), 골조직(치밀골, 해면골), 골수

33 내분비와 외분비를 겸한 혼합성 기관으로 3대 영양소를 분해할 수 있는 소화효소를 모두 가지고 있는 소화기관은?

✓ **췌장**　　② 간
③ 위　　　　④ 대장

해설

췌장
- 내분비선으로서 인슐린과 글루카곤을 분비
- 외분비선으로서 소화효소를 소화관으로 내보냄, 트립신(단백질 분해), 아밀라아제(탄수화물 분해), 리파아제(지방 분해) 효소 분비

34 승모근에 대한 설명으로 틀린 것은?

① 기시부는 두개골의 저부이다.
② 쇄골과 견갑골에 부착되어 있다.
✓ **지배신경은 견갑배신경이다.**
④ 견갑골의 내전과 머리를 신전한다.

해설

승모근 지배신경은 부신경(제11뇌신경)이다.

35 피부에 미치는 갈바닉 전류의 양극(+) 효과는?

✓ **피부 진정**
② 모공 세정
③ 혈관 확장
④ 피부 유연화

해설

갈바닉 전류의 효과
- 양극(+) 효과 : 산성 반응, 진정, 수렴, 염증 예방, 조직 강화, 신경안정, 모공 수축, 혈관 수축, 피부탄력 효과
- 음극(−) 효과 : 알칼리성 반응, 모공 세정 및 피지 용해, 혈관 확장, 피부 연화, 조직 이완, 신경 자극, 혈액순환 촉진

36 테슬라 전류(tesla current)가 사용되는 기기는?

① 갈바닉(the galvanic machine)
② 전기분무기
✓ **고주파 기기**
④ 스팀기(the vaporizer)

해설

고주파 기기 : 100,000Hz 이상의 주파수를 발생하는 교류, 테슬라 전류 이용

37 스티머 사용 시 주의사항이 아닌 것은?

① 피부에 따라 적정 시간을 다르게 한다.

❷ 스팀 분사 방향은 코를 향하도록 한다.

③ 스티머 물통에 물을 2/3 정도 적당량 넣는다.

④ 물통을 일반세제로 씻는 것은 고장의 원인이 될 수 있으므로 사용을 금한다.

해설

스티머 사용 시 수증기가 나오는 방향에 코를 향하지 않게 한다.

38 지성 피부의 면포 추출에 사용하기 가장 적합한 기기는?

① 분무기

② 전동브러시

③ 리프팅기

❹ 진공흡입기

해설

진공흡입기

• 압력을 조절하여 진공음압으로 피부조직을 흡입

• 노폐물 제거, 피하지방의 분해 촉진, 신진대사 촉진, 생체리듬 활성화, 림프액과 혈류의 개선, 세포의 기초대사량 증가, 피부박리 등

39 피부를 분석할 때 사용하는 기기로 짝지어진 것은?

① 진공흡입기, 패터기

② 고주파기, 초음파기

❸ 우드 램프, 확대경

④ 분무기, 스티머

해설

안면 피부진단기기 : 확대경, 우드 램프, 스킨 스코프, 유·수분 측정기, pH 측정기

40 다음 괄호 안에 알맞은 말이 순서대로 나열된 것은?

> 물질의 변화에서 고체는 (가)이/가 (나)보다 강하다.

① 운동력, 기체

② 온동, 압력

③ 운동력, 응력

❹ 응력, 운동력

해설

고체는 분자가 일정한 모양과 부피를 가진 물질로 응력이 운동력보다 강하다.

※ 응력(응집력)은 분자들이 한곳에 모여 있으려는 성질이고, 운동력은 분자의 운동에너지이다.

41 다음 화장품 중 그 분류가 다른 것은?

① 화장수   ② 클렌징 크림
③ 샴푸 ✓   ④ 팩

42 다음 중 기능성 화장품이 아닌 것은?

① 피부의 미백에 도움을 주는 기능을 가진 크림
② 피부의 주름을 완화 또는 개선하는 기능을 가진 에센스
③ **여드름성 피부를 완화하는 데 도움을 주는 로션** ✓
④ 자외선을 차단 또는 산란시켜 자외선으로부터 피부를 보호하는 기능을 가진 선크림

43 다음 중 바디용 화장품이 아닌 것은?

① 샤워 젤   ② 배스 오일
③ 데오도란트   ④ **헤어 에센스** ✓

44 팩에 사용되는 주성분 중 피막제 및 점도 증가제로 사용되는 것은?

① 카올린(kaolin), 탈크(talc)
② **폴리비닐알코올(PVA), 잔탄검(xanthan gum)** ✓
③ 구연산나트륨(sodium citrate), 아미노산류(amino acids)
④ 유동파라핀(liquid paraffin), 스쿠알렌(squalene)

45 화장품의 사용 목적과 거리가 먼 것은?

① 인체를 청결, 미화하기 위해 사용한다.

② 용모를 변화시키기 위하여 사용한다.

③ 피부, 모발의 건강을 유지하기 위하여 사용한다.

✔ 인체에 대한 약리적인 효과를 주기 위해 사용한다.

해설

화장품이란 인체를 청결·미화하여 매력을 더하고 용모를 밝게 변화시키거나 피부·모발의 건강을 유지 또는 증진하기 위하여 인체에 바르고 문지르거나 뿌리는 등 이와 유사한 방법으로 사용되는 물품으로서 인체에 대한 작용이 경미한 것을 말한다. 다만, 의약품에 해당하는 물품은 제외한다.

46 피부 거칠어짐의 개선, 미백, 탈모 방지 등의 피부, 면역학 등을 연구하는 유용성 분야는?

① 물리학적 유용성

② 심리학적 유용성

③ 화학적 유용성

✔ 생리학적 유용성

해설

생리학적 유용성이란 생물의 생명현상, 즉 피부의 노화, 피부 거칠어짐의 개선, 미백, 탈모 방지, 면역학 등 생리학적으로 유효한 것을 말한다.

47 아로마 오일의 사용법 중 확산법으로 맞는 것은?

① 따뜻한 물에 넣고 몸을 담근다.

✔ 아로마 램프나 스프레이를 이용한다.

③ 수건에 적신 후 피부에 붙인다.

④ 손수건, 티슈 등에 1~2방울 떨어뜨리고 심호흡을 한다.

해설

확산법 : 아로마 램프나 스프레이, 워머, 디퓨저를 이용하여 아로마 오일을 공기 중에 퍼지게 하는 방법

48 다음 중 파리가 매개할 수 있는 질병과 거리가 먼 것은?

① 이질

② 장티푸스

✔ 발진티푸스

④ 콜레라

해설

파리가 매개하는 질병 : 장티푸스, 파라티푸스, 이질, 콜레라, 결핵 등

49 다음 법정 감염병 중 제2급 감염병에 해당하지 않는 것은?

① 결핵
② A형간염
③ 레지오넬라증 ✔
④ 한센병

해설
③ 레지오넬라증은 제3급 감염병이다.
제2급 감염병 : 결핵, 수두, 홍역, 콜레라, 장티푸스, 파라티푸스, 세균성 이질, A형간염, 풍진, 한센병 등

50 질병 전파의 개달물(介達物)에 해당되는 것은?

① 공기, 물
② 우유, 음식물
③ 의복, 침구 ✔
④ 파리, 모기

해설
병원체를 매개하는 모든 무생물을 비활성 매개체(음료, 식품, 공기, 토양 등)라고 하며, 그중 매개체 자체가 숙주의 내부로 들어가지 않고 병원체를 운반하는 수단으로만 작용하는 손수건, 완구, 의복, 침구, 헌책 등을 개달물이라 한다.

51 식품의 혐기성 상태에서 발육하여 체외독소로서 신경독소를 분비하며 치명률이 가장 높은 식중독으로 알려진 것은?

① 살모넬라 식중동
② 보툴리누스균 식중독 ✔
③ 웰치균 식중독
④ 알레르기성 식중독

해설
보툴리누스균 식중독은 독소형으로 치명률이 가장 높다. 웰치균 식중독은 생체 내 독소형이다.

52 다음 중 상처나 피부 소독에 가장 적합한 것은?

① 석탄산
② 과산화수소수 ✔
③ 포르말린수
④ 차아염소산나트륨

해설
과산화수소수는 3% 희석액을 사용하며, 자극이 적어 피부나 상처 소독에 사용한다.

53 다음 중 승홍에 소금을 섞었을 때 일어나는 현상은?

✔ ① 용액이 중성으로 되고 자극성이 완화된다.

② 용액의 기능을 2배 이상 증대시킨다.

③ 세균의 독성을 중화시킨다.

④ 소독 대상물의 손상을 막는다.

해설

승홍수는 무색·무취의 용액으로 독성이 강하고 금속을 부식시킨다. 승홍수에 소금을 섞으면 용액이 중성이 되면서 자극성이 완화된다.

54 위생교육 대상자가 아닌 자는?

① 공중위생영업의 신고를 하고자 하는 자

② 공중위생영업을 승계한 자

③ 공중위생영업자

✔ ④ 면허증 취득 예정자

해설

공중위생영업자는 매년 위생교육을 받아야 한다(법 제17조 제1항).

55 인체에 질병을 일으키는 병원체 중 대체로 살아 있는 세포에서만 증식하고 크기가 가장 작아 전자현미경으로만 관찰할 수 있는 것은?

① 구균   ② 간균

✔ ③ 바이러스   ④ 원생동물

해설

바이러스 : 살아 있는 세포 속에서만 생존하며 크기가 세균보다 작아 전자현미경으로 관찰한다.

56 미용영업자가 시장·군수·구청장에게 변경신고를 하여야 하는 사항이 아닌 것은?

① 영업소의 명칭 변경

② 영업소의 주소 변경

③ 신고한 영업장 면적의 1/3 이상의 증감

✔ ④ 영업소 내 시설의 변경

해설

변경신고 대상(규칙 제3조의2 제1항)
• 영업소의 명칭 또는 상호
• 영업소의 주소
• 신고한 영업장 면적의 1/3 이상의 증감
• 대표자의 성명 또는 생년월일
• 미용업 업종 간 변경 또는 업종의 추가

57 미용사가 미용업소 외의 장소에서 미용을 한 경우 3차 위반 시 행정처분기준은?

① **영업장 폐쇄명령** ② 영업정지 10일
③ 영업정지 1월 ④ 영업정지 2월

해설
행정처분기준(규칙 [별표 7])
영업소 외의 장소에서 미용 업무를 한 경우
• 1차 위반 : 영업정지 1월
• 2차 위반 : 영업정지 2월
• 3차 위반 : 영업장 폐쇄명령

58 위생서비스평가의 결과에 따른 위생관리 등급별로 영업소에 대한 위생감시를 실시 할 때의 기준이 아닌 것은?

① **위생교육 실시 횟수**
② 영업소에 대한 출입·검사
③ 위생감시의 실시 주기
④ 위생감시의 실시 횟수

해설
시·도지사 또는 시장·군수·구청장은 위생서비스평 가의 결과에 따른 위생관리등급별로 영업소에 대한 위 생감시를 실시하여야 한다. 이 경우 영업소에 대한 출입· 검사와 위생감시의 실시 주기 및 횟수 등 위생관리등급 별 위생감시기준은 보건복지부령으로 정한다(법 제14 조 제4항).

59 일반적으로 사용하는 소독제로서 에탄올 의 적정 농도는?

① 30% ② 50%
③ **70%** ④ 90%

해설
에탄올은 70%일 때 소독력이 가장 우수하다.

60 행정처분 사항 중 1차 위반 시 영업장 폐쇄 명령에 해당하는 것은?

① **영업정지처분을 받고도 영업정지 기간 중 영업을 한 때**
② 손님에게 성매매알선 등의 행위를 한 때
③ 소독한 기구와 소독하지 아니한 기구 를 각각 다른 용기에 넣어 보관하지 아 니한 때
④ 1회용 면도날을 손님 1인에 한하여 사용 하지 아니한 때

해설
행정처분기준(규칙 [별표 7])
1차 위반 시 영업장 폐쇄명령에 해당하는 경우
• 영업신고를 하지 않은 경우
• 영업정지처분을 받고도 그 영업정지 기간에 영업을 한 경우
• 공중위생영업자가 정당한 사유 없이 6개월 이상 계속 휴업하는 경우
• 공중위생영업자가 관할 세무서장에게 폐업신고를 하 거나 관할 세무서장이 사업자 등록을 말소한 경우
• 공중위생영업자가 영업을 하지 않기 위하여 영업시설 의 전부를 철거한 경우

제4회 | 기출복원문제

01 피부 타입에 따른 팩의 사용을 연결한 것으로 잘못된 것은?

✓ **건성 피부 – 클레이 마스크**
② 지성 피부 – 클레이 마스크
③ 노화 피부 – 벨벳 마스크
④ 여드름 피부 – 머드팩

해설
클레이 마스크는 피지를 흡착하고 피부의 청정효과를 위해 사용하는 팩으로 지성 피부에 적합하다. 건성 피부는 보습과 탄력을 부여해 주는 팩이 적합하다.

02 건성 피부의 화장품 사용법으로 옳지 않은 것은?

① 영양, 보습 성분이 있는 오일이나 에센스
✓ **알코올이 다량 함유되어 있는 토너**
③ 클렌저는 밀크 타입이나 유분기가 있는 크림 타입
④ 토익으로 보습기능이 강화된 제품

해설
알코올이 다량 함유된 토너를 사용할 경우 건조를 악화시킬 수 있다.

03 딥 클렌징 시술과정에 대한 내용 중 틀린 것은?

① 깨끗이 클렌징이 된 상태에서 적용한다.
② 필링제를 중앙에서 바깥쪽, 아래에서 위쪽으로 도포한다.
③ 고마쥐 타입은 팩이 마른 상태에서 근육 결 대로 가볍게 밀어준다.
✓ **딥 클렌징 단계에서는 수분 보충을 위해 스티머를 반드시 사용한다.**

해설
딥 클렌징 단계에서 스티머의 역할은 피부 각질 연화작용으로, 딥 클렌징의 종류에 따라 사용 여부가 결정된다. 효소의 경우 수분 보충과 온도 조절을 위해 스티머를 사용하고, 고마쥐의 경우 건조시키기 위해 스티머를 사용하지 않는다.

04 제모할 때 왁스는 일반적으로 어떻게 바르는 것이 적합한가?

✓ **털이 자라는 방향**
② 털이 자라는 반대 방향
③ 털이 자라는 왼쪽 방향
④ 털이 자라는 오른쪽 방향

해설
제모 시 왁스를 바를 때는 털이 자라는 방향으로, 제거할 때는 털이 자라는 반대 방향으로 실시한다.

05 화장수(스킨 로션)를 사용하는 목적과 가장 거리가 먼 것은?

① 세안 후 지워지지 않는 피부의 잔여물을 제거하기 위해서

② 세안 후 남아 있는 세안제의 알칼리성 성분 등을 닦아내어 피부 표면의 산도를 약산성으로 회복시켜 피부를 부드럽게 하기 위해서

③ 보습제, 유연제의 함유로 각질층을 촉촉하고 부드럽게 하면서 다음 단계에 사용할 제품의 흡수를 용이하게 하기 위해서

✔ **각종 영양물질을 함유하고 있어, 피부의 탄력을 증진시키기 위해서**

해설
화장수(스킨 로션)의 사용 목적
• 피부 정돈
• 클렌징 후 잔여물 제거
• 피부의 pH를 약산성으로 회복시키고 각질층에 수분 공급

06 다음 중 매뉴얼 테크닉을 적용하는 데 가장 적합한 사람은?

✔ **손발이 냉한 사람**

② 독감이 심하게 걸린 사람

③ 피부에 상처나 질환이 있는 사람

④ 정맥류가 있어 혈관이 튀어나온 사람

해설
매뉴얼 테크닉은 혈액순환을 촉진하므로 손발이 냉한 사람에게 적합하다.

07 매뉴얼 테크닉 방법 중 두드리기의 효과와 가장 거리가 먼 것은?

✔ **피부 진정과 긴장 완화**

② 혈액순환 촉진

③ 신경 자극

④ 피부의 탄력성 증대

해설
①은 쓰다듬기의 효과이다.
두드리기의 효과 : 신경조직 자극, 혈액순환 촉진, 탄력성 증대 등

08 매뉴얼 테크닉에 대한 설명 중 거리가 먼 것은?

① 체내의 노폐물 배설작용을 도와준다.

✔ **신진대사의 기능이 빨라져 혈압을 내려준다.**

③ 몸의 긴장을 풀어줌으로써 건강한 몸과 마음을 갖게 한다.

④ 혈액순환을 도와 피부에 탄력을 준다.

해설
매뉴얼 테크닉은 신진대사와 혈액순환을 촉진하고 노폐물의 배출을 용이하게 하여 피부의 기능을 회복시킨다.

09 다음 중 온습포의 효과가 아닌 것은?

① 혈액순환 촉진
② 모공 확장으로 피지, 면포 등 불순물 제거
③ 피지선 자극
④ **혈관 수축으로 염증 완화**

해설
④ 혈관 수축으로 인한 염증 완화 및 피부 진정작용은 냉습포의 효과이다.

10 실핏선 피부(cooper rose)의 특징이라고 볼 수 없는 것은?

① 혈관의 탄력이 떨어져 있는 상태이다.
② 피부가 대체로 얇다.
③ 지나친 온도 변화에 쉽게 붉어진다.
④ **모세혈관의 수축으로 혈액의 흐름이 원활하지 못하다.**

해설
실핏선 피부(cooper rose)는 모세혈관 확장피부이다.

11 주로 피부관리실에서 사용되고 있는 제모 방법은?

① 면도(shaving)
② **왁싱(waxing)**
③ 전기응고술(epilation electrolysis)
④ 전기분해술(coagulation)

해설
피부관리실에서 가장 널리 사용하는 제모방법은 왁싱이며, 전기응고술과 전기분해술은 의료 영역이다.

12 입술 화장을 지우는 방법을 설명한 것으로 옳지 않은 것은?

① 입술을 적당히 벌리고 가볍게 닦아낸다.
② 윗입술은 위에서 아래로 닦아낸다.
③ 아랫입술은 아래에서 위로 닦아낸다.
④ **입술 중간에서 외곽 부위로 닦아낸다.**

해설
입술 화장을 지울 때는 입술을 적당히 벌리고 가볍게 윗입술은 위에서 아래로, 아랫입술은 아래에서 위로, 외곽 부위에서 중앙으로 립스틱을 닦아낸다.

13 피부미용 역사에 대한 설명이 틀린 것은?

① 고대 이집트에서는 피부미용을 위해 천연재료를 사용하였다.

② 고대 그리스에서는 식이요법, 마사지, 운동, 목욕 등을 통해 건강을 유지하였다.

③ 고대 로마인은 청결과 장식을 중요시하여 오일, 향수, 화장이 생활의 필수품이었다.

✔ **국내의 피부미용이 전문화되기 시작한 것은 19세기 중반부터였다.**

해설
④ 1971년 '미가람'이라는 국내 최초의 피부관리실이 생겼다.

14 딥 클렌징과 가장 관련이 적은 것은?

✔ **더마스코프(dermascope)**

② 프리마톨(frimator)

③ 익스폴리에이션(exfoliation)

④ 디스인크러스테이션(disincrustation)

해설
① 더마스코프(스킨 스코프) : 피부 진단기
② 프리마톨 : 전동브러시를 이용한 딥 클렌징
③ 익스폴리에이션 : 물리적 익스폴리에이션(미세한 입자의 스크럽 제품, 부드러운 브러시를 사용하여 각질 제거)과 화학적 익스폴리에이션(AHA, BHA의 산성 성분을 사용하여 각질 제거) 두 가지로 나뉨
④ 디스인크러스테이션 : 갈바닉을 이용한 딥 클렌징

15 다음 중 클렌징의 목적과 가장 관계가 깊은 것은?

✔ **피지 및 노폐물 제거**

② 피부막 제거

③ 자외선으로부터 피부 보호

④ 잡티 제거

해설
클렌징의 목적은 피부 표면의 피지 및 노폐물, 메이크업을 제거하는 것이다.

16 셀룰라이트에 대한 설명이 틀린 것은?

① 노폐물 등이 정체되어 있는 상태

② 피하지방이 비대해져 정체되어 있는 상태

③ 소성결합조직이 경화되어 뭉쳐져 있는 상태

✔ **근육이 경화되어 딱딱하게 굳어있는 상태**

해설
셀룰라이트는 과도한 체액과 지방이 피하 부위에 침투함으로써 지방과 결합조직이 딱딱하게 굳어있는 상태이다.

17 세안 후 이마, 볼 부위가 당기며, 잔주름이 많고 화장이 잘 들뜨는 피부 유형은?

① 복합성 피부

✔ **건성 피부**

③ 노화 피부

④ 민감 피부

해설
건성 피부는 유·수분 부족으로 세안 후 이마, 볼 부위가 당기며, 잔주름이 많고, 화장이 밀착되지 못하고 들뜨는 현상이 있다.

18 피부관리에서 팩의 효과가 아닌 것은?

① 수분 및 영양 공급

② 각질 제거

✔ **치유작용**

④ 피부 청정작용

해설
③ 치유작용은 의료 영역이다.
팩은 수분 및 영양 공급, 각질 제거, 피부 청정작용 등 피부 상태를 개선시킨다.

19 다음 중 피지선이 분포되어 있지 않은 부위는?

✔ **손바닥**

② 코

③ 가슴

④ 이마

해설
손바닥과 발바닥은 피지선이 분포되어 있지 않다.

20 다음 중 원발진에 속하는 것은?

① 수포, 반점, 인설

② 수포, 균열, 반점

✔ **반점, 구진, 결절**

④ 반점, 가피, 구진

해설
원발진과 속발진
• 원발진 : 반점, 수포, 홍반, 구진, 결절, 낭종, 농포, 팽진
• 속발진 : 가피, 미란, 인설, 태선화, 찰상, 균열, 궤양

21 손발톱의 설명으로 틀린 것은?

① 정상적인 손발톱의 교체는 대략 6개월 가량 걸린다.

✔ **개인에 따라 성장의 속도는 차이가 있지만 매일 1mm가량 성장한다.**

③ 손끝과 발끝을 보호한다.

④ 물건을 잡을 때 받침대 역할을 한다.

> **해설**
> 손톱은 매일 약 0.1mm씩 한 달에 3mm가량 성장한다.

22 피부의 구조 중 콜라겐과 엘라스틴이 자리 잡고 있는 층은?

① 표피   ✔ **진피**

③ 피하조직   ④ 기저층

> **해설**
> 진피는 피부의 약 90%를 차지하는 층으로, 콜라겐, 엘라스틴, 기질 등으로 구성된다.

23 다음 중 세포재생이 더 이상 되지 않으며 기름샘과 땀샘이 없는 것은?

✔ **흉터**

② 티눈

③ 두드러기

④ 습진

> **해설**
> 흉터란 손상되었던 조직의 변화 상태로, 수술 또는 외상으로 인하여 진피의 깊은 층까지 손상을 입었을 때 생긴다. 기름샘과 땀샘이 없고, 세포재생이 되지 않는다.

24 비듬이나 때처럼 박리현상을 일으키는 피부층은?

① 표피의 기저층

② 표피의 과립층

✔ **표피의 각질층**

④ 진피의 유두층

> **해설**
> 표피의 각질층에서 4주 주기로 각질이 비듬이나 때처럼 떨어져 나간다.

25 다음 중 각질 이상에 의한 피부질환은?

① 주근깨(작반)

② 기미(간반)

③ **티눈**

④ 리일 흑피증

해설

주근깨와 기미, 리일 흑피증은 색소침착 현상이며, 티눈은 반복되는 마찰이나 압력을 받을 때 표피의 각질층이 과도하게 증식되어 생기는 각질 이상현상이다.

26 다음 중 감염성 피부질환인 두부백선의 병원체는?

① 리케차

② 바이러스

③ **사상균**

④ 원생동물

해설

두부백선의 병원체는 곰팡이균(사상균)으로 피부 표면에서 생존 · 증식한다.

27 다음 중 입모근과 가장 관련 있는 것은?

① 수분 조절

② **체온 조절**

③ 피지 조절

④ 호르몬 조절

해설

입모근은 신경의 자극으로 근육이 수축되면 털이 꼿꼿하게 세워져 체온의 손실을 막아준다.

28 성장호르몬에 대한 설명으로 틀린 것은?

① **분비 부위는 뇌하수체 후엽이다.**

② 기능 저하 시 어린이의 경우 저신장증이 된다.

③ 기능으로는 골, 근육, 내장의 성장을 촉진한다.

④ 분비 과다 시 어린이는 거인증, 성인의 경우 말단 비대증이 된다.

해설

성장호르몬의 분비 부위는 뇌하수체 전엽이다.

29 심장근을 무늬 모양과 의지에 따라 분류한 것으로 적절한 것은?

① 횡문근, 수의근

☑ **횡문근, 불수의근**

③ 평활근, 수의근

④ 평활근, 불수의근

해설
심근(심장근)은 심장벽의 근육으로 골격근보다 심근섬유가 짧고 가늘며, 횡문근이며 불수의근이다.

30 3대 영양소를 소화하는 모든 효소를 가지고 있으며, 인슐린(insulin)과 글루카곤(glucagon)을 분비하여 혈당량을 조절하는 기관은?

☑ **췌장**   ② 간장

③ 담낭   ④ 충수

해설
췌장은 외분비선으로서 각종 소화액이 포함된 이자액을 분비하여 십이지장으로 보내는 작용을 하며, 내분비샘인 랑게르한스섬이 있어 인슐린과 글루카곤을 분비하여 혈당을 일정하게 조절하는 역할을 한다.

31 인체의 골격은 약 몇 개의 뼈(골)로 이루어지는가?

☑ **약 206개**

② 약 216개

③ 약 265개

④ 약 365개

해설
인체는 206개의 뼈로 구성된다.

32 심장에 대한 설명 중 틀린 것은?

① 성인 심장은 무게가 평균 250~300g 정도이다.

② 심장은 심방중격에 의해 좌·우심방, 심실은 심실중격에 의해 좌·우심실로 나누어진다.

③ 심장은 2/3가 흉골 정중선에서 좌측으로 치우쳐 있다.

☑ **심장근육은 심실보다는 심방에서 매우 발달되어 있다.**

해설
사람의 심장은 위쪽에 2개의 심방과 아래쪽에 2개의 심실로 4개의 방으로 이루어져 있다. 심방과 심실은 혈액이 섞이지 않도록 좌우 분리되어 있으며 좌심방, 좌심실, 우심방, 우심실로 나뉘어 있다. 전신으로 혈액을 펌프질해 주어야 하는 좌심실을 둘러싸고 있는 근육층이 가장 두껍고 심방의 벽은 상대적으로 얇다.

33 세포 내 소기관 중에서 세포 내의 호흡생리를 담당하고, 이화작용과 동화작용에 의해 에너지를 생산하는 기관은?

✔ **미토콘드리아**

② 리보솜

③ 리소좀

④ 중심소체

해설

미토콘드리아(사립체)는 세포호흡이 일어나는 세포 소기관으로, 산소를 이용하여 영양소를 분해함으로써 세포가 이용할 수 있는 형태인 ATP를 생성한다.

34 신경계에 관한 내용 중 틀린 것은?

① 뇌와 척수는 중추신경계이다.

② 대뇌는 감각과 운동의 중추이다.

③ 척수로부터 나오는 31쌍의 척수신경은 말초신경을 이룬다.

✔ **척수의 전각에는 감각신경세포가 그리고 후각에는 운동신경세포가 분포한다.**

해설

척수의 전각에는 운동신경세포(운동뉴런)가 분포하며, 후각에는 감각신경세포(감각뉴런)가 분포한다.

35 이온토포레시스(iontophoresis)의 주 효과는?

① 세균 및 미생물을 살균시킨다.

✔ **고농축 유효성분을 피부 깊숙이 침투시킨다.**

③ 셀룰라이트를 감소시킨다.

④ 심부열을 증가시킨다.

해설

갈바닉 이온토포레시스 : 전기의 극성을 이용하여 유효성분을 침투시키는 작용

36 고주파 사용방법으로 옳은 것은?

✔ **스파킹(sparking)을 할 때는 거즈를 사용한다.**

② 스파킹을 할 때는 피부와 전극봉 사이의 간격을 7mm 이상으로 한다.

③ 스파킹을 할 때는 부도체인 합성섬유를 사용한다.

④ 스파킹을 할 때는 여드름용 오일은 면포에 도포한 후 사용한다.

해설

고주파 기기 사용 시 유의사항

• 스파킹을 할 때는 무알코올 토너를 바르고 오일은 바르지 않는다.

• 거즈를 안면에 덮고 피부와 전극봉 사이를 7mm 미만으로 하여 고객에게 충격이 가지 않게 시술한다.

• 스파킹은 살균·소독작용이 있어 박테리아를 없애며, 여드름과 농포가 있는 피부에 효과적이다.

37 직류(direct current)에 대한 설명으로 옳은 것은?

① 시간의 흐름에 따라 방향과 크기가 비대칭적으로 변한다.

② 변압기에 의해 승압 또는 강압이 가능하다.

③ 정현파 전류가 대표적이다.

✔ **지속적으로 한쪽 방향으로만 이동하는 전류의 흐름이다.**

해설

피부미용에 이용되는 전류
- 직류 : 시간이 지나도 전류의 방향과 세기가 일정하게 유지되는 전류
- 교류 : 전류가 흐르는 방향과 세기가 시간의 흐름에 따라 주기적으로 변하는 전류로, 정현파 전류, 감응 전류, 격동 전류 등이 있음

38 우드 램프 사용 시 피부의 색소침착을 나타내는 색깔은?

① 푸른색　　　② 보라색

③ 흰색　　　✔ **암갈색**

해설

피부 상태별 우드 램프의 색상

피부 상태	색상
정상 피부	청백색
건성 피부, 수분부족 피부	밝은(옅은) 보라색
민감성, 모세혈관 확장피부	진보라색
색소침착 피부	암갈색
노화된 각질	백색
피지, 면포, 지성 피부	주황(오렌지)색
화농성 여드름, 산화된 피지	담황색, 유백색(크림색)

39 다음 중 피부 분석기기가 아닌 것은?

✔ **고주파기**

② 우드 램프

③ 확대경

④ 유분 측정기

해설

고주파기는 피부관리를 위한 기기이다.

40 모세혈관 확장피부의 안면관리로 적당한 것은?

① 스티머(steamer)는 분무거리를 가까이 한다.

✔ **왁스나 전기마스크를 사용하지 않도록 한다.**

③ 혈관확장 부위는 안면진공흡입기를 사용한다.

④ 비타민 P의 섭취를 피하도록 한다.

해설

모세혈관 확장피부는 민감한 피부이므로 스티머, 왁스, 전기마스크, 안면진공흡입기 사용을 가급적 삼가한다. 비타민 P와 K를 섭취하여 혈관을 강화한다.

41 화장품의 제형에 따른 특징을 설명한 것으로 적절하지 않은 것은?

① 유화제품 – 물에 오일 성분이 계면활성제에 의해 우윳빛으로 백탁화된 상태의 제품

✔ **유용화 제품 – 물에 다량의 오일 성분이 계면활성제에 의해 현탁하게 혼합된 상태의 제품**

③ 분산제품 – 물 또는 오일 성분에 미세한 고체입자가 계면활성제에 의해 균일하게 혼합된 상태의 제품

④ 가용화 제품 – 물에 소량의 오일 성분이 계면활성제에 의해 투명하게 용해되어 있는 상태의 제품

> **해설**
> 화장품의 기술 및 제형에 따라 가용화 제품, 유화제품, 분산제품으로 나뉜다.

42 좋아하는 향수를 구입하여 샤워 후 바디에 나만의 향으로 산뜻하고 상쾌함을 유지시키고자 한다면, 부향률은 어느 정도로 하는 것이 좋은가?

✔ **① 1~3%**　② 3~5%

③ 6~8%　④ 9~12%

> **해설**
> 샤워 코롱은 샤워 후 가볍게 뿌리는 향수로 부향률이 1~3%이다.

43 대부분 O/W형 유화 타입이며, 오일 함량이 적어 여름철에 많이 사용하고 젊은 연령층이 선호하는 파운데이션은?

① 크림 파운데이션

② 파우더 파운데이션

③ 트윈 케이크

✔ **리퀴드 파운데이션**

> **해설**
> 리퀴드 파운데이션은 수분 함량이 많고 오일 함량이 적어 산뜻하며 자연스러운 화장에 적합하고 젊은 연령층이 선호한다.

44 보습제가 갖추어야 할 조건이 아닌 것은?

① 다른 성분과 혼용성이 좋을 것

✔ **휘발성이 있을 것**

③ 적절한 보습능력이 있을 것

④ 응고점이 낮을 것

> **해설**
> 보습제는 다른 성분과 혼용성이 좋아야 하며, 응고점이 낮은 것이 좋다. 보습제는 각질층의 보습을 증가시키는 작용을 하는데, 휘발성이 있으면 수분이 증발하므로 적합하지 않다.

45 진달래과의 월귤나무의 잎에서 추출한 하이드로퀴논 배당체로 멜라닌 활성을 도와주는 티로시나아제 효소의 작용을 억제하는 미백화장품의 성분은?

① 감마-오리자놀

✔ **알부틴**

③ AHA

④ 비타민 C

해설
알부틴은 티로신의 산화를 촉매하는 티로시나아제 효소의 작용을 억제하여 미백에 도움을 준다.

46 "피부에 대한 자극, 알레르기, 독성이 없어야 한다."는 내용은 화장품의 4대 요건 중 어느 것에 해당하는가?

✔ **안전성**　　② 안정성

③ 사용성　　④ 유효성

해설
화장품의 특성
• 안전성 : 피부에 바를 때 자극과 알레르기, 독성이 없어야 한다.
• 안정성 : 보관에 따른 화장품의 분리, 침전, 변색, 변취 등 변질이 없어야 한다.
• 사용성 : 피부에 대한 사용감과 제품의 편리성을 말한다.
• 유효성 : 사용 목적에 따른 효과와 기능을 말한다(주름 개선, 보습, 미백, 자외선 차단 등).

47 바디관리 화장품이 가지는 기능과 가장 거리가 먼 것은?

① 세정

② 트리트먼트

✔ **연마**

④ 일소 방지

해설
바디관리 화장품은 기능에 따라 세정효과, 신체 보호·보습효과, 체취 억제, 제모제 등으로 분류할 수 있다. 연마(돌이나 쇠붙이 따위를 갈고 닦아 표면을 반들반들하게 만듦)는 거리가 멀다.

48 다음 중 산업종사자와 직업병의 연결이 틀린 것은?

① 광부 - 진폐증

② 인쇄공 - 납 중독

✔ **용접공 - 규폐증**

④ 항공정비사 - 난청

해설
③ 용접공 : 망가니즈(망간) 중독

49 다음 중에서 접촉 감염지수(감수성 지수)가 가장 높은 질병은?

✓ **① 홍역**

② 소아마비

③ 디프테리아

④ 성홍열

> **해설**
> 감수성 지수는 면역성과 반대되는 개념으로 숙주가 병원체에 접촉되어 발병하는 비율을 말한다. 두창(천연두)과 홍역(95%) > 백일해(60~80%) > 성홍열(40%) > 디프테리아(10%) > 소아마비(폴리오 0.1%) 순이다.

50 인수공통감염병에 해당하는 것은?

① 천연두

② 콜레라

③ 디프테리아

✓ **④ 공수병**

> **해설**
> 인수공통감염병은 사람과 척추동물에서 공통으로 나타나는 질병으로, 공수병(개·여우·박쥐·설치류 등과 같은 작은 동물들), 야토병(토끼나 야생 설치류), 앵무병(앵무류의 새), 비저(말), 탄저병(반추동물·말·돼지 등), 브루셀라증(가축), 메르스, 코로나바이러스감염증-19 등이 있다.

51 매개 곤충과 전파하는 감염병의 연결이 틀린 것은?

① 쥐 – 유행성출혈열

② 모기 – 일본뇌염

✓ **③ 파리 – 사상충**

④ 쥐벼룩 – 페스트

> **해설**
> ③ 사상충은 모기에 의해 매개되는 질병이다.

52 다음 중 소독약품의 적정 희석농도가 틀린 것은?

① 석탄산 3%

② 승홍 0.1%

③ 알코올 70%

✓ **④ 크레졸 0.3%**

> **해설**
> 크레졸은 3% 수용액을 소독약으로 사용한다.

53 병원성 또는 비병원성 미생물 및 아포를 가진 것을 전부 사멸 또는 제거하는 것을 무엇이라 하는가?

  ✔ **멸균(sterilization)**
② 소독(disinfection)
③ 방부(antiseptic)
④ 정균(microbiostasis)

해설
소독 관련 용어
• 멸균 : 병원균이나 포자까지 완전히 사멸시켜 제거한다.
• 살균 : 미생물을 물리적, 화학적으로 급속히 죽이는 것(내열성 포자 존재)이다.
• 소독 : 유해한 병원균 증식과 감염의 위험성을 제거한다(포자는 제거되지 않음).
• 방부 : 병원성 미생물의 발육을 정지시켜 부패나 발효를 방지한다.
• 정균 : 세균의 증식을 저지하는 작용이다.

54 결핵환자의 객담 처리방법 중 가장 효과적인 것은?

  ✔ **소각법**
② 알코올 소독
③ 크레졸 소독
④ 매몰법

해설
소각법은 불에 태워 멸균시키는 방법으로 결핵환자의 객담은 휴지에 싸서 소각한다.

55 자외선의 작용이 아닌 것은?

① 살균작용
② 비타민 D 형성
③ 피부의 색소침착
  ✔ **아포 사멸**

해설
자외선의 영향
• 긍정적 영향 : 비타민 D 합성, 살균 및 소독, 강장효과, 혈액순환 촉진
• 부정적 영향 : 홍반, 피부 색소침착, 노화, 일광화상, 피부암

56 광역시 지역에서 이·미용업소를 운영하는 사람이 영업소의 소재지를 변경하고자 할 때의 조치사항으로 옳은 것은?

① 시장에게 변경허가를 받아야 한다.
② 관할 구청장에게 변경허가를 받아야 한다.
③ 기존 영업소를 폐업신고 한 뒤 시장에게 영업신고를 하면 된다.
  ✔ **관할 구청장에게 변경신고를 한다.**

해설
공중위생영업을 하고자 하는 자는 공중위생영업의 종류별로 보건복지부령이 정하는 시설 및 설비를 갖추고 시장·군수·구청장에게 신고하여야 한다. 보건복지부령이 정하는 중요사항을 변경하고자 하는 때에도 또한 같다(법 제3조 제1항).

57 다음 중 이·미용영업에 있어 벌칙기준이 다른 것은?

① 영업신고를 하지 아니한 자

② 영업소 폐쇄명령을 받고도 계속하여 영업을 한 자

③ 일부 시설의 사용중지 명령을 받고도 그 기간 중에 영업을 한 자

✔ **면허가 취소된 후 계속하여 업무를 행한 자**

해설
①, ②, ③ 1년 이하의 징역 또는 1천만 원 이하의 벌금(법 제20조 제2항)
④ 300만 원 이하의 벌금(법 제20조 제4항)

58 1회용 면도날을 2인 이상 손님에게 사용한 때의 1차 위반 시 행정처분기준은?

✔ **경고**   ② 영업정지 5일

③ 영업정지 10일   ④ 영업정지 1월

해설
행정처분기준(규칙 [별표 7])
소독을 한 기구와 소독을 하지 않은 기구를 각각 다른 용기에 넣어 보관하지 않거나 1회용 면도날을 2인 이상의 손님에게 사용한 경우
• 1차 위반 : 경고
• 2차 위반 : 영업정지 5일
• 3차 위반 : 영업정지 10일
• 4차 이상 위반 : 영업장 폐쇄명령

59 이·미용사 면허를 받을 수 없는 사람은?

① 전문대학 또는 이와 동등 이상의 학력이 있다고 교육부장관이 인정하는 학교에서 이·미용에 관한 학과를 졸업한 자

② 국가기술자격법에 의한 이·미용사 자격을 취득한 자

✔ **교육부장관이 인정하는 고등기술학교에서 6개월 이상 이·미용 과정을 이수한 자**

④ 고등학교 또는 이와 동등의 학력이 있다고 교육부장관이 인정하는 학교에서 이·미용에 관한 학과를 졸업한 자

해설
③ 고등학교 또는 이와 같은 수준의 학력이 있다고 교육부장관이 인정하는 학교에서 이용 또는 미용에 관한 학과를 졸업한 자(법 제6조 제1항)

60 이·미용기구의 소독기준 및 방법을 고시한 자는?

① 대통령

✔ **보건복지부장관**

③ 환경부장관

④ 보건소장

해설
이용기구 및 미용기구의 종류·재질 및 용도에 따른 구체적인 소독기준 및 방법은 보건복지부장관이 정하여 고시한다(규칙 [별표 3]).

01 딥 클렌징에 대한 설명으로 틀린 것은?

① 제품으로 효소, 스크럽 크림 등을 사용할 수 있다.

② **여드름성 피부나 지성 피부는 주 3회 이상 하는 것이 효과적이다.**

③ 피부 노폐물을 제거하고 피지의 분비를 조절하는 데 도움이 된다.

④ 건성, 민감성 피부는 2주에 1회 정도가 적당하다.

해설
여드름 및 지성 피부에 주 3회 이상의 과도한 딥 클렌징을 실시하면 피부에 자극을 주어 민감화를 초래할 수 있다.

03 매뉴얼 테크닉 작업 시 주의사항으로 옳은 것은?

① 동작은 강하게 하여 경직된 근육을 이완시킨다.

② 속도는 빠르게 하여 고객에게 심리적인 안정을 준다.

③ **손동작은 머뭇거리지 않도록 하며 손목이나 손가락의 움직임은 유연하게 한다.**

④ 매뉴얼 테크닉을 할 때는 반드시 마사지 크림을 사용하여 시술한다.

해설
매뉴얼 테크닉을 시술할 때는 쓰다듬기, 문지르기, 반죽하기, 두드리기, 떨기 동작을 적절히 사용하여 일정한 속도로 리듬을 맞추어 진행한다. 피부 타입에 맞게 마사지 크림이나 오일, 로션 등을 적절히 사용한다.

02 우드 램프에 의한 피부의 분석 결과 중 틀린 것은?

① 흰색 – 죽은 세포와 각질층의 피부

② 연한 보라색 – 건조한 피부

③ 오렌지색 – 여드름, 피지, 지루성 피부

④ **암갈색 – 산화된 피지**

해설
④ 암갈색 : 색소침착된 피부

04 피부 타입과 화장품의 연결이 틀린 것은?

① 지성 피부 – 유분이 적은 영양크림

② 정상 피부 – 영양과 수분크림

③ **민감 피부 – 지성용 데이크림**

④ 건성 피부 – 유분과 수분크림

해설
민감성 피부는 피부에 자극이 적은 민감성 피부용 크림으로 마무리한다.

05 다음 중 당일 적용한 피부관리 내용을 고객카드에 기록하고 자가 관리방법을 조언하는 단계는?

① 피부관리 계획 단계
② 피부 분석 및 진단 단계
③ 트리트먼트 단계
④ **마무리 단계**

해설
피부관리 시 마무리 단계에서 고객의 다음 관리 일정을 예약하고 자가 관리방법을 교육하며, 그날의 피부관리 내용을 기록하여 다음 피부관리의 효율을 높이는 작업을 한다.

06 매뉴얼 테크닉의 효과와 가장 거리가 먼 것은?

① 피부의 흡수능력을 확대시킨다.
② 심리적 안정감을 준다.
③ 혈액순환을 촉진한다.
④ **여드름이 정리된다.**

해설
④ 여드름 피부는 각질관리와 노폐물 배출을 통해 개선의 효과를 줄 수 있다.
매뉴얼 테크닉은 혈액순환과 신진대사를 촉진하고 피부의 흡수율을 높이며 심리적 안정을 준다.

07 일시적인 제모방법이 아닌 것은?

① 제모 크림
② 왁스
③ **전기응고술**
④ 족집게

해설
전기응고술은 고주파에서 발생하는 높은 열을 이용하여 모근의 세포를 파괴하는 방법으로 영구적 제모에 속한다.

08 천연팩에 대한 설명 중 틀린 것은?

① **사용할 횟수를 모두 계산하여 미리 만들어 준비해 둔다.**
② 신선한 무공해 과일이나 야채를 이용한다.
③ 만드는 방법과 사용법을 잘 숙지한 다음 제조한다.
④ 재료의 혼용 시 각 재료의 특성을 잘 파악한 다음 사용하여야 한다.

해설
천연팩은 보존제를 첨부하지 않으므로 변질 위험이 있어 사용 직전에 만들어 사용하는 것이 좋다.

09 클렌징에 대한 설명으로 가장 거리가 먼 것은?

① 피부 노폐물과 더러움을 제거한다.

② 피부 호흡을 원활히 하는 데 도움을 준다.

③ 피부 신진대사를 촉진한다.

✔ **피부 산성막 파괴에 도움을 준다.**

해설
클렌징은 피부의 노폐물, 피지 및 메이크업을 제거하는 작업으로 피부 산성막이 일시적으로 변할 수는 있으나 파괴하는 것은 아니다.

11 기초화장품의 사용 목적 및 효과와 가장 거리가 먼 것은?

① 피부의 청결 유지

② 피부 보습

③ 잔주름, 여드름 방지

✔ **여드름 치료**

해설
④ 여드름의 치료는 의료 영역이다.

10 딥 클렌징 시 유의사항으로 옳은 것은?

✔ **눈의 점막에 화장품이 들어가지 않도록 조심한다.**

② 딥 클렌징한 피부를 자외선에 직접 노출시킨다.

③ 흉터 재생을 위하여 상처 부위를 가볍게 문지른다.

④ 모세혈관 확장피부는 부작용증에 해당하지 않는다.

해설
딥 클렌징 시술 시 눈의 점막에 들어가지 않도록 하며 상처 부위, 모세혈관 확장 부위에는 시술을 피한다. 딥 클렌징 시술 후 자외선에 노출되면 피부에 자극이 갈 수 있으므로 주의한다.

12 림프 드레나지 기법 중 손바닥 전체 또는 엄지손가락을 피부 위에 올려놓고 앞쪽으로, 나선형으로 밀어내는 동작은 무엇인가?

① 정지상태 원동작

② 펌프 기법

③ 퍼 올리기 동작

✔ **회전 동작**

해설
① 정지상태 원동작 : 손가락 끝이나 손바닥 전체를 이용하여 림프순환 배출 방향으로 가벼운 압으로 쓸어 주는 동작
② 펌프 기법 : 손가락 끝에는 힘을 주지 않으며 손가락의 안쪽과 바닥을 이용하여 손목을 위로 움직이는 동작
③ 퍼 올리기 동작 : 손바닥을 펴고 손등이 아래로 향하게 하여 위쪽으로 올리면서 손목의 회전과 함께 위로 쓸어 올리듯이 하는 동작

13 제모관리 중 왁싱에 대한 내용과 가장 거리가 먼 것은?

① 겨드랑이 및 입술 주위의 털을 제거할 때는 하드왁스를 사용하는 것이 좋다.

② 콜드왁스(cold wax)는 데울 필요가 없지만 온왁스(warm wax)에 비해 제모 능력이 떨어진다.

③ 왁싱은 레이저를 이용한 제모와는 달리 모유두의 모모세포를 퇴행시키지 않는다.

④ 다리 및 팔 등의 넓은 부위의 털을 제거할 때에는 부직포 등을 이용한 온왁스가 적합하다.

해설

왁싱은 일시적인 제모방법이지만, 여러 번 반복하여 시술하면 모유두의 모모세포를 퇴행시켜 털이 얇아지게 된다.

14 온열 석고 마스크의 효과가 아닌 것은?

① 열을 내어 유효성분을 피부 깊숙이 흡수시킨다.

② 혈액순환을 촉진시켜 피부에 탄력을 준다.

③ 피지 및 노폐물 배출을 촉진한다.

④ 자극받은 피부에 진정효과를 준다.

해설

온열 석고 마스크 시술 시 열이 발생하므로 자극받은 피부에 더 자극을 줄 수 있다.

15 신체 각 부위별 매뉴얼 테크닉을 하는 경우 고려해야 할 유의사항과 가장 거리가 먼 것은?

① 피부나 근육, 골격에 질병이 있는 경우는 피한다.

② 피부에 상처나 염증이 있는 경우는 피한다.

③ 너무 피곤하거나 생리 중일 경우는 피한다.

④ 강한 압으로 매뉴얼 테크닉을 오래하여야 한다.

해설

매뉴얼 테크닉은 강약을 조절하여 리듬감 있게 시행하며 고객에 따라 적절한 시간 배분이 필요하다.

16 피부미용의 목적이 아닌 것은?

① 노화 예방을 통하여 건강하고 아름다운 피부를 유지한다.

② 심리적, 정신적 안정을 통해 피부를 건강한 상태로 유지시킨다.

③ 분장, 화장 등을 이용하여 개성을 연출한다.

④ 질환적 피부를 제외한 피부를 관리를 통해 상태를 개선시킨다.

해설

③ 메이크업의 목적이다.
피부미용은 인체의 기능을 정상적으로 유지·증진시키며, 안면 및 전신의 피부를 분석하고 관리하여 피부를 개선시키는 것이 목적이다.

17 클렌징 과정에서 제일 먼저 클렌징을 해야 할 부위는?

① 볼 부위   ✔ **눈 부위**

③ 목 부위   ④ 턱 부위

해설
클렌징 시 포인트 메이크업 리무버를 이용하여 눈과 입술의 화장을 가장 먼저 지운다.

18 피부 분석을 하는 목적은?

① 피부 분석을 통해 고객의 라이프 스타일을 파악하기 위해서

✔ **피부의 증상과 원인을 파악하여 올바른 피부관리를 하기 위해서**

③ 피부의 증상과 원인을 파악하여 의학적 치료를 하기 위해서

④ 피부 분석을 통해 운동 처방을 하기 위해서

해설
피부 분석의 목적은 고객의 피부 증상과 원인, 유형을 정확히 파악하여 올바른 피부관리를 시행하기 위함이다.

19 다음 중 적외선에 관한 설명으로 옳지 않은 것은?

① 혈류의 증가를 촉진시킨다.

② 피부에 생성물이 흡수되도록 돕는 역할을 한다.

✔ **노화를 촉진시킨다.**

④ 피부에 열을 가하여 피부를 이완시키는 역할을 한다.

해설
③ 자외선에 대한 설명이다.
적외선은 열을 이용하여 혈관을 확장시키고 혈액순환을 촉진하며 노폐물 배출을 용이하게 한다.

20 다음 중 자외선이 피부에 미치는 영향이 아닌 것은?

① 색소침착

② 살균효과

③ 홍반 형성

✔ **비타민 A 합성**

해설
자외선의 영향
• 긍정적 영향 : 비타민 D 합성, 살균 및 소독, 강장효과, 혈액순환 촉진
• 부정적 영향 : 홍반, 피부 색소침착, 노화, 일광화상, 피부암

21 피부에 있어 색소세포가 가장 많이 존재하고 있는 곳은?

① 표피의 각질층
② 표피의 기저층
③ 진피의 유두층
④ 진피의 망상층

해설
기저층에는 각질형성 세포, 멜라닌 세포(색소형성 세포), 머켈세포가 있다.

22 우리 피부의 세포가 기저층에서 생성되어 각질세포로 변화하여 피부 표면으로부터 떨어져 나가는 데 걸리는 기간은?

① 대략 60일
② 대략 28일
③ 대략 120일
④ 대략 280일

해설
피부의 각화 주기는 약 28일이다.

23 사춘기 이후에 주로 분비가 되며, 모공을 통하여 분비되어 독특한 체취를 발생시키는 것은?

① 소한선
② 대한선
③ 피지선
④ 갑상선

해설
대한선
• 진피의 깊숙한 곳에 분포하고 있으며, 모낭의 상부에 발달
• 사춘기 이후에 주로 발달
• 체취선이라고도 하며 단백질을 함유한 땀을 생성
• 소한선보다 크기가 크며 유기물을 다량 함유한 분비물이 배출

24 피지선에 대한 설명으로 틀린 것은?

① 피지를 분비하는 선으로 진피의 망상층에 위치한다.
② 피지선은 손바닥에는 없다.
③ 피지의 1일 분비량은 10~20g 정도이다.
④ 피지선이 많은 부위는 코 주위이다.

해설
피지선은 진피의 망상층에 위치하여 모낭에 연결되어 있으며, 1일 분비량은 1~2g 정도이다.

25 체내에 부족하면 괴혈병을 유발시키며, 피부와 잇몸에서 피가 나오게 하고 빈혈을 일으켜 피부를 창백하게 하는 것은?

① 비타민 A

② 비타민 B₂

③ **비타민 C**

④ 비타민 K

해설

비타민 C는 모세혈관벽을 간접적으로 튼튼하게 하며 결핍 시 괴혈병을 일으킨다.

26 한선에 대한 설명 중 틀린 것은?

① 체온 조절기능이 있다.

② 진피와 피하지방 조직의 경계 부위에 위치한다.

③ **입술을 포함한 전신에 존재한다.**

④ 에크린선과 아포크린선이 있다.

해설

에크린선(소한선)은 입술과 음부를 제외한 전신에 분포한다.

27 피부의 기능이 아닌 것은?

① 보호작용

② 체온 조절작용

③ **비타민 A 합성작용**

④ 호흡작용

해설

피부는 자외선에 의해 비타민 D 합성작용을 한다.

28 혈액의 구성 물질 중 혈액응고에 주로 관여하는 세포는?

① 백혈구

② 적혈구

③ **혈소판**

④ 헤마토크리트

해설

혈소판은 지혈 및 혈액응고에 관여한다.

29 눈살을 찌푸리고 이마에 주름을 짓게 하는 근육은?

① 구륜근

② 안륜근

✓ **추미근**

④ 이근

해설
① 구륜근(입둘레근) : 입을 벌리고 닫는 작용
② 안륜근(눈둘레근) : 눈을 감고 뜨는 작용
④ 이근(턱끝근) : 턱의 주름 형성

31 뇌신경과 척수신경은 각각 몇 쌍인가?

✓ **뇌신경 - 12, 척수신경 - 31**

② 뇌신경 - 11, 척수신경 - 31

③ 뇌신경 - 12, 척수신경 - 30

④ 뇌신경 - 11, 척수신경 - 30

해설
뇌신경 12쌍, 척수신경 31쌍이다.

30 피지의 세포 중 전해질 및 수분대사에 관여하는 염류피질호르몬을 분비하는 세포군은?

① 속상대

✓ **사구대**

③ 망상대

④ 경팽대

해설
부신피질의 가장 얇은 바깥층인 사구대(토리층)는 염류피질호르몬(염류코티코이드)이 분비된다.

32 다음 중 간의 역할로 가장 적절한 것은?

① 소화와 흡수 촉진

✓ **담즙의 생성과 분비**

③ 음식물의 역류 방지

④ 부신피질호르몬 생산

해설
간의 기능
• 소화액인 쓸개즙(담즙)을 분비
• 단백질, 탄수화물, 지방을 대사
• 글리코겐과 지용성 비타민 등을 저장
• 혈액응고인자 합성
• 혈액에서 노폐물과 독성물질 제거
• 혈액량 조절

33 다음 중 두개골(skull)을 구성하는 뼈로 알맞은 것은?

① 미골　　　　② 늑골
③ 사골　　　　④ 흉골

해설
사골은 두개골에 딸린 뼈의 하나이다.

34 물질 이동 시 물질을 이루고 있는 입자들이 스스로 운동하여 농도가 높은 곳에서 낮은 곳으로 액체나 기체 속을 분자가 퍼져나가는 현상은?

① 능동수송　　　② 확산
③ 삼투　　　　　④ 여과

해설
② 확산 : 농도가 높은 쪽에서 낮은 쪽으로 물질이 이동하여 균등하게 분포하는 현상
① 능동수송 : 세포막을 경계로 농도 기울기를 역행하여 물질을 이동시키는 방법
③ 삼투 : 반투과성 막을 사이에 두고 농도가 낮은 쪽에서 높은 쪽으로 용매가 이동하는 현상
④ 여과 : 에너지의 소모 없이 물질을 농도 높은 곳에서 낮은 곳으로 이동시키는 수동수송

35 전류에 대한 설명으로 틀린 것은?

① 전류의 방향은 도선을 따라 (+)극에서 (−)극 쪽으로 흐른다.
② 전류는 주파수에 따라 초음파, 저주파, 중주파, 고주파 전류로 나뉜다.
③ 전류의 세기는 1초 동안 도선을 따라 움직이는 전하량을 말한다.
④ 전자의 방향과 전류의 방향은 반대이다.

해설
전류는 주파수에 따라 저주파, 중주파, 고주파 전류로 나뉜다.

36 다음 중 진공흡입기(vacuum or suction)와 관련이 없는 것은?

① 피부에 적절한 자극을 주어 피부기능을 왕성하게 한다.
② 피지 제거, 불순물 제거에 효과적이다.
③ 민감성 피부나 모세혈관 확장증에 적용하면 좋은 효과가 있다.
④ 혈액순환 촉진, 림프순환 촉진에 효과가 있다.

해설
진공흡입기는 민감성 피부나 모세혈관 확장증, 개방된 상처에는 사용을 금지한다.

37 확대경에 대한 설명으로 틀린 것은?

① 피부 상태를 명확히 파악하게 하여 정확한 관리가 이루어지도록 해 준다.

☑ **확대경을 켠 후 고객의 눈에 아이패드를 착용시킨다.**

③ 열린 면포 또는 닫힌 면포 등을 제거할 때 효과적으로 이용할 수 있다.

④ 세안 후 피부 분석 시 아주 작은 결점도 관찰할 수 있다.

> **해설**
> 확대경 시술 시 고객의 눈에 자극이 가지 않도록 아이패드를 착용하고 확대경을 켠다.

38 갈바닉 전류의 음극에서 생성되는 알칼리를 이용하여 피부 표면의 피지와 모공 속의 노폐물을 세정하는 방법은?

① 이온토포레시스

② 리프팅 트리트먼트

☑ **디스인크러스테이션**

④ 고주파 트리트먼트

> **해설**
> 디스인크러스테이션은 갈바닉 전류 중 음극에서 생성되는 알칼리를 이용하여 피지와 모공 속의 노폐물을 용해하는 딥 클렌징 방법이다.

39 다음 중 여드름 발생 가능성이 가장 적은 화장품 성분은?

☑ **호호바 오일**

② 라놀린

③ 미네랄 오일

④ 이소프로필 팔미테이트

> **해설**
> 호호바 오일은 피지의 성분과 유사한 오일로 여드름성, 지성 피부의 마사지용으로 사용 가능하다.

40 다음 중 pH의 설명으로 옳은 것은?

☑ **어떤 물질의 용액 속에 들어 있는 수소 이온의 농도를 나타낸다.**

② 어떤 물질의 용액 속에 들어 있는 수소 분자의 농도를 나타낸다.

③ 어떤 물질의 용액 속에 들어 있는 수소 이온의 질량을 나타낸다.

④ 어떤 물질의 용액 속에 들어 있는 수소 분자의 질량을 나타낸다.

> **해설**
> pH(Potential of Hydrogen) : 어떤 물질의 용액 속에 들어 있는 수소이온의 농도

41 손을 대상으로 하는 제품 중 알코올을 주 베이스로 하며, 청결 및 소독을 주된 목적으로 하는 제품은?

① 핸드 워시(hand wash)

✓ **새니타이저(sanitizer)**

③ 비누

④ 핸드 크림

> **해설**
> 새니타이저는 손 소독제 제품으로 물을 사용하지 않고 손에 직접 바르며, 피부 청결 및 소독효과를 위해 사용한다.

42 클렌징 크림의 설명으로 옳지 않은 것은?

① 메이크업 화장을 지우는 데 사용한다.

✓ **클렌징 로션보다 유성 성분의 함량이 적다.**

③ 피지나 기름때와 같은 물에 잘 닦이지 않는 오염물질을 닦아내는 데 효과적이다.

④ 깨끗하고 촉촉한 피부를 위해서 비누로 세정하는 것보다 효과적이다.

> **해설**
> 클렌징 크림은 유성 성분이 다량 함유되어 있으며 짙은 화장이나 유용성 물질 제거에 용이하다.

43 다음 중 미백화장품에 사용되는 원료가 아닌 것은?

① 알부틴

② 코직산

✓ **레티놀**

④ 비타민 C 유도체

> **해설**
> 비타민 A(레티놀)는 피부 재생과 주름 개선에 효과적인 성분이다.

44 우드 램프(wood lamp) 사용 시 지성 부위의 코메도(comedo)는 어떤 색으로 보이는가?

① 흰색 형광

② 밝은 보라

✓ **노랑 또는 오렌지**

④ 자주색 형광

> **해설**
> 피부 상태별 우드 램프의 색상
>
> | 피부 상태 | 색상 |
> |---|---|
> | 정상 피부 | 청백색 |
> | 건성 피부, 수분부족 피부 | 밝은(옅은) 보라색 |
> | 민감성, 모세혈관 확장피부 | 진보라색 |
> | 색소침착 피부 | 암갈색 |
> | 노화된 각질 | 백색 |
> | 피지, 면포, 지성 피부 | 주황(오렌지)색 |
> | 화농성 여드름, 산화된 피지 | 담황색, 유백색(크림색) |

45 캐리어 오일로서 부적합한 것은?

① 미네랄 오일
② 살구씨 오일
③ 아보카도 오일
④ 포도씨 오일

해설
캐리어 오일은 식물성 오일을 사용한다. 미네랄 오일은 광물성 오일이다.

46 다음 중 화장품에 주로 사용되는 주요 방부제는?

① 에탄올
② 벤조산
③ 파라옥시안식향산메틸
④ BHT

해설
화장품에 주로 사용되는 방부제로는 파라옥시안식향산메틸, 파라옥시안식향산프로필, 이미디아졸리디닐우레아 등이 있다.

47 주름 개선 기능성 화장품의 효과와 가장 거리가 먼 것은?

① 피부탄력 강화
② 콜라겐 합성 촉진
③ 표피 신진대사 촉진
④ 섬유아세포 분해 촉진

해설
주름 개선 기능성 화장품은 섬유아세포의 활동을 촉진하여 콜라겐의 생성과 합성을 촉진시킨다.

48 공중보건학의 정의로 가장 적합한 것은?

① 질병 예방, 생명 연장, 질병 치료에 주력하는 기술이며 과학이다.
② 질병 예방, 생명 유지, 조기 치료에 주력하는 기술이며 과학이다.
③ 질병의 조기 발견, 조기 예방, 생명 연장에 주력하는 기술이며 과학이다.
④ 질병 예방, 생명 연장, 건강 증진에 주력하는 기술이며 과학이다.

해설
윈슬로(Winslow)의 정의에 따르면 공중보건학이란 조직화된 지역사회의 노력을 통하여 질병을 예방하고, 수명을 연장하며, 건강과 능률을 증진시키는 과학이자 기술이다.

49 성층권의 오존층을 파괴시키는 대표적인 가스는?

① 아황산가스
② 일산화탄소
③ 이산화탄소
✔ **염화불화탄소**

해설
염화불화탄소 또는 염화플루오린화탄소(CFC)는 염소와 불소를 포함한 일련의 유기 화합물을 총칭한다. '프레온'으로 불리는 CFC는 화학적으로 안정되고, 독성이 약하며, 금속을 부식시키지 않아서 냉장고, 에어컨의 냉매와 각종 스프레이의 분사제로 널리 사용되는데 오존층 파괴의 주범으로 지적된다.

50 기생충과 중간숙주의 연결이 틀린 것은?

① 광절열두조충 – 물벼룩, 송어
✔ **유구조충 – 오염된 풀, 소**
③ 폐흡충 – 민물게, 가재
④ 간흡충 – 쇠우렁, 잉어

해설
기생충과 중간숙주
• 유구조충(갈고리촌충) : 돼지고기
• 무구조충(민촌충) : 소고기

51 다음 중 질병 발생의 3대 요인은?

✔ **병인, 숙주, 환경**
② 숙주, 감염력, 환경
③ 감염력, 연령, 인종
④ 병인, 환경, 감염력

해설
질병 발생의 3대 요인 : 병인, 숙주, 환경

52 다음 중 소독에 영향을 가장 적게 미치는 인자는?

① 온도   ✔ **대기압**
③ 수분   ④ 시간

해설
소독에 영향을 미치는 인자 : 온도, 수분, 시간

53 다음 중 넓은 지역의 방역용 소독제로 적당한 것은?

✔ **석탄산**   ② 알코올
③ 과산화수소   ④ 역성비누

해설
② 알코올 : 피부, 기구의 소독
③ 과산화수소 : 피부 상처, 미생물 살균·소독
④ 역성비누 : 손 소독

54 100℃ 이상 고온의 수증기를 고압상태에서 미생물, 포자 등과 접촉시켜 멸균할 수 있는 것은?

① 자외선 소독기
② 건열멸균기
③ **고압증기멸균기**
④ 자비소독기

> **해설**
> 고압증기멸균법 : 2기압 121℃에서 15~20분 동안 멸균하는 방법으로 아포까지 사멸된다.

55 이·미용업소에서 손님이 보기 쉬운 곳에 게시하지 않아도 되는 것은?

① 개설자의 면허증 원본
② 이·미용업 신고증
③ **사업자 등록증**
④ 이·미용 요금표

> **해설**
> 공중위생영업자가 준수하여야 하는 위생관리기준 등 (규칙 [별표 4])
> • 영업소 내부에 이·미용업 신고증 및 개설자의 면허증 원본을 게시하여야 한다.
> • 영업소 내부에 최종지급요금표를 게시 또는 부착하여야 한다.

56 영업정지처분을 받고도 그 영업정지 기간 중 영업을 한 때에 대한 1차 위반 시 행정처분기준은?

① 영업정지 10일   ② 영업정지 20일
③ 영업정지 1월   ④ **영업장 폐쇄명령**

> **해설**
> 행정처분기준(규칙 [별표 7])
> 영업정지처분을 받고도 그 영업정지 기간에 영업을 한 경우
> 1차 위반 시 : 영업장 폐쇄명령

57 이·미용사의 면허증을 다른 사람에게 대여한 때의 행정처분 사항은?

① 시·도지사가 그 면허를 취소하거나 6월 이내의 기간을 정하여 면허정지를 명할 수 있다.
② 시·도지사가 그 면허를 취소하거나 1년 이내의 기간을 정하여 면허정지를 명할 수 있다.
③ **시장·군수·구청장이 그 면허를 취소하거나 6월 이내의 기간을 정하여 면허정지를 명할 수 있다.**
④ 시장·군수·구청장이 그 면허를 취소하거나 1년 이내의 기간을 정하여 면허정지를 명할 수 있다.

> **해설**
> 시장·군수·구청장은 이용사 또는 미용사가 면허증을 다른 사람에게 대여한 때에는 그 면허를 취소하거나 6월 이내의 기간을 정하여 그 면허의 정지를 명할 수 있다(법 제7조 제1항).

58 모기를 매개 곤충으로 하여 일으키는 질병이 아닌 것은?

① 말라리아　　② 사상충증
③ 일본뇌염　　✔ **발진티푸스**

해설
발진티푸스는 리케차 프로와제키균에 감염된 '이'를 매개로 하는 감염병이다.

59 이·미용사가 영업소 외의 장소에서 이·미용 업무를 할 수 있는 경우가 아닌 것은?

① 질병으로 영업소까지 나올 수 없는 자에 대한 이·미용
② 혼례에 참여하는 자에 대하여 그 의식 직전에 행하는 이·미용
✔ **긴급한 사유로 국외에 출타하는 자에 대한 이·미용**
④ 시장·군수·구청장이 특별한 사정이 있다고 인정하는 경우에 행하는 이·미용

해설
영업소 외에서의 이용 및 미용 업무(규칙 제13조)
• 질병·고령·장애나 그 밖의 사유로 영업소에 나올 수 없는 자에 대하여 이용 또는 미용을 하는 경우
• 혼례나 그 밖의 의식에 참여하는 자에 대하여 그 의식 직전에 이용 또는 미용을 하는 경우
• 사회복지시설에서 봉사활동으로 이용 또는 미용을 하는 경우
• 방송 등의 촬영에 참여하는 사람에 대하여 그 촬영 직전에 이용 또는 미용을 하는 경우
• 이외에 특별한 사정이 있다고 시장·군수·구청장이 인정하는 경우

60 이·미용사의 면허를 받기 위한 자격요건으로 틀린 것은?

① 초·중등교육법령에 따른 고등기술학교에서 1년 이상 이·미용에 관한 소정의 과정을 이수한 자
✔ **이·미용에 관한 업무에 3년 이상 종사한 경험이 있는 자**
③ 국가기술자격법에 의한 이·미용사의 자격을 취득한 자
④ 전문대학에서 이·미용에 관한 학과를 졸업한 자

해설
이·미용사 면허 발급 대상자(법 제6조 제1항)
• 전문대학 또는 이와 같은 수준 이상의 학력이 있다고 교육부장관이 인정하는 학교에서 이용 또는 미용에 관한 학과를 졸업한 자
• 「학점인정 등에 관한 법률」에 따라 대학 또는 전문대학을 졸업한 자와 같은 수준 이상의 학력이 있는 것으로 인정되어 같은 법에 따라 이용 또는 미용에 관한 학위를 취득한 자
• 고등학교 또는 이와 같은 수준의 학력이 있다고 교육부장관이 인정하는 학교에서 이용 또는 미용에 관한 학과를 졸업한 자
• 초·중등교육법령에 따른 특성화고등학교, 고등기술학교나 고등학교 또는 고등기술학교에 준하는 각종학교에서 1년 이상 이용 또는 미용에 관한 소정의 과정을 이수한 자
• 「국가기술자격법」에 의한 이용사 또는 미용사 자격을 취득한 자

01 매뉴얼 테크닉의 효과와 가장 거리가 먼 것은?

① 혈액순환 촉진
② 피부결의 연화 및 개선
③ 심리적 안정
④ 주름 제거

해설
매뉴얼 테크닉의 효과
- 혈액순환 촉진
- 근육 이완 및 통증 완화 효과로 심리적 안정
- 노폐물과 노화된 각질 제거
- 주름 등 피부 상태 개선

02 딥 클렌징의 효과와 가장 거리가 먼 것은?

① 모공의 노폐물 제거
② 화장품의 피부 흡수를 도와줌
③ 노화된 각질 제거
④ 심한 민감성 피부의 민감도 완화

해설
딥 클렌징은 노화된 각질과 모공의 노폐물 제거 후 화장품의 피부 흡수를 용이하게 해 준다.

03 팩의 제거방법에 따른 분류가 아닌 것은?

① 티슈 오프 타입(tissue-off type)
② 석고 마스크 타입(gypsum mask type)
③ 필 오프 타입(peel-off type)
④ 워시 오프 타입(wash-off type)

해설
팩은 제거하는 방법에 따라 필 오프, 티슈 오프, 워시 오프 타입으로 나뉜다.

04 클렌징 시술에 대한 내용 중 틀린 것은?

① 포인트 메이크업 제거 시 아이 립 메이크업 리무버를 사용한다.
② 방수(waterproof) 마스카라를 한 고객의 경우에는 오일 성분의 아이 메이크업 리무버를 사용하는 것이 좋다.
③ 클렌징 동작 중 원을 그리는 동작은 얼굴의 위를 향할 때 힘을 빼고 내릴 때는 힘을 준다.
④ 클렌징 동작은 근육결에 따르고, 머리 쪽을 향하게 하는 것에 유념한다.

해설
클렌징은 근육결 방향으로 하고, 클렌징 동작 중 원을 그리는 동작은 피부에 주름이 생기거나 처지지 않도록 아래로 내릴 때 힘을 빼준다.

05 피부 분석표 작성 시 피부 표면의 혈액순환 상태에 따른 분류 표시가 아닌 것은?

① 홍반 피부(erythrosis skin)
② 심한 홍반 피부(couperose skin)
③ 주사성 피부(rosacea skin)
✔ **과색소 피부(hyperpigmentation skin)**

해설
과색소 피부는 멜라닌 색소 증가가 원인이다.

06 화장수의 도포 목적 및 효과로 옳은 것은?

✔ **피부 본래의 정상적인 pH 밸런스를 맞추어 주며 다음 단계에 사용할 화장품의 흡수를 용이하게 한다.**
② 죽은 각질세포를 쉽게 박리시키고 새로운 세포 형성 촉진을 유도한다.
③ 혈액순환을 촉진시키고 수분 증발을 방지하여 보습효과가 있다.
④ 항상 피부를 pH 5.5 약산성으로 유지시켜 준다.

해설
화장수의 도포 목적은 수분 공급, pH 조절, 피부 정돈이다. 화장수는 다음 단계의 화장품 흡수를 용이하게 해준다.

07 신체 각 부위 관리에서 매뉴얼 테크닉의 효과와 가장 거리가 먼 것은?

① 혈액순환 및 림프순환 촉진
② 근육의 이완 및 강화
✔ **피부의 염증과 홍반 증상의 예방**
④ 심리적 안정감을 통한 스트레스 해소

해설
피부의 염증이 심하거나 홍반 증상이 있는 경우 매뉴얼 테크닉 시 악화될 수 있으므로 가급적 피한다.

08 피부미용의 역사에 대한 설명으로 옳은 것은?

① 르네상스 시대 – 비누의 사용이 보편화
② 이집트 시대 – 약초 스팀법의 개발
✔ **로마시대 – 향수, 오일, 화장이 생활의 필수품으로 등장**
④ 중세시대 – 매뉴얼 테크닉 크림 개발

해설
서양의 피부미용 역사
• 중세 : 아로마의 시초가 되는 약초 스팀법 개발
• 근대 : 비누의 사용이 보편화
• 현대 : 마사지 크림 제조(1901년), 샴푸 생산(1907년)

09 다음 중 피부미용에서의 딥 클렌징에 속하지 않는 것은?

① 스크럽
② 엔자임
③ AHA
✔ **크리스털 필**

해설
크리스털 필은 의료행위로 병원에서 행해지는 딥 클렌징이다.

10 피부 유형을 결정하는 요인이 아닌 것은?

✔ **얼굴형**
② 피부조직
③ 피지 분비
④ 모공

해설
피부 유형은 피부조직, 피부의 유·수분량, 피지선과 한선의 기능에 따라 결정된다.

11 클렌징 제품에 대한 설명이 틀린 것은?

✔ **클렌징 밀크는 O/W 타입으로 친유성이며 건성, 노화, 민감성 피부에만 사용할 수 있다.**
② 클렌징 오일은 일반 오일과 다르게 물에 용해되는 특성이 있고 탈수 피부, 민감성 피부, 약건성 피부에 사용하면 효과적이다.
③ 비누는 사용 역사가 가장 오래된 클렌징 제품이고 종류가 다양하다.
④ 클렌징 크림은 친유성과 친수성이 있으며 친유성은 반드시 이중 세안을 해서 클렌징 제품이 피부에 남아 있지 않도록 해야 한다.

해설
클렌징 밀크는 O/W형으로 친수성이고 자극이 적어 모든 피부에 적합하다(건성, 노화, 민감성 피부에 사용 가능).

12 일시적 제모에 해당하지 않는 것은?

① 족집게
② 제모용 크림
③ 왁싱
✔ **레이저 제모**

해설
레이저 제모는 모모세포를 영구적으로 파괴시키는 영구적 제모법이다.

13 팩에 대한 내용으로 적절하지 않은 것은?

①✔ **건성 피부에는 진흙팩이 적합하다.**

② 팩은 사용 목적에 따른 효과가 있어야 한다.

③ 팩 재료는 부드럽고 바르기 쉬워야 한다.

④ 팩의 사용에 있어서 안전하고 독성이 없어야 한다.

해설
진흙팩(머드팩, 클레이팩)은 피지를 흡착하는 기능이 있어 지성 피부에 적합하다.

14 카르테(고객카드) 작성에 반드시 기입되어야 할 사항과 가장 거리가 먼 것은?

① 성명, 생년월일, 주소, 전화번호

② 직업, 가족사항, 환경, 기호식품

③ 건강 상태, 정신 상태, 병력, 화장품

④✔ **취미, 특기사항, 재산 정도**

해설
고객카드 작성은 고객 상담을 토대로 효율적인 피부관리를 실행하기 위한 것으로, 재산은 기입되어야 할 사항과 가장 거리가 멀다.

15 림프 드레나지의 주 대상이 되지 않는 피부는?

① 모세혈관 확장피부

② 튼 피부

③✔ **감염성 피부**

④ 부종이 있는 셀룰라이트 피부

해설
감염성 피부는 림프 드레나지뿐만 아니라 모든 마사지를 적용하지 않는 것이 좋다.

16 안면관리 시 제품의 도포 순서로 가장 바르게 연결된 것은?

① 앰플 → 로션 → 에센스 → 크림

② 크림 → 에센스 → 앰플 → 로션

③ 에센스 → 로션 → 앰플 → 크림

④✔ **앰플 → 에센스 → 로션 → 크림**

해설
화장품 도포 시 피부에 수분 함량이 많은 것부터 유분 함량이 많은 제품 순으로 도포하여 흡수를 높인다.

17 셀룰라이트(cellulite)에 대한 설명 중 틀린 것은?

① 오렌지 껍질 피부 모양으로 표현된다.
② 주로 여성에게 많이 나타난다.
③ 주로 허벅지, 둔부, 상완 등에 많이 나타나는 경향이 있다.
④ 스트레스가 주원인이다.

> **해설**
> 셀룰라이트의 발생 원인으로는 비정상적인 호르몬의 영향과 혈액순환의 부진, 신진대사의 문제, 유전적인 요인 등이 있다. 셀룰라이트는 복부, 대퇴부와 둔부에 축적되는 지방의 변형 세포로, 주로 여성에게 발생하며 노폐물과 체액이 지방세포와 결합되어 오렌지 껍질과 같이 피부 표면이 울퉁불퉁하게 나타난다.

18 다리 제모의 방법으로 틀린 것은?

① 머슬린 천을 이용할 때는 수직으로 세워서 떼어낸다.
② 대퇴부는 윗부분부터 밑부분으로 각 길이를 이등분 정도 나누어 내려가며 실시한다.
③ 무릎 부위는 세워놓고 실시한다.
④ 종아리는 고객을 엎드리게 한 후 실시한다.

> **해설**
> 머슬린 천을 이용할 때는 가급적 수평으로 떼어내야 털이 끊기는 것을 방지할 수 있다.

19 피부의 색소와 관계가 가장 먼 것은?

① 에크린
② 멜라닌
③ 카로틴
④ 헤모글로빈

> **해설**
> 신체 피부의 색은 멜라닌 색소, 카로틴, 헤모글로빈 등에 영향을 받는다.

20 다음 중 땀샘의 역할이 아닌 것은?

① 체온 조절
② 분비물 배출
③ 땀 분비
④ 피지 분비

> **해설**
> ④ 피지는 모공을 통해 배출된다.
> 땀샘은 땀의 배출을 통해 체온을 조절하고 노폐물을 배설한다.

21 각질형성 세포의 일반적 각화 주기는?

① 약 1주

② 약 2주

③ 약 3주

✔ **약 4주**

해설
일반적인 피부의 각화 주기는 약 4주, 28일이다.

22 콜라겐과 엘라스틴이 주성분으로 이루어진 피부조직은?

① 표피 상층

② 표피 하층

✔ **진피조직**

④ 피하조직

해설
진피의 구성

교원섬유 (콜라겐)	• 진피의 약 90% 차지 • 콜라겐은 피부와 연골 힘줄 등을 구성하는 요소로 2/3를 차지하며, 단백질과 다당류의 유기 화합물로 구성
탄력섬유 (엘라스틴)	• 진피의 약 2~5% 차지 • 피부에 탄력성을 주는 역할(스프링 역할) • 황색을 띠며, 각종 화학물질에 대해 저항력이 강함
기질	• 진피의 섬유성분과 세포 사이를 채우고 있는 물질 • 주성분 : 히알루론산, 콘드로이틴 황산, 헤파린 황산 • 세포를 섬유 성분과 연결하여 증식, 조직재생, 분화 등에 영향을 줌

23 어부들에게 피부의 노화가 조기에 나타나는 가장 큰 원인은?

① 생선을 너무 많이 섭취하여서

✔ **햇볕에 많이 노출되어서**

③ 바다에 오존 성분이 많아서

④ 바다의 일에 과로하여서

해설
어부들은 작업 환경상 햇볕에 많이 노출되어 자외선에 의한 광노화가 조기에 나타난다.

24 광노화 현상이 아닌 것은?

① 표피 두께 증가

② 멜라닌 세포 이상 항진

✔ **체내 수분 증가**

④ 진피 내의 모세혈관 확장

해설
광노화란 장시간 자외선에 노출되어 발생하는 피부조직의 변화로, 수분이 증발하여 건조가 심해지고 피부가 거칠어지는 것이 특징이다.

25 피부의 천연보습인자(NMF)의 구성 성분 중 가장 많은 분포를 나타내는 것은?

   ☑ **아미노산**
   ② 요소
   ③ 피롤리돈 카르본산
   ④ 젖산염

> **해설**
> 피부의 천연보습인자(NMF ; Natural Moisturizing Factor)는 피부 표피의 각질세포에 있는 아미노산과 이들의 대사산물(부산물)들로 구성되며, 각질층에서 수분을 붙잡는 역할을 도와준다. 아미노산 40%, 피롤리돈 카르본산 12%, 젖산염 12%, 요소 7%, 나트륨 5%, 칼륨, 암모니아, 칼슘, 마그네슘, 기타 성분으로 구성되어 있다.

26 표피에서 촉감을 감지하는 세포는?

   ① 멜라닌 세포
   ☑ **머켈 세포**
   ③ 각질형성 세포
   ④ 랑게르한스 세포

> **해설**
> 머켈 세포는 표피의 기저층에 위치하며 신경섬유의 말단과 연결되어 있어 촉각을 감지하는 세포로 작용한다.

27 우리 몸의 대사과정에서 배출되는 노폐물, 독소 등이 배설되지 못하고 피부조직에 남아 비만으로 보이며 림프순환이 원인인 피부 현상은?

   ① 쿠퍼로즈   ② 켈로이드
   ③ 알레르기   ☑ **셀룰라이트**

> **해설**
> ① 쿠퍼로즈 : 모세혈관 확장피부
> ② 켈로이드 : 진피 내 섬유성 조직이 과성장하여 결절 형태로 튀어나오는 현상으로 흉터가 아물면서 피부가 솟아오르는 것
> ③ 알레르기 : 특정의 항원에 의해 항체가 생산된 결과 항원에 대한 이상한 병적 반응을 나타내는 현상

28 담즙을 만들어 포도당을 글리코겐으로 저장하는 소화기관은?

   ☑ **간**   ② 위
   ③ 충수   ④ 췌장

> **해설**
> 간은 담즙을 생성하여 담낭에 보관하였다가 십이지장으로 분비하여 소화를 돕는다.

29 세포막을 통한 물질 이동방법 중 수동적 방법에 해당하는 것은?

① 음세포 작용

② 능동수송

✔ **확산**

④ 식세포 작용

해설
세포막을 통한 수동수송은 확산, 삼투, 여과 등의 이동을 말한다.
세포막을 통한 물질 이동
• 확산 : 농도가 높은 곳에서 낮은 곳으로 퍼지는 것
• 삼투 : 반투과성 막을 사이에 두고 농도가 낮은 쪽에서 높은 쪽으로 용매가 이동하는 현상
• 여과 : 막 내외의 압력의 차가 있을 때 압력의 높은 곳에서 낮은 쪽으로 막을 통해서 액체가 이동하는 물리적인 현상

30 다음 중 중추신경계를 구성하는 것은?

① 중뇌와 대뇌

✔ **뇌와 척수**

③ 교감신경과 뇌간

④ 뇌간과 척수

해설
중추신경계통은 뇌와 척수로 구성되는데, 이들은 후두골의 대공을 경계로 서로 연결되어 있다.

31 다음 중 배부(back)의 근육이 아닌 것은?

① 승모근   ② 광배근

③ 견갑거근   ✔ **비복근**

해설
비복근은 종아리 뒷부분의 큰 근육, 일명 장딴지근이라고도 한다.

32 골격계에 대한 설명 중 옳지 않은 것은?

① 인체의 골격은 약 206개의 뼈로 구성된다.

② 체중의 약 20%를 차지하며 골, 연골, 관절 및 인대를 총칭한다.

③ 기관을 둘러싸서 내부 장기를 외부의 충격으로부터 보호한다.

✔ **골격에서는 혈액세포를 생성하지 않는다.**

해설
골 내부의 골수는 조혈기관으로 적혈구, 혈소판 및 백혈구를 생성한다.

33 다리의 혈액순환 이상으로 피부밑에 형성되는 검푸른 상태를 무엇이라 하는가?

① 혈관 축소

② 심박동 증가

③ 하지정맥류

④ 모세혈관 확장증

해설
하지정맥류는 하지정맥 일방 판막 기능장애로 인해 혈액이 역류하는 것을 포함하여 하지의 표재 정맥이 비정상적으로 부풀어 꼬불꼬불해져 있는 상태를 가리키는 질환이다.

34 남성의 2차 성장에 영향을 주는 성스테로이드 호르몬으로, 두정부 모발의 발육을 억제시키고 피지 분비를 촉진시키는 것은?

① 알도스테론(aldosterone)

② 에스트로겐(estrogen)

③ 테스토스테론(testosterone)

④ 프로게스테론(progesterone)

해설
테스토스테론은 남성 고환의 라이디히 세포에서 생성되는 스테로이드 호르몬으로, 남성의 2차 성징을 자극하며 정자 형성을 촉진한다. 또한 근육을 발달시키고 유지하며, 두정부 모발의 발육을 억제시키고 피지 분비를 촉진시키는 등의 역할을 한다.

35 고형의 파라핀을 녹이는 파라핀기의 적용 범위가 아닌 것은?

① 손 관리

② 혈액순환 촉진

③ 살균

④ 팩 관리

해설
파라핀을 이용한 관리는 손발관리에 사용되며, 팩처럼 파라핀이 손발을 감싸주어 혈액순환을 돕고 표피에 습윤작용을 한다.

36 컬러테라피의 색상 중 활력, 세포재생, 신경 긴장 완화, 호르몬 대사조절 효과를 나타내는 것은?

① 주황색

② 노란색

③ 보라색

④ 초록색

해설
주황색은 신진대사 촉진, 세포재생 및 활성화, 신경 긴장 완화, 내분비선 기능 조절 등의 효과가 있으며, 건성, 튼살, 알레르기성, 예민 피부관리에 도움을 준다.

37 다음 중 전류와 관련된 설명으로 가장 거리가 먼 것은?

① 전류의 세기는 1초에 한 점을 통과하는 전하량으로 나타낸다.

② 전류의 단위는 A(암페어)를 사용한다.

③ 전류는 전압과 저항이라는 두 개의 요소에 의한다.

④ **전류는 낮은 전류에서 높은 전류로 흐른다.**

해설

전류와 전자의 이동
• 전류의 흐름 : (+)극에서 (−)극으로 이동
• 전자의 흐름 : (−)극에서 (+)극으로 이동

38 브러시(프리마톨)의 사용방법으로 적절하지 않은 것은?

① 브러시는 피부에 90° 각도로 사용한다.

② **건성, 민감성 피부는 빠른 회전수로 사용한다.**

③ 회전 속도는 얼굴은 느리게, 신체는 빠르게 한다.

④ 사용 후에는 즉시 중성세제로 깨끗하게 세척한다.

해설

프리마톨은 건성·민감성 피부에 자극이 될 수 있으므로 회전 속도를 느리게 하거나, 사용을 제한한다.

39 피부미용기기를 적용하지 않는 경우와 가장 거리가 먼 것은?

① 임산부

② 알레르기, 피부 상처, 피부 질병이 진행 중인 경우

③ **지성 피부**

④ 치아, 뼈, 보철 등 몸속에 금속장치를 지닌 경우

해설

③ 지성 피부는 피부미용기기를 통해 피부 상태를 개선시킬 수 있다.

피부미용기기를 적용하지 않는 경우 : 임산부, 알레르기, 피부 상처 부위, 피부 질병이 진행 중인 경우, 치아, 뼈, 보철 등 몸속에 금속장치를 지닌 경우 등

40 피부 분석 시 사용하는 기기가 아닌 것은?

① pH 측정기

② 우드 램프

③ **초음파 기기**

④ 확대경

해설

초음파 기기는 관리기기로 세정효과, 리프팅 효과, 피부 탄력 증가, 지방 분해에 사용된다.

41 화장품 제조의 3가지 주요 기술이 아닌 것은?

① 가용화 기술
② 유화 기술
③ 분산 기술
④ **용융 기술**

해설
④ 용융 기술 : 고체가 액체로 녹는 것
화장품 제조의 3가지 기술은 가용화, 유화, 분산이다.

42 다음 중 옳은 설명을 모두 고른 것은?

가. 자외선 차단제에는 물리적 차단제와 화학적 차단제가 있다.
나. 물리적 차단제에는 벤조페논, 옥시벤존, 옥틸디메틸파바 등이 있다.
다. 화학적 차단제는 피부에 유해한 자외선을 흡수하여 피부 침투를 차단하는 방법이다.
라. 물리적 차단제는 자외선이 피부에 흡수되지 못하도록 피부 표면에서 빛을 반사 또는 산란시키는 방법이다.

① 가, 나, 다   ② **가, 다, 라**
③ 가, 나, 라   ④ 나, 다, 라

해설
자외선 차단성분
• 물리적 차단제(자외선 산란제) : 이산화타이타늄, 산화아연
• 화학적 차단제(자외선 흡수제) : 벤조페논, 옥시벤존, 옥틸디메틸파바 등

43 에센셜 오일의 추출방법이 아닌 것은?

① 수증기 증류법
② **혼합법**
③ 압착법
④ 용제 추출법

해설
에센셜 오일의 추출법으로 수증기 증류법, 압착법, 용제 추출법 등이 사용된다.

44 기능성 화장품의 주요 효과가 아닌 것은?

① 피부 주름 개선에 도움을 준다.
② 자외선으로부터 보호한다.
③ **피부를 청결히 하여 피부 건강을 유지한다.**
④ 피부 미백에 도움을 준다.

해설
기능성 화장품
• 피부에 멜라닌 색소가 침착하는 것을 방지하여 기미 · 주근깨 등의 생성을 억제함으로써 피부의 미백에 도움을 주는 기능을 가진 화장품
• 피부에 침착된 멜라닌 색소의 색을 엷게 하여 피부의 미백에 도움을 주는 기능을 가진 화장품
• 피부에 탄력을 주어 피부의 주름을 완화 또는 개선하는 기능을 가진 화장품
• 강한 햇볕을 방지하여 피부를 곱게 태워주는 기능을 가진 화장품
• 자외선을 차단 또는 산란시켜 자외선으로부터 피부를 보호하는 기능을 가진 화장품

45 다음 중 향료의 함유량이 가장 적은 것은?

① 퍼퓸(perfume)

② 오드 투왈렛(eau de toilet)

③ 샤워 코롱(shower cologne)

④ 오드 코롱(eau de cologne)

해설
향수의 농도에 따른 분류
퍼퓸 > 오드 퍼퓸 > 오드 투왈렛 > 오드 코롱 > 샤워 코롱

46 팩제의 사용 목적이 아닌 것은?

① 팩제가 건조하는 과정에서 피부에 심한 긴장을 준다.

② 일시적으로 피부의 온도를 높여 혈액순환을 촉진한다.

③ 노화한 각질층 등을 팩제와 함께 제거시키므로 피부 표면을 청결하게 할 수 있다.

④ 피부의 생리기능에 적극적으로 작용하여 피부에 활력을 준다.

해설
팩제는 건조과정에서 피부에 일정한 긴장감을 주어 탄력에 도움을 주며 노폐물을 탈락시키는 효과가 있다. 다만 민감성 피부는 사용을 자제하는 것이 좋다.

47 화장품에서 요구되는 4대 품질 특성이 아닌 것은?

① 안전성   ② 안정성

③ 보습성   ④ 사용성

해설
화장품의 4대 요건 : 안전성, 안정성, 사용성, 유효성

48 주로 7~9월에 많이 발생되며, 어패류가 원인이 되어 발병·유행하는 식중독은?

① 포도상구균 식중독

② 살모넬라 식중독

③ 보툴리누스균 식중독

④ 장염비브리오 식중독

해설
① 포도상구균 식중독 : 엔테로톡신을 생성하는 균에 의해서 발병하는 독소형 식중독
② 살모넬라 식중독 : 주로 생고기, 가금류, 달걀, 살균하지 않은 우유 등 섭취 시 감염
③ 보툴리누스균 식중독 : 통조림, 소시지 등 식품의 혐기성 상태에서 발육하여 신경독소를 분비하여 중독이 되는 식중독

49 다음 중 실내 공기의 오염 지표로 주로 측정되는 것은?

① N_2

② NH_3

③ CO

☑ **CO_2**

해설

실내 공기의 오염 지표로 CO_2(이산화탄소)를 사용한다.

50 법정 감염병상 제2급에 해당되지 않는 감염병은?

① 풍진

☑ **황열**

③ 세균성 이질

④ 장티푸스

해설

② 황열 : 제3급 감염병

51 예방접종에 있어서 디피티(DPT)와 무관한 질병은?

① 디프테리아

② 파상풍

☑ **결핵**

④ 백일해

해설

③ 결핵 : BCG 예방접종(살아 있는 결핵균을 약화시켜 얻은 백신)

DPT : 디프테리아(Diphtheria), 백일해(Pertussis), 파상풍(Tetanus)을 예방하기 위한 백신이다.

52 훈증소독법에 대한 설명 중 틀린 것은?

☑ **분말이나 모래, 부식되기 쉬운 재질 등을 멸균할 수 있다.**

② 가스나 증기를 사용한다.

③ 화학적 소독방법이다.

④ 위생해충 구제에 많이 이용된다.

해설

훈증소독법은 식품에 살균가스를 뿌려 미생물과 해충을 죽이는 화학적 소독방법이다.

53 100% 크레졸 비누액을 환자의 배설물, 토사물, 객담 소독을 위한 소독용 크레졸 비누액 100mL로 조제하는 방법으로 가장 적합한 것은?

① 크레졸 비누액 0.5mL + 물 99.5mL
② **크레졸 비누액 3mL + 물 97mL**
③ 크레졸 비누액 10mL + 물 90mL
④ 크레졸 비누액 50mL + 물 50mL

해설
환자의 배설물, 토사물, 객담 소독 시 크레졸 3% 용액을 사용하는 것이 적합하다. 따라서 크레졸 비누액 3mL, 물 97mL로 제조한다.

54 질병 발생의 3대 요소가 아닌 것은?

① 병인
② 환경
③ 숙주
④ **유전**

해설
질병 발생의 3대 요인 : 병인, 환경, 숙주

55 화학약품으로 소독 시 약품의 구비조건이 아닌 것은?

① 살균력이 있을 것
② 부식성, 표백성이 없을 것
③ 경제적이고 사용방법이 간편할 것
④ **용해성이 낮을 것**

해설
소독약의 구비조건
• 살균력이 강해야 한다(미량으로도 효과가 클 것).
• 부식성과 표백성이 없어야 한다.
• 경제적이고 사용방법이 간편해야 한다.
• 용해성이 높고, 안정성이 있어야 한다.

56 손님의 얼굴, 머리, 피부 및 손톱·발톱 등을 손질하여 손님의 외모를 아름답게 꾸미는 영업에 해당하는 것은?

① **미용업**
② 피부미용업
③ 메이크업
④ 종합미용업

해설
미용업 : 손님의 얼굴, 머리, 피부 및 손톱·발톱 등을 손질하여 손님의 외모를 아름답게 꾸미는 영업

57 손님에게 도박 그 밖에 사행행위를 하게 한 때의 1차 위반 행정처분기준은?

✔️ ① **영업정지 1월**

② 영업정지 2월

③ 영업장 폐쇄명령

④ 영업허가 취소

해설

행정처분기준(규칙 [별표 7])
손님에게 도박 그 밖에 사행행위를 하게 한 경우
• 1차 위반 : 영업정지 1월
• 2차 위반 : 영업정지 2월
• 3차 위반 : 영업장 폐쇄명령

58 이·미용업소의 위생관리 의무를 지키지 않은 경우 과태료 기준은?

① 50만 원 이하의 과태료에 처한다.

② 60만 원 이하의 과태료에 처한다.

③ 150만 원 이하의 과태료에 처한다.

✔️ ④ **200만 원 이하의 과태료에 처한다.**

해설

과태료(법 제22조 제2항)
다음의 어느 하나에 해당하는 자는 200만 원 이하의 과태료에 처한다.
• 이·미용업소의 위생관리 의무를 지키지 아니한 자
• 영업소 외의 장소에서 이용 또는 미용 업무를 행한 자
• 위생교육을 받지 아니한 자

59 공중위생관리법상 위생교육은 1년에 몇 시간을 받아야 하는가?

① 2시간

✔️ ② **3시간**

③ 5시간

④ 6시간

해설

위생교육은 집합교육과 온라인 교육을 병행하여 실시하되, 교육시간은 3시간으로 한다(규칙 제23조 제1항).

60 다음 중 이·미용 업무를 보조할 수 있는 자는?

① 공인 이·미용학원에서 3개월 이상 이·미용에 관한 강습을 받은 자

② 이·미용업소에 취업하여 6개월 이상 이·미용에 관한 기술을 수습한 자

✔️ ③ **이·미용업소에서 이·미용사의 감독 하에 이·미용 업무를 보조하고 있는 자**

④ 시장·군수·구청장이 보조원이 될 수 있다고 인정하는 자

해설

이·미용사의 업무범위 등(법 제8조)
• 이용사 또는 미용사의 면허를 받은 자가 아니면 이용업 또는 미용업을 개설하거나 그 업무에 종사할 수 없다. 다만, 이용사 또는 미용사의 감독을 받아 이용 또는 미용 업무의 보조를 행하는 경우에는 그러하지 아니하다.
• 이용 및 미용의 업무는 영업소 외의 장소에서 행할 수 없다. 다만, 보건복지부령이 정하는 특별한 사유가 있는 경우(규칙 제13조)에는 그러하지 아니하다.

01 매뉴얼 테크닉의 종류 중 기본 동작이 아닌 것은?

① 두드리기(tapotement)
② 문지르기(friction)
③ 흔들어 주기(vibration)
✓ **누르기(press)**

해설
매뉴얼 테크닉 기본 동작 : 쓰다듬기(effleurage), 문지르기(friction), 흔들어 주기(vibration), 반죽하기(petrissage), 두드리기(tapotement)

02 팩 사용 시 주의사항이 아닌 것은?

① 피부 타입에 맞는 팩제를 사용한다.
✓ **잔주름 예방을 위해 눈 위에 직접 덧바른다.**
③ 한방팩, 천연팩 등은 즉석에서 만들어 사용한다.
④ 안에서 바깥 방향으로 바른다.

해설
팩 사용 시 눈가에는 아이크림 등을 바르고 아이패드를 올려준다. 입술은 립제품을 바르고 팩을 도포한다. 팩 도포 시 눈이나 코, 입에 들어가거나 흘러내리지 않도록 주의해야 한다.

03 파우더 타입의 머드팩에 대한 설명이 옳은 것은?

① 유분을 공급하므로 노화, 재생관리가 필요한 피부에 사용한다.
✓ **피지를 흡착하고 살균, 소독 및 항염작용이 있어 지성 및 여드름 피부에 사용한다.**
③ 항염작용이 있어 민감 피부에 사용한다.
④ 보습작용이 뛰어나 눈가나 입술 부위에 사용한다.

해설
파우더 타입의 머드팩은 피지 흡착능력이 있어 노폐물을 제거하고 살균, 소독 및 항염작용이 있어 지성 및 여드름 피부에 적합하다.

04 클렌징 로션에 대한 설명으로 옳은 것은?

① 사용 후 반드시 비누 세안을 한다.
② 친유성 에멀션(W/O 타입)이다.
③ 눈화장이나 입술 화장을 지울 때 주로 사용한다.
✓ **민감성 피부에도 적합하다.**

해설
클렌징 로션 : 친수성(O/W 타입)이며 모든 피부에 적용 가능하여 민감성 피부에도 적합하다.

05 습포의 효과에 대한 내용과 가장 거리가 먼 것은?

① 온습포는 모공을 확장시키는 데 도움을 준다.
② 온습포는 혈액순환 촉진, 적절한 수분 공급의 효과가 있다.
③ 냉습포는 모공을 수축시키며 피부를 진정시킨다.
④ **온습포는 팩 제거 후 사용하면 효과적이다.**

[해설]
④ 팩 제거 후에는 냉습포를 사용하면 효과적이다.

06 매뉴얼 테크닉 방법에 대한 설명으로 옳지 않은 것은?

① 규칙적인 리듬과 속도를 유지하면서 관리한다.
② **전신에 대한 매뉴얼 테크닉은 강하면 강할수록 효과가 좋다.**
③ 전신 매뉴얼 테크닉은 림프절이 흐르는 방향으로 실시한다.
④ 전신에 손바닥을 밀착시키고 체간(몸통)을 이용하여 관리한다.

[해설]
매뉴얼 테크닉 시술 시 압력이 너무 강하면 모세혈관이나 림프관에 손상을 줄 수 있으며, 압력이 약하거나 속도가 빠르면 효과가 없으므로 적절히 힘의 분배와 강도를 조절한다.

07 매뉴얼 테크닉을 적용할 수 있는 경우는?

① 피부나 근육, 골격에 질병이 있는 경우
② 골절상으로 인한 통증이 있는 경우
③ 염증성 질환이 있는 경우
④ **피부에 셀룰라이트가 있는 경우**

[해설]
피부나 근육, 골격에 질병이 있는 경우, 골절상으로 인한 통증이나 염증성 질환이 있는 경우에는 매뉴얼 테크닉을 적용하지 않는 것이 좋다.

08 피부 상담 시 고려해야 할 점으로 가장 거리가 먼 것은?

① 관리 시 생길 수 있는 만약의 경우에 대비하여 병력사항을 반드시 상담하고 기록해 둔다.
② 피부관리 유경험자의 경우 그동안의 관리 내용에 대해 상담하고 기록해 둔다.
③ 여드름을 비롯한 문제성 피부 고객의 경우 과거 병원치료나 약물치료의 경험이 있는지 기록하고 피부관리 계획표 작성에 참고한다.
④ **필요한 제품을 판매하기 위해 고객이 사용하는 화장품의 종류를 체크한다.**

[해설]
고객이 사용하고 있는 화장품의 종류를 점검하는 이유는 홈케어가 고객의 피부 유형에 맞게 적절히 진행되고 있는지 확인하기 위함이다.

09 매뉴얼 테크닉의 효과가 아닌 것은?

① 내분비 기능의 조절
② 결체조직에 긴장과 탄력성 부여
③ 혈액순환 촉진
④ 반사작용의 억제

해설
손과 발에 매뉴얼 테크닉을 적용하면 인체 부위의 반사구에 효과를 볼 수 있다.

10 건성 피부의 관리방법으로 가장 거리가 먼 것은?

① 알칼리성 비누를 이용하여 자주 세안을 한다.
② 화장수는 알코올 함량이 적고 보습기능이 강화된 제품을 사용한다.
③ 클렌징 제품은 부드러운 밀크 타입이나 유분기가 있는 크림 타입을 선택하여 사용한다.
④ 세라마이드, 호호바 오일, 아보카도 오일, 알로에베라, 히알루론산 등의 성분이 함유된 화장품을 사용한다.

해설
알칼리성 비누는 피부의 산성 피지막을 파괴하고 유분과 수분을 과하게 제거하므로 피부의 면역성과 건조증 문제를 일으킬 수 있다.

11 피부미용의 영역이 아닌 것은?

① 신체 각 부위 관리
② 레이저 필링
③ 눈썹 정리
④ 제모

해설
레이저 필링은 의료 영역이다.

12 세안에 대한 설명으로 틀린 것은?

① 클렌징제의 선택이나 사용방법은 피부 상태에 따라 고려되어야 한다.
② 청결한 피부는 피부관리 시 사용되는 여러 영양성분의 흡수를 돕는다.
③ 피부 표면은 pH 4.5~6.5로서 세균의 번식이 쉬워 문제 발생이 잘 되므로 세안을 잘해야 한다.
④ 세안은 피부관리에 있어서 가장 먼저 행하는 과정이다.

해설
피부 표면은 약산성인 pH 4.5~6.5를 유지하는 것이 좋다. 피부 표면이 알칼리성일 때 세균의 번식이 쉽다.

13 림프 드레나지를 적용할 수 있는 경우에 해당되는 것은?

① 림프절이 심하게 부어있는 경우
② 감염성의 문제가 있는 피부
③ 열이 있는 감기 환자
✔ **④ 여드름이 있는 피부**

해설
림프 드레나지는 손을 이용하여 림프의 이동을 촉진시키는 방법으로 손상되지 않은 림프선이 있는 구역의 림프 운동성을 증가시킴으로써 부동액을 제거하고, 붓지 않은 부분을 가볍게 마사지함으로써 정체되어 부어있는 곳에 있는 림프액이 쉽게 유입될 수 있는 환경을 만들어준다. 부종이 있는 피부, 모세혈관 확장피부, 여드름 피부도 적용이 가능하다.

14 다음 중 피부 유형에 맞는 화장품 선택이 아닌 것은?

① 건성 피부 – 유분과 수분이 많이 함유된 화장품
② 민감성 피부 – 향, 색소, 방부제를 함유하지 않거나 적게 함유된 화장품
③ 지성 피부 – 피지조절제가 함유된 화장품
✔ **④ 정상 피부 – 오일이 함유되어 있지 않은 오일 프리(oil free) 화장품**

해설
정상 피부는 유·수분의 균형을 유지할 수 있도록 유·수분이 함유된 화장품을 사용한다.

15 다음 중 뜨거운 물로 세안할 때의 효과가 아닌 것은?

✔ **① 모공 수축**
② 혈관 확장
③ 노폐물 배출
④ 각질 제거 용이

해설
① 모공 수축은 차가운 물의 세정효과이다.

16 제모 시 유의사항이 아닌 것은?

① 염증이나 상처, 피부질환이 있는 경우는 하지 말아야 한다.
② 장시간의 목욕이나 사우나 직후는 피한다.
③ 제모 부위는 유분기와 땀을 제거한 다음 완전히 건조된 후 실시한다.
✔ **④ 제모한 부위는 즉시 물로 깨끗하게 씻어주어야 한다.**

해설
제모한 부위는 진정 젤을 발라주어 자극을 최소화하며, 24시간 이내에 사우나, 목욕, 햇빛 자극 등은 삼가한다.

17 수요법(water trerapy, hydrotherapy) 시 지켜야 할 수칙이 아닌 것은?

☑ **식사 직후에 행한다.**

② 수요법은 대개 5분에서 30분까지가 적당하다.

③ 수요법에 전에 잠깐 쉬도록 한다.

④ 수요법 후에는 물을 마시도록 한다.

해설
수요법은 식사 직후에는 피하는 것이 좋다.

18 다음 중 물리적 딥 클렌징이 아닌 것은?

① 스크럽제

② 브러시(프리마톨)

☑ **AHA(Alpha Hydroxy Acid)**

④ 고마쥐

해설
AHA는 화학적인 딥 클렌징 방법으로 사탕수수 추출물, 발효우유 추출물, 사과산, 주석산(포도), 감귤 추출물 (구연산) 등을 이용하여 노폐물과 각질을 제거하는 방법이다.

19 건강한 손톱에 대한 설명으로 틀린 것은?

① 바닥에 강하게 부착되어야 한다.

② 단단하고 탄력이 있어야 한다.

☑ **윤기가 흐르며 노란색을 띠어야 한다.**

④ 아치 모양을 형성해야 한다.

해설
건강한 손톱은 연한 핑크빛을 띠고 투명해야 한다.

20 천연보습인자의 설명으로 틀린 것은?

① NMF(Natural Moisturizing Factor) 라고 한다.

② 피부의 수분 보유량을 조절한다.

③ 아미노산, 젖산, 요소 등으로 구성되어 있다.

☑ **수소이온농도의 지수유지를 말한다.**

해설
천연보습인자(NMF)는 아미노산, 젖산, 요소 등으로 구성되어 있으며, 피부의 수분 보유량을 조절한다.

21 진피의 함유 성분으로 우수한 보습능력을 지니며 피부관리 제품에도 많이 함유되어 있는 것은?

① 알코올(alcohol)

② 콜라겐(collagen)

③ 판테놀(panthenol)

④ 글리세린(glycerine)

해설

콜라겐(교원섬유)은 진피의 주성분으로 주름에 영향을 주며, 보습작용이 우수하다.

23 다음 중 피부 표면의 pH에 가장 큰 영향을 주는 것은?

① 각질 생성

② 침의 분비

③ 땀의 분비

④ 호르몬의 분비

해설

에크린한선(소한선)에서 분비되는 땀은 pH 3.8~5.6의 약산성으로 세균 번식을 억제한다.

22 피부의 기능에 대한 설명으로 틀린 것은?

① 인체 내부 기관을 보호한다.

② 체온을 조절한다.

③ 감각을 느끼게 한다.

④ 비타민 B를 생성한다.

해설

피부에 자외선을 조사하면 프로비타민 D가 비타민 D로 전환된다. 적절한 양의 햇빛은 비타민 D를 생성하는데, 비타민 D는 뼈와 근육에 중요한 역할을 하며 구루병을 예방할 수 있다.

24 탄수화물에 대한 설명으로 적절하지 않은 것은?

① 당질이라고도 하며 신체의 중요한 에너지원이다.

② 장에서 포도당, 과당 및 갈락토스로 흡수된다.

③ 지나친 탄수화물의 섭취는 신체를 알칼리성 체질로 만든다.

④ 탄수화물의 소화흡수율은 99%에 가깝다.

해설

탄수화물의 지나친 섭취는 신체를 산성 체질로 만든다.

25 원주형의 세포가 단층으로 이어져 있으며 각질형성 세포와 색소형성 세포가 존재하는 피부 세포층은?

✔ 기저층   ② 투명층

③ 각질층   ④ 유극층

> **해설**
> 기저층은 표피의 가장 아래층으로 진피의 유두층으로부터 영양분을 공급받는다. 각질형성 세포와 멜라닌형성 세포가 4 : 1∼10 : 1의 비율로 존재한다.

26 다음 중 표피층에 존재하는 세포가 아닌 것은?

① 각질형성 세포

② 멜라닌 세포

③ 랑게르한스 세포

✔ 비만세포

> **해설**
> 비만세포는 피부의 진피층(결합조직)에 존재하며 알레르기 반응을 일으키는 주요 원인이 되는 세포이다.

27 인체에 있어 피지선이 전혀 없는 곳은?

① 이마   ② 코

③ 귀   ✔ 손바닥

> **해설**
> 손바닥과 발바닥에는 피지선이 없다.

28 골격계의 형태에 따른 분류로 옳은 것은?

✔ 장골(긴뼈) – 상완골(위팔뼈), 요골(노뼈), 척골(자뼈), 대퇴골(넙다리뼈), 경골(정강뼈), 비골(종아리뼈) 등

② 단골(짧은뼈) – 슬개골(무릎뼈), 대퇴골(넙다리뼈), 두정골(마루뼈) 등

③ 편평골(납작뼈) – 척주골(척주뼈), 관골(광대뼈) 등

④ 종자골(종강뼈) – 전두골(이마뼈), 후두골(뒤통수뼈), 두정골(마루뼈), 견갑골(어깨뼈), 늑골(갈비뼈) 등

> **해설**
> ② 단골(짧은뼈) : 수근골(손목뼈), 족근골(발목뼈) 등
> ③ 편평골(납작뼈) : 두개골(머리뼈), 흉골(복장뼈) 등
> ④ 종자골(종강뼈) : 슬개골(무릎뼈)

29 비뇨기계에서 배출기관의 순서를 바르게 표현한 것은?

① 신장 – 요관 – 요도 – 방광

② 신장 – 요도 – 방광 – 요관

✔ 신장 – 요관 – 방광 – 요도

④ 신장 – 방광 – 요도 – 요관

> **해설**
> 신장(소변 생성) → 요관(연동운동) → 방광(소변 일시적 저장) → 요도(소변을 체외로 배출)

30 인체에서 방어작용에 관여하는 세포는?

① 적혈구

✔ **백혈구**

③ 혈소판

④ 항원

해설

백혈구는 세균 등을 혈관으로 끌어들여 무력화시키는 식균작용, 항체 생산과 감염으로부터 신체를 보호하는 방어(면역)작용을 한다.

31 폐에서 이산화탄소를 내보내고 산소를 받아들이는 역할을 수행하는 순환은?

✔ **폐순환**　　② 체순환

③ 전신순환　　④ 문맥순환

해설

심장의 혈액순환

대순환 (체순환)	• 좌심실 → 대동맥 → 동맥 → 소동맥 → 모세혈관 → 전신 → 소정맥 → 정맥 → 대정맥 → 우심방 • 산소와 결합된 혈액을 신체의 각 조직에 공급하거나 산소와 유리된 혈액을 조직으로부터 회수하는 혈관회로
소순환 (폐순환)	• 우심실 → 폐동맥 → 폐 → 모세혈관 → 폐정맥 → 좌심방 • 모세혈관 내의 혈액은 폐포로 들어온 산소와 결합하고 이산화탄소를 방출하는 가스 교환작용

32 성인의 척수신경은 모두 몇 쌍인가?

① 12쌍

② 13쌍

③ 30쌍

✔ **31쌍**

해설

척수신경은 총 31쌍(경신경 8쌍, 흉신경 12쌍, 요신경 5쌍, 천골신경 5쌍, 미골신경 1쌍)으로 구성되어 있다.

33 다음 설명 중 옳지 않은 것은?

✔ **소화란 포도당을 산화하여 에너지를 생산하는 과정이다.**

② 소화란 탄수화물은 단당류로, 단백질은 아미노산 등으로 분해하는 과정이다.

③ 소화란 유기물들이 소장의 융모상피가 흡수할 수 있는 크기로 잘리는 과정을 말한다.

④ 소화계에는 입과 위, 소장은 물론 간과 췌장도 포함한다.

해설

소화란 섭취한 음식물을 분해하여 영양분을 흡수하기 쉬운 형태로 변화시키는 작용이다.

34 근육은 어떤 작용으로 움직일 수 있는가?

① 수축에 의해서만 움직인다.

② 이완에 의해서만 움직인다.

✓ **수축과 이완에 의해서 움직인다.**

④ 성장에 의해서만 움직인다.

해설

근육은 수축과 이완에 의해 움직일 수 있다.

35 스티머 사용 시 주의해야 할 사항으로 틀린 것은?

✓ **오존이 함께 장착되어 있는 경우 스팀이 나오기 전 오존을 미리 켜 두어야 한다.**

② 일광에 손상된 피부나 감염이 있는 피부에는 사용을 금한다.

③ 수조 내부를 세제로 씻지 않도록 한다.

④ 물은 반드시 정수된 물을 사용하도록 한다.

해설

스티머 사용 시 스팀 분사를 시작한 후 오존 스위치를 켜도록 하고, 정제수를 사용한다.

36 진공흡입기(suction)의 효과로 틀린 것은?

① 피부를 자극하여 한선과 피지선의 기능을 활성화시킨다.

✓ **영양물질을 피부 깊숙이 침투시킨다.**

③ 림프순환을 촉진하여 노폐물을 배출한다.

④ 면포나 피지를 제거한다.

해설

진공흡입기는 피부를 자극하여 한선과 피지선의 기능을 활성화하고 림프순환을 촉진하며, 적절한 압력을 가하여 노폐물, 면포나 피지를 효과적으로 배출하는 데 도움을 주는 피부관리기기이다.

37 전동브러시(frimator)의 올바른 사용방법이 아닌 것은?

① 모세혈관 확장피부에는 사용하지 않는다.

② 브러시를 미지근한 물에 적신 후 사용한다.

✓ **손목에 힘을 주어 눌러가며 돌려준다.**

④ 사용한 브러시는 비눗물로 세척 후 물기를 제거하고 소독기로 소독한 후 보관한다.

해설

전동브러시는 피부 표면에 수직으로 세워 가볍게 밀착시킨 후 손목에 힘을 빼고 원을 그리며 사용한다.

38 우드 램프에 대한 설명으로 틀린 것은?

① 피부 분석을 위한 기기이다.

✔ **밝은 곳에서 사용하여야 한다.**

③ 클렌징한 후 사용하여야 한다.

④ 자외선을 이용한 기기이다.

> **해설**
> 우드 램프는 피부 상태를 분석하는 기기로, 주위의 빛을 차단하고 자외선을 피부에 비추었을 때 고객의 피부 상태에 따라 다양한 색상을 나타내는 것을 관찰할 수 있다.

39 갈바닉(galvanic) 기기의 음극 효과로 틀린 것은?

✔ **모공의 수축**

② 피부의 연화

③ 신경의 자극

④ 혈액 공급의 증가

> **해설**
> 갈바닉 기기의 효과

갈바닉 (+)극 anode	갈바닉 (−)극 cathode
• 산성 반응	• 알칼리성 반응
• 진정, 수렴, 염증 예방	• 피부 연화, 활성화 작용
• 모공 수축, 혈관 수축	• 모공 세정 및 피지 용해,
• 조직 강화, 신경안정	혈관 확장
• 피부탄력 효과	• 조직 이완, 신경 자극
	• 혈액순환 촉진

40 고주파 전류의 주파수(진동수)를 측정하는 단위는?

① W(와트) ② A(암페어)

③ Ω(옴) ✔ **Hz(헤르츠)**

> **해설**
> 고주파기는 주파수 100,000Hz 이상의 교류 전류를 이용한 기기이다.

41 캐리어 오일에 대한 설명으로 틀린 것은?

① 캐리어는 운반이란 뜻으로 캐리어 오일은 마사지 오일을 만들 때 필요한 오일이다.

② 베이스 오일이라고도 한다.

✔ **에센셜 오일을 추출할 때 오일과 분류되어 나오는 증류액을 말한다.**

④ 에센셜 오일의 향을 방해하지 않도록 향이 없어야 하고 피부흡수력이 좋아야 한다.

> **해설**
> 캐리어 오일(베이스 오일)은 에센셜 오일을 피부 속으로 운반시켜 주며, 마사지 오일을 만들 때 혼합한다. 에센셜 오일의 향을 방해하지 않도록 향이 없어야 하고 피부흡수력이 좋아야 한다. 종류로 호호바 오일, 스위트 아몬드 오일, 아보카도 오일 등이 있다.

42 계면활성제에 대한 설명으로 옳은 것은?

① 계면활성제는 일반적으로 둥근 머리 모양의 소수성기와 막대 꼬리 모양의 친수성기를 가진다.

② 계면활성제의 피부에 대한 자극은 양쪽성 > 양이온성 > 음이온성 > 비이온성의 순으로 감소한다.

③ **비이온성 계면활성제는 피부 자극이 적어 화장수의 가용화제, 크림의 유화제, 클렌징 크림의 세정제 등에 사용된다.**

④ 양이온성 계면활성제는 세정작용이 우수하여 비누, 샴푸 등에 사용된다.

해설
① 계면활성제는 둥근 머리 모양의 친수성기와 막대 꼬리 모양의 소수성기를 가진다.
② 피부의 자극은 양이온 > 음이온 > 양쪽성 > 비이온 순이다.
④ 음이온 계면활성제는 세정력이 우수하고, 양이온 계면활성제는 살균력과 정전기 방지효과가 좋다.

43 다음 중 냉각기에 의해 제조된 제품은?

① **립스틱**　　② 화장수
③ 아이섀도　　④ 에센스

해설
안료와 레이크를 유성 성분에 섞어 잘 분쇄하고 혼합하여 향료를 첨가한 후 성형기에 붓고 급속 냉각시키면 굳어져 쉽게 성형기에서 립스틱이 떨어져 나온다.

44 화장품의 분류와 사용 목적, 제품이 일치하지 않는 것은?

① 모발 화장품 – 정발 – 헤어 스프레이
② 방향 화장품 – 향취 부여 – 오드 코롱
③ 메이크업 화장품 – 색채 부여 – 네일 에나멜
④ **기초화장품 – 피부 정돈 – 클렌징 폼**

해설
④ 기초화장품 – 피부 정돈 – 화장수(수렴화장수, 유연화장수)

45 팩의 분류에 속하지 않는 것은?

① 필 오프(peel-off) 타입
② 워시 오프(wash-off) 타입
③ 패치(patch) 타입
④ **워터(water) 타입**

해설
팩은 제거방법에 따라 필 오프 타입, 워시 오프 타입, 티슈 오프 타입으로 구분하며 형태에 따라 파우더 타입, 젤 타입, 크림 타입, 패치 타입, 고무 타입 등으로 구분할 수 있다.

46 색소를 염료(dye)와 안료(pigment)로 구분할 때 그 특징을 잘못 설명한 것은?

　☑ **염료는 메이크업 화장품을 만드는 데 주로 사용된다.**

　② 안료는 물과 오일에 모두 녹지 않는다.

　③ 무기안료는 커버력이 우수하고 유기안료는 빛, 산, 알칼리에 약하다.

　④ 염료는 물이나 오일에 녹는다.

　해설
　① 메이크업 제품에는 안료를 사용한다.
　색소 : 안료와 염료로 나뉜다. 염료는 물 또는 오일에 녹는 색소로 화장품 자체에 시각적인 색상효과를 부여하기 위해 사용된다. 안료는 마스카라, 파운데이션처럼 커버력이 우수한 무기안료와 립스틱과 같이 선명한 색을 가진 유기안료가 있다.

47 기능성 화장품에 해당되지 않는 것은?

　① 피부의 미백에 도움을 주는 제품

　☑ **인체에 비만도를 줄여주는 데 도움을 주는 제품**

　③ 피부의 주름 개선에 도움을 주는 제품

　④ 피부를 곱게 태워주거나 자외선으로부터 피부를 보호하는 데 도움을 주는 제품

　해설
　기능성 화장품은 미백, 주름 개선, 자외선 차단 등에 효과가 있는 화장품을 말한다.

48 체온을 유지하는 데 영향을 주는 온열 인자가 아닌 것은?

　① 기온　　　　　② 기습

　③ 복사열　　　　☑ **기압**

　해설
　온열 인자는 기온, 기습, 기류, 복사열이다.

49 보건행정의 원리에 관한 설명으로 적절한 것은?

　① 일반 행정원리의 관리과정적 특성과 기획과정은 적용되지 않는다.

　② 의사결정과정에서 미래를 예측하고, 행동하기 전의 행동계획을 결정한다.

　③ 보건행정에서는 생태학이나 역학적 고찰이 필요 없다.

　☑ **보건행정은 공중보건학에 기초한 과학적 기술이 필요하다.**

　해설
　보건행정은 공중보건의 목적을 달성하기 위하여 행정조직을 통하여 행하는 일련의 과정이다. 즉, 공중보건학의 제반 지식과 기술을 기초로 한 과학적 기술행정이다.

50 예방접종 중 세균의 독소를 약독화(순화)하여 사용하는 것은?

① 폴리오

② 콜레라

③ 장티푸스

④ 파상풍

해설

예방접종
- 생균백신 : 살아 있는 미생물을 약독화시켜 얻은 백신
  예 홍역, 결핵, 황열, 폴리오, 탄저, 두창, 광견병 등
- 사균백신 : 병원균을 죽여 만든 백신
  예 장티푸스, 파라티푸스, 콜레라, 백일해 등
- 순화독소 : 체외독소를 불활성화시켜 사용
  예 디프테리아, 파상풍 등

52 소독약의 구비조건으로 틀린 것은?

① 인체에는 독성이 없어야 한다.

② 소독 물품에 손상이 없어야 한다.

③ 사용방법이 간단하고 경제적이어야 한다.

④ 소독 실시 후 서서히 소독 효력이 증대되어야 한다.

해설

소독약은 효과가 빠르고, 살균 소요시간이 짧아야 한다.

51 어떤 소독약의 석탄산 계수가 2.0이라는 것은 무엇을 의미하는가?

① 석탄산의 살균력이 2이다.

② 살균력이 석탄산의 2배이다.

③ 살균력이 석탄산의 2%이다.

④ 살균력이 석탄산의 120%이다.

해설

석탄산 계수가 2.0이라는 것은 살균력이 석탄산의 2배라는 의미이다.

$$석탄산\ 계수 = \frac{소독액의\ 희석배수}{석탄산의\ 희석배수}$$

53 자비소독 시 살균력을 강하게 하고 금속 기자재가 녹스는 것을 방지하기 위하여 첨가하는 물질이 아닌 것은?

① 2% 중조

② 2% 크레졸 비누액

③ 5% 승홍수

④ 5% 석탄산

해설

③ 승홍수는 독성과 금속 부식성이 강하므로 0.1% 수용액으로 사용한다.

자비소독 시 끓는 물에 1~2% 중조(탄산나트륨), 1~2% 붕소, 5% 석탄산, 2~3% 크레졸 비누액을 첨가하면 살균력을 높이고 금속기구가 녹스는 것도 방지할 수 있다.

54 무수알코올(100%)을 사용해서 70%의 알코올 1,800mL를 만드는 방법으로 옳은 것은?

① 무수알코올 700mL에 물 1,100mL를 가한다.

② 무수알코올 70mL에 물 1,730mL를 가한다.

③ **무수알코올 1,260mL에 물 540mL를 가한다.**

④ 무수알코올 126mL에 물 1,674mL를 가한다.

해설
1,800mL의 70%는 1,260mL이므로, 무수알코올 1,260mL에 물 540mL를 더하여 만든다.

55 공중위생업소의 위생서비스수준 평가는 몇 년마다 실시해야 하는가?

① 매년   ② **2년**

③ 3년   ④ 4년

해설
공중위생영업소의 위생서비스수준 평가는 2년마다 실시하되, 공중위생영업소의 보건·위생관리를 위하여 특히 필요한 경우에는 보건복지부장관이 정하여 고시하는 바에 따라 공중위생영업의 종류 또는 위생관리등급별로 평가주기를 달리할 수 있다(규칙 제20조).

56 이·미용업소에서 1회용 면도날을 손님 몇 명까지 사용할 수 있는가?

① **1명**   ② 2명

③ 3명   ④ 4명

해설
1회용 면도날은 손님 1인에 한하여 사용하여야 한다(규칙 [별표 4]).

57 공중위생업자에게 개선명령을 명할 수 없는 것은?

① 공중위생영업의 종류별 시설 및 설비기준을 위반한 경우

② 이용자에게 건강상 위해요인이 발생하지 아니하도록 관리해야 하는 위생관리 의무를 위반한 경우

③ **면도기는 1회용 면도날만을 손님 1인에 한하여 사용한 경우**

④ 미용기구를 소독을 한 기구와 소독을 하지 아니한 기구로 분리하여 보관해야 하는 위생관리 의무를 위반한 경우

해설
위생지도 및 개선명령(법 제10조)
시·도지사 또는 시장·군수·구청장은 다음의 어느 하나에 해당하는 자에 대하여 보건복지부령으로 정하는 바에 따라 기간을 정하여 그 개선을 명할 수 있다.
• 규정에 의한 공중위생영업의 종류별 시설 및 설비기준을 위반한 공중위생영업자
• 규정에 의한 위생관리 의무 등을 위반한 공중위생영업자

58 법정 감염병 중 제3급 감염병인 것은?

① **파상풍** ② 콜레라
③ 장티푸스 ④ 결핵

해설
②, ③, ④는 제2급 감염병이다.

59 영업소 폐쇄명령을 받고도 계속하여 이·미용 영업을 하는 경우에 시장·군수·구청장이 취할 수 있는 조치가 아닌 것은?

① 해당 영업소의 간판 기타 영업표지물의 제거
② 해당 영업소가 위법한 영업소임을 알리는 게시물 등의 부착
③ 영업을 위하여 필수불가결한 기구 또는 시설물을 사용할 수 없게 하는 봉인
④ **해당 영업소의 업주에 대한 손해배상 청구**

해설
공중위생영업소의 폐쇄 등(법 제11조 제5항)
시장·군수·구청장은 공중위생영업자가 영업소 폐쇄명령을 받고도 계속하여 영업을 하는 때에는 관계공무원으로 하여금 해당 영업소를 폐쇄하기 위하여 다음의 조치를 하게 할 수 있다. 공중위생영업의 신고를 하지 아니하고 공중위생영업을 하는 경우에도 또한 같다.
• 해당 영업소의 간판 기타 영업표지물의 제거
• 해당 영업소가 위법한 영업소임을 알리는 게시물 등의 부착
• 영업을 위하여 필수불가결한 기구 또는 시설물을 사용할 수 없게 하는 봉인

60 이·미용사 면허를 받을 수 있는 자가 아닌 것은?

① 고등학교에서 이용 또는 미용에 관한 학과를 졸업한 자
② 국가기술자격법에 의한 이용사 또는 미용사 자격을 취득한 자
③ **보건복지부장관이 인정하는 외국인 이용사 또는 미용사 자격 소지자**
④ 전문대학에서 이용 또는 미용에 관한 학과를 졸업한 자

해설
이·미용사 면허 발급 대상재(법 제6조 제1항)
• 전문대학 또는 이와 같은 수준 이상의 학력이 있다고 교육부장관이 인정하는 학교에서 이용 또는 미용에 관한 학과를 졸업한 자
• 「학점인정 등에 관한 법률」에 따라 대학 또는 전문대학을 졸업한 자와 같은 수준 이상의 학력이 있는 것으로 인정되어 같은 법에 따라 이용 또는 미용에 관한 학위를 취득한 자
• 고등학교 또는 이와 같은 수준의 학력이 있다고 교육부장관이 인정하는 학교에서 이용 또는 미용에 관한 학과를 졸업한 자
• 초·중등교육법령에 따른 특성화고등학교, 고등기술학교나 고등학교 또는 고등기술학교에 준하는 각종 학교에서 1년 이상 이용 또는 미용에 관한 소정의 과정을 이수한 자
• 「국가기술자격법」에 의한 이용사 또는 미용사 자격을 취득한 자

합격의 공식
시대에듀

교육은 우리 자신의 무지를 점차 발견해 가는 과정이다.

– 윌 듀란트 –

PART

02

모의고사

제1회~제7회   모의고사
정답 및 해설

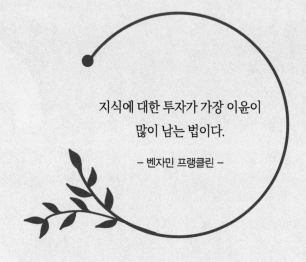

지식에 대한 투자가 가장 이윤이
많이 남는 법이다.

– 벤자민 프랭클린 –

ᗄ 정답 및 해설 p.190

01 피부관리의 정의와 가장 거리가 먼 것은?

① 안면 및 전신의 피부를 분석하고 관리하여 피부 상태를 개선시키는 것

② 의약품을 사용하지 않고 피부 상태를 아름답고 건강하게 만드는 것

③ 피부미용사의 손과 화장품 및 적용 가능한 피부미용기기를 이용하여 관리하는 것

④ 얼굴과 전신의 상태를 유지·개선하여 근육과 관절을 정상화시키는 것

02 매뉴얼 테크닉의 쓰다듬기(effleurage) 동작에 대한 설명 중 맞는 것은?

① 피부 깊숙이 자극하여 혈액순환을 증진한다.

② 매뉴얼 테크닉의 시작과 마무리에 사용한다.

③ 근육에 자극을 주기 위하여 근육을 잡고 밀 듯이 하는 방법이다.

④ 손가락으로 가볍게 두드리는 방법이다.

03 우리나라 피부미용 역사에서 유교문화를 가지고 있으며 혼례 미용법이 발달하고 세안을 위한 세제 등 목욕용품이 발달한 시대는?

① 고구려 시대

② 신라시대

③ 고려시대

④ 조선시대

04 팩에 대한 내용 중 적합하지 않은 것은?

① 염증성 여드름 피부에는 석고팩을 사용한다.

② 팩은 사용 목적에 따른 효과가 있어야 한다.

③ 건성 피부에는 콜라겐팩을 사용한다.

④ 팩의 사용에 있어서 안전하고 독성이 없어야 한다.

05 지성 피부에 대한 설명 중 틀린 것은?

① 피부결이 섬세하지만 피부가 얇고 붉은 색이 많다.

② 지성 피부의 원인은 남성호르몬인 안드로겐(androgen)이나 여성호르몬인 프로게스테론(progesterone)의 기능이 활발해져서 생긴다.

③ 지성 피부의 관리는 피지 제거 및 세정을 주목적으로 한다.

④ 지성 피부는 정상 피부보다 피지 분비량이 많다.

06 짙은 화장을 지우는 클렌징 제품 타입으로 중성과 건성 피부에 적합하며, 사용 후 이중 세안을 해야 하는 것은?

① 클렌징 워터
② 클렌징 로션
③ 클렌징 젤
④ 클렌징 크림

07 손가락이나 손바닥으로 연속적인 쓰다듬기 동작을 하는 매뉴얼 테크닉 방법은?

① 경찰법
② 강찰법
③ 유연법
④ 고타법

08 마스크에 대한 설명 중 틀린 것은?

① 석고 – 석고와 물의 교반작용 후 크리스털 성분이 열을 발산하여 굳어진다.

② 고무팩 – 도포 후 시간이 경과하면 고무처럼 응고하고, 팩의 표면 온도가 내려가서 차가워져 진정팩으로도 사용한다.

③ 파라핀 – 열과 오일이 모공을 열어주고, 피부를 코팅하는 과정에서 발한작용이 발생한다.

④ 콜라겐 벨벳 – 천연 용해성 콜라겐의 침투가 이루어지도록 기포를 형성시켜 공기층의 순환이 되도록 한다.

09 민감성 피부관리의 마무리 단계에 사용될 보습제로 적합한 성분이 아닌 것은?

① 병풀 추출물 ② 알로에베라
③ 아줄렌 ④ 알부틴

10 피부미용실에서 손님에 대한 피부관리 과정 중 피부 분석을 통한 고객카드 관리의 가장 바람직한 방법은?

① 개인의 피부 유형, 피부 상태는 수시로 변화하므로 매회 피부관리 전에 피부 분석을 하여 분석내용을 고객카드에 기록해 두고 활용한다.
② 첫 회 피부관리를 시작할 때 한 번만 피부 분석을 하여 분석내용을 고객카드에 기록해 두고 매회 활용하고, 마지막 회에 다시 피부 분석을 해서 좋아진 것을 고객에게 비교해 준다.
③ 개인의 피부 상태는 변하지 않으므로 첫 회 피부관리를 시작할 때 한 번만 피부 분석을 하여 분석내용을 고객카드에 기록해 두고 매회 활용한다.
④ 첫 회 피부관리를 시작할 때 피부 분석을 하여 분석내용을 고객카드에 기록해 두고 매회 활용하고 중간에 한 번, 마지막 회에 다시 한 번 피부 분석을 해서 좋아진 것을 고객에게 비교해 준다.

11 피부 유형별 관리방법으로 적합하지 않은 것은?

① 노화 피부 – 피부가 건조해지지 않도록 수분과 영양을 공급하고 자외선 차단제를 바른다.
② 색소침착 피부 – 자외선 차단제를 색소가 침착된 부위에만 집중적으로 발라 준다.
③ 복합성 피부 – 유분이 많은 부위는 손을 이용한 관리를 하여 모공을 막고 있는 피지 등의 노폐물이 쉽게 나올 수 있도록 한다.
④ 모세혈관 확장피부 – 세안 시 세안제를 손에서 충분히 거품을 낸 후 미온수로 완전히 헹구어 내고 손을 이용한 관리를 부드럽게 진행한다.

12 피부 유형과 화장품의 사용 목적이 적절하지 않은 것은?

① 민감성 피부 – 모든 성분에 민감도가 적응할 수 있도록 한꺼번에 많이 사용
② 노화 피부 – 주름 개선, 결체조직 강화, 새로운 세포의 형성 촉진 및 피부 보호
③ 건성 피부 – 피부에 유·수분을 공급하여 보습기능 활성화
④ 여드름 피부 – 피지 조절, 염증 완화

13 피부관리 시 마무리 동작에 대한 설명 중 틀린 것은?

① 장시간 동안 피부관리로 인해 긴장된 근육의 이완을 도와 고객의 만족을 최대로 향상시킨다.
② 피부 타입에 적당한 앰플, 에센스, 아이크림, 자외선 차단제 등을 피부에 차례로 흡수시킨다.
③ 딥 클렌징제를 사용한 다음 화장수로만 가볍게 마무리 관리해 주어야 자극을 최소화할 수 있다.
④ 피부 타입에 적당한 화장수로 피부결을 일정하게 한다.

15 매뉴얼 테크닉의 기본 동작에 대한 설명으로 틀린 것은?

① 에플라지(effleurage) - 손바닥을 이용해 부드럽게 쓰다듬는 동작
② 프릭션(friction) - 손가락의 끝부분을 대고 나선을 그리듯 움직이는 동작
③ 타포트먼트(tapotrment) - 손가락을 이용하여 두드리는 동작
④ 패트리사지(petrissage) - 손 전체나 손가락에 힘을 주어 고른 진동을 주는 동작

14 입술 화장을 제거하는 방법으로 가장 적합한 것은?

① 고객이 스스로 부드럽게 지우도록 안내한다.
② 클렌저를 묻힌 화장솜으로 입술 안쪽에서 바깥쪽으로 닦아준다.
③ 클렌저를 묻힌 화장솜으로 윗입술은 안쪽에서 바깥쪽으로 닦아준다.
④ 클렌저를 묻힌 화장솜으로 입술 바깥쪽에서 안쪽으로 닦아준다.

16 팩과 마스크의 사용 목적으로 옳지 않은 것은?

① 노화한 각질층의 탈락을 유도하여 재생을 돕는다.
② 공기 유입을 일시적으로 막아 유효성분의 흡수를 돕고, 혈액순환을 촉진한다.
③ 흡착작용에 의해 피지, 노폐물을 효과적으로 제거한다.
④ 피지 분비를 정상화하여 번들거림을 근본적으로 막아준다.

17 클렌징 시술에 대한 설명으로 옳지 않은 것은?

① 포인트 메이크업 제거 시 아이 립 메이크업 리무버를 사용한다.

② 워터프루프 마스카라를 한 고객의 경우에는 오일 성분의 아이 메이크업 리무버를 사용하는 것이 좋다.

③ 클렌징 동작은 근육결에 따르고, 이마에서 데콜테 방향으로 향하게 하는 것이 좋다.

④ 클렌징 동작 중 원을 그리는 동작은 얼굴의 위를 향할 때 힘을 주고 내릴 때 힘을 뺀다.

18 신체 각 부위(팔, 다리 등) 관리의 종류 및 설명으로 옳지 않은 것은?

① 스웨디시 마사지 - 스웨덴에서 유래한 전신 마사지 기술

② 림프 드레나지 - 림프의 순환을 촉진시켜 부종 감소를 도와주는 마사지

③ 아로마테라피 - 향기요법

④ 뱀부테라피 - 인도 전통마사지로 체내 모든 에너지 간의 균형을 유지하는 마사지

19 피부구조에 대한 설명 중 틀린 것은?

① 피부는 표피, 진피, 피하지방층의 3개의 층으로 구성된다.

② 멜라닌 세포 수는 인종과 성별에 따라 다르다.

③ 멜라닌 세포는 기저층에 산재한다.

④ 표피는 내측으로부터 기저층 → 유극층 → 과립층 → 투명층 → 각질층의 5층으로 나뉜다.

20 천연보습인자(NMF)와 관련한 설명으로 옳지 않은 것은?

① 필라그린은 표피의 유극층에서 형성되는 단백질이다.

② 각질층에 존재하는 수용성 보습인자의 총칭이다.

③ 필라그린의 분해 산물인 아미노산과 그 대사물로 이루어져 있다.

④ 필라그린은 필라멘트가 뭉쳐져 있는 단백질로 각질형성 세포에서 2~3일 안에 아미노산으로 완전히 분해되어 천연보습인자를 형성한다.

21 피부의 각화과정(keratinization)을 설명한 것으로 적절한 것은?

① 피부가 손발톱처럼 단단하게 굳어지는 것을 말한다.

② 피부가 거칠어져서 주름이 생겨 늙는 것을 말한다.

③ 기저세포 중의 멜라닌 색소가 많아져서 피부가 검게 되는 것을 말한다.

④ 피부세포가 기저층에서 각질층까지 분열되어 올라가 죽은 각질세포로 되는 현상을 말한다.

22 체조직 구성 영양소에 대한 설명으로 틀린 것은?

① 불포화지방산은 상온에서 액체 상태를 유지한다.

② 필수지방산은 식물성 지방보다 동물성 지방을 먹는 것이 좋다.

③ 지질은 체지방의 형태로 에너지를 저장하며 생체막 성분으로 체내 구성 역할과 피부의 보호 역할을 한다.

④ 지방이 분해되면 지방산이 되는데 이 중 불포화지방산은 인체 구성 성분으로 중요한 위치를 차지하므로 필수지방산이라고도 한다.

23 림프액의 기능과 가장 관계가 없는 것은?

① 면역반응

② 항원반응

③ 동맥기능의 보호

④ 체액 이동

24 자외선에 대한 설명으로 알맞은 것은?

① 자외선 A의 파장은 200~290nm이다.

② 자외선 B는 건선, 백반증, 피부 T세포 림프종 치료에도 사용된다.

③ 자외선 A는 피부 표피까지 깊게 침투한다.

④ 자외선 C의 파장은 320~400nm이다.

25 광노화의 반응과 가장 거리가 먼 것은?

① 건조한 피부

② 굵고 깊은 주름

③ 과색소침착증

④ 모세혈관 수축

26 피부 표피 중 가장 두꺼운 층은?

① 각질층   ② 과립층

③ 유극층   ④ 기저층

27 모발의 색상을 결정짓는 멜라닌 색소를 함유하고 있는 부분은?

① 모표피   ② 모피질

③ 모수질   ④ 모유두

28 골격계에 대한 설명 중 옳지 않은 것은?

① 인체의 골격은 약 206개의 뼈로 구성된다.

② 골격에서는 혈액세포를 생성하지 않는다.

③ 기관을 둘러싸서 내부 장기를 외부의 충격으로부터 보호한다.

④ 체중의 약 20%를 차지하며 골, 연골, 관절 및 인대를 총칭한다.

29 세포 소기관에 속하지 않는 것은?

① 사립체   ② 모양체

③ 중심소체   ④ 소포체

30 다음 중 뉴런과 뉴런의 접속 부위를 일컫는 것은?

① 신경원

② 시냅스

③ 축삭종말

④ 랑비에 결절

31 다음 중 소화기계가 아닌 것은?

① 폐, 신장

② 간, 담

③ 비장, 위

④ 소장, 대장

32 단층편평상피에 해당하지 않는 기관은?

① 신장 집합관
② 혈관
③ 림프관
④ 폐포

33 다음 설명 중 적절하지 않은 것은?

① 소화란 포도당을 산화하여 에너지를 생산하는 과정이다.
② 소화계에는 입과 위, 소장은 물론 간과 췌장도 포함한다.
③ 소화란 탄수화물은 단당류로, 단백질은 아미노산 등으로 분해하는 과정이다.
④ 소화란 유기물들이 소장의 융모상피가 흡수할 수 있는 크기로 잘리는 과정을 말한다.

34 탄력성이 아주 좋은 연골 형태는?

① 초자성연골   ② 골간
③ 섬유성연골   ④ 탄력성연골

35 고주파 피부미용기기를 사용하는 방법 중 직접법을 올바르게 설명한 것은?

① 고객이 직접 스위치를 켜고 알맞은 세기를 조절한다.
② 고객의 얼굴에 마른 거즈를 올리고 그 위에 관리사가 전극봉으로 작은 원을 그리며 관리한다.
③ 고객의 손에 탈크 파우더를 바르고 고객의 손에 유리 전극봉을 잡게 한다.
④ 고객의 손에 전극봉을 잡게 한 후 관리사가 고객의 얼굴에 적합한 크림을 바르고 손으로 관리한다.

36 초음파를 이용한 스킨 스크러버의 효과가 아닌 것은?

① 피부 정화효과가 있다.
② 각질 제거효과가 있다.
③ 상처 부위에 재생효과가 있다.
④ 진동과 온열효과로 신진대사를 촉진한다.

37 고객과 관리사가 같이 피부 상태를 보면서 분석하기에 가장 적합한 분석기기는?

① 스킨 스코프 ② 우드 램프
③ 프리마톨 ④ 확대경

38 직류를 이용하며, 이온 영동법과 디스인크러스테이션의 두 가지 중요한 기능을 하는 관리기기는?

① 갈바닉 기기 ② 증기연무기
③ 진공흡입기 ④ 초음파 기기

39 안면진공흡입기의 사용방법으로 가장 거리가 먼 것은?

① 빨아올리는 공기압이 작용하는 벤토즈를 피부에 접촉하여 흡입한다.
② 한 부위에 오래 사용하지 않도록 한다.
③ 탄력이 부족한 예민, 노화 피부에 더욱 효과적이다.
④ 관리가 끝난 후 벤토즈는 미온수와 중성 세제를 이용하여 잘 세척하고 알코올 소독 후 보관한다.

40 다음 중 교류를 이용한 피부미용기기가 아닌 것은?

① 갈바닉 기기
② 저주파 기기
③ 중주파 기기
④ 고주파 기기

41 화장품 원료 중 고급 알코올에 대한 설명으로 가장 적절한 것은?

① 수성원료이다.
② 소독력이 우수하다.
③ 유성원료이다.
④ 고급 원료를 뜻한다.

42 미백 화장품의 메커니즘이 아닌 것은?

① 멜라닌 합성 저해
② 티로시나아제 활성화
③ 자외선 차단
④ 도파(DOPA) 산화 억제

43 바디 클렌저가 갖추어야 할 이상적인 성질과 거리가 먼 것은?

① 적절한 세정력
② 각질 제거능력
③ 풍부한 거품과 거품의 지속성
④ 피부에 대한 안전성

44 다음 중 O/W 에멀션 제품은?

① 클렌징 크림
② 모이스처라이징 로션
③ 헤어 크림
④ 나이트 크림

45 에멀션의 형태를 가장 잘 설명한 것은?

① 지방과 물이 불균일하게 섞인 것이다.
② 두 가지 액체가 같은 농도의 한 액체로 섞여 있다.
③ 고형의 물질이 아주 곱게 혼합되어 균일한 것처럼 보인다.
④ 두 가지 또는 그 이상의 액상 물질이 균일하게 혼합된 것이다.

46 체취를 억제하는 기능과 피부 상재균의 증식을 억제하는 항균기능을 가진 제품은?

① 샤워 코롱　　② 데오도란트
③ 오드 퍼퓸　　④ 오드 투왈렛

47 미백에 도움을 주는 기능성 화장품에 사용되는 원료가 아닌 것은?

① 알부틴
② 아스코빌글루코사이드
③ 닥나무 추출물
④ 아데노신

48 감염병예방법상 제1급 감염병으로 연결된 것은?

① 탄저, 두창
② 폴리오, 페스트
③ 중증급성호흡기증후군(SARS), 일본뇌염
④ 파라티푸스, 공수병

49 공중위생관리법규상 위생관리등급의 구분이 아닌 것은?

① 녹색등급　　② 백색등급
③ 황색등급　　④ 적색등급

50 영업소 폐쇄명령을 받고도 영업을 계속할 때의 벌칙 기준은?

① 2년 이하의 징역 또는 2천만 원 이하의 벌금
② 1년 이하의 징역 또는 1천만 원 이하의 벌금
③ 6월 이하의 징역 또는 500만 원 이하의 벌금
④ 6월 이하의 징역 또는 300만 원 이하의 벌금

51 이·미용업소에서 수건 소독 시 가장 많이 사용하는 물리적 소독법은?

① 석탄산수 소독
② 크레졸 소독
③ 열탕소독
④ 과산화수소 소독

52 상수 수질오염 분석 시 대표적인 생물학적 지표는?

① 포도상구균　　② 대장균 수
③ SOD　　　　　④ 탁도

53 공중위생관리법상 행정처분기준 중 일반기준에 대한 설명으로 옳지 않은 것은?

① 위반행위가 2 이상인 경우로서 그에 해당하는 각각의 처분기준이 다른 경우에는 그중 중한 처분기준에 의하되, 2 이상의 처분기준이 영업정지에 해당하는 경우에는 가장 중한 정지처분기간에 나머지 각각의 정지처분기간의 2분의 1을 더하여 처분한다.
② 행정처분을 하기 위한 절차가 진행되는 기간 중에 반복하여 같은 사항을 위반한 때에는 그 위반횟수마다 행정처분기준의 2분의 1씩 더하여 처분한다.
③ 영업정지 1월은 30일을 기준으로 하고, 행정처분기준을 가중하거나 경감하는 경우 1일 미만은 처분기준 산정에서 제외한다.
④ 행정처분권자는 해당 위반사항에 관하여 검사로부터 기소유예의 처분을 받은 때 영업정지 및 면허정지의 경우에는 그 처분기준 일수의 3분의 1의 범위 안에서 경감할 수 있다.

54 미용업자가 점빼기, 귓불뚫기, 쌍꺼풀수술, 문신, 박피술 그 밖에 이와 유사한 의료행위를 한 때 2차 위반 시의 행정처분기준은?

① 경고
② 영업정지 2월
③ 영업정지 3월
④ 영업장 폐쇄명령

55 공중위생관리법에 따른 명예공중위생감시원의 위촉대상자가 아닌 것은?

① 공중위생에 대한 지식과 관심이 있는 자
② 소비자단체 또는 단체의 소속직원 중에서 해당 단체 등의 장이 추천하는 자
③ 공중위생 관련 협회 또는 단체의 소속직원 중에서 해당 단체 등의 장이 추천하는 자
④ 시·도지사가 무작위 추첨을 통해 지정한 자

56 감염병 관리상 그 관리가 가장 어려운 대상은?

① 건강보균자
② 급성감염병 환자
③ 만성감염병 환자
④ 감염병 완치자

57 다음 중 특정 수질오염 물질을 모두 고른 것은?

> 가. 구리와 그 화합물
> 나. 시안화합물
> 다. 테트라클로로에틸렌
> 라. 페놀

① 가, 나
② 가, 나, 다
③ 가, 나, 다, 라
④ 가, 다, 라

58 잠함병의 설명으로 알맞은 것은?

① 0.5~5μm의 먼지가 폐포에 축적되는 병이다.

② 이상고압 환경에서 체내로 유입된 질소(N_2)가 체외로 배출되지 못하여 발생하는 병이다.

③ 과다한 발한으로 인한 체내의 수분과 염분의 손실로 생긴다.

④ 심하면 호흡곤란, 기침, 객담, 흉통을 호소한다.

60 다음 중 환경오염에 해당하는 내용을 모두 고른 것은?

가. 대기오염
나. 수질오염
다. 소음
라. 진동
마. 토양오염

① 가, 나

② 가, 나, 다

③ 가, 나, 다, 라

④ 가, 나, 다, 라, 마

59 법정 감염병을 신고해야 하는 의무자로 해당되지 않는 사람은?

① 의사

② 치과의사

③ 한의사

④ 환자의 친구

01 피부미용의 기능이 아닌 것은?

① 피부 보호
② 피부 상태 개선
③ 여드름 치료
④ 심리적 안정

02 매뉴얼 테크닉의 효과가 아닌 것은?

① 혈액과 림프순환 촉진
② 늘어진 근육과 결체조직에 긴장과 탄력성 부여
③ 조직의 긴장과 이완효과
④ 반사작용의 억제

03 일반적인 클렌징에 해당하는 사항이 아닌 것은?

① 색조 화장 제거
② 먼지 및 유분의 잔여물 제거
③ 메이크업 잔여물 및 피부 표면의 노폐물 제거
④ 효소나 고마쥐를 이용한 묵은 각질 제거

04 딥 클렌징의 효과가 아닌 것은?

① 피부 표면을 매끈하게 한다.
② 림프순환에 도움을 준다.
③ 혈색을 좋아지게 한다.
④ 불필요한 각질세포를 제거한다.

05 피부관리 시 마무리 동작에 대한 설명으로 옳지 않은 것은?

① 피부 유형에 알맞은 화장수를 사용해 피부결을 일정하게 한다.
② 알맞은 에센스, 크림, 자외선 차단제 등을 피부에 차례로 흡수시킨다.
③ 장시간 관리로 긴장된 근육의 이완을 도와 고객의 만족도를 향상시킨다.
④ 팩 제거 후 반드시 온습포로 마무리 관리해야만 자극을 최소화할 수 있다.

06 팩의 목적이 아닌 것은?

① 노폐물의 제거와 피부 정화
② 혈액순환 및 신진대사 촉진
③ 잔주름 및 피부 건조 치료
④ 유·수분 공급으로 피부 유연효과

07 페이셜 스크럽(facial scrub)에 관한 설명으로 옳은 것은?

① 각화된 각질을 제거해 줌으로써 세포의 재생을 촉진해 준다.

② 민감성 피부는 스크럽제를 문지를 때 무리하게 압을 가하지 않으면 매일 사용해도 상관없다.

③ 피부 노폐물, 세균, 메이크업 잔여물 등의 제거를 위해 메이크업을 할 때마다 사용한다.

④ 스크럽제 사용 시 신경과 혈관을 자극하여 혈액순환이 촉진되므로 10~15분 정도 부드럽게 마사지가 되도록 문질러 준다.

08 여드름이 발생하는 원인이 아닌 것은?

① 남성호르몬 테스토스테론의 분비 감소로 여드름이 발생한다.

② 유전적인 요인으로 여드름이 발생한다.

③ 외부 환경오염물질, 세균 등으로 여드름이 발생한다.

④ 피지, 노폐물, 스트레스, 호르몬 등 다양한 원인으로 여드름이 발생한다.

09 매뉴얼 테크닉 작업 시 주의사항으로 옳은 것은?

① 동작이 강할수록 경직된 근육을 이완시킨다.

② 속도는 빠를수록 리듬감을 주어 고객에게 심리적인 안정감을 준다.

③ 매뉴얼 테크닉 작업 시 반드시 마사지 크림을 사용하여 시술한다.

④ 손동작은 머뭇거리지 않도록 하며 손목과 손가락의 움직임은 유연하게 한다.

10 화학적 제모에 대한 설명으로 옳지 않은 것은?

① 화학적 제모는 털을 모근으로부터 제거한다.

② 제모 제품은 사용 전 첩포시험을 실시하는 것이 좋다.

③ 제모 제품 사용 전 피부를 깨끗이 건조시킨 후 적정량을 바른다.

④ 제모 후에는 반드시 쿨링을 충분히 하고, 진정 로션이나 크림을 흡수시킨다.

11 딥 클렌징에 대한 설명으로 알맞은 것은?

① 디스인크러스테이션은 주 2회 이상이 적당하다.
② 스킨 스코프는 불필요한 각질을 분해하여 잔여물을 제거한다.
③ 디스인크러스테이션은 전기를 이용한 딥 클렌징 방법이다.
④ 예민 피부는 손보다 전동브러시를 이용한 딥 클렌징을 한다.

12 마스크의 종류에 따른 사용 목적으로 옳지 않은 것은?

① 머드 마스크 – 피지 흡착
② 고무 마스크 – 진정, 노폐물 흡착
③ 석고 마스크 – 영양성분 침투
④ 콜라겐 벨벳 마스크 – 진피 수분 공급

13 피부관리 시 최종 마무리 단계에서 냉습포를 사용하는 이유로 적절하지 않은 것은?

① 피부를 진정시키기 위해서
② 잔여물을 깨끗하게 닦아내기 위해서
③ 모공을 열어주기 위해서
④ 이완된 피부를 수축시키기 위해서

14 물의 수압을 이용해 혈액순환을 촉진시켜 체내의 독소 배출, 세포재생 등의 효과가 있는 마사지 방법은?

① 뱀부테라피
② 수요법
③ 스톤테라피
④ 림프 드레나지

15 림프 드레나지를 적용할 수 없는 피부에 해당되는 것은?

① 부종이 있는 피부
② 감염성의 문제가 있는 피부
③ 모세혈관 확장피부
④ 여드름이 있는 피부

16 피부미용의 역사로 옳은 것은?

① 이집트 시대 – 약초 스팀법 개발
② 로마시대 – 향수, 오일, 화장이 생활의 필수품으로 등장
③ 중세시대 – 매뉴얼 테크닉 크림 개발
④ 르네상스 시대 – 비누 사용의 보편화

17 다음 중 여드름의 발생 가능성이 가장 적은 화장품 성분은?

① 세라마이드
② 라놀린
③ 바세린
④ 미네랄 오일

18 손가락의 끝부분을 대고 나선을 그리듯 움직이는 동작을 하는 매뉴얼 테크닉 방법은?

① 쓰다듬기　② 문지르기
③ 반죽하기　④ 흔들어 주기

19 원추형의 세포가 단층으로 이어져 있으며, 각질형성 세포와 색소형성 세포가 존재하는 피부층은?

① 기저층　② 과립층
③ 각질층　④ 유극층

20 성인이 하루에 분비하는 피지의 양은?

① 약 0.1~0.2g
② 약 1~2g
③ 약 3~5g
④ 약 5~8g

21 비타민의 효과로 옳은 것은?

① 비타민 A – 혈액순환 촉진과 피부 청정 효과가 우수
② 비타민 B – 세포 및 결합조직의 조기 노화를 예방
③ 비타민 P – 바이오플라보노이드라고도 하며 모세혈관을 강화하는 효과
④ 비타민 E – 아스코르빈산의 유도체로 사용되며 미백제로 이용

22 피부의 노화 원인과 거리가 먼 것은?

① 노화 유전자와 세포의 노화
② 피부 항산화
③ 아미노산 라세미화
④ 텔로미어 단축

23 두드러기의 일종으로 말초혈관의 투과성 증가로 인한 단백질과 수분의 유출로 인하여 발생하는 발진은?

① 반점   ② 구진

③ 대수포   ④ 팽진

24 피부의 면역에 관한 설명으로 맞는 것은?

① 세포성 면역에는 보체, 항체 등이 있다.

② T림프구는 항원전달세포에 해당한다.

③ B림프구는 면역글로불린이라고 불리는 항체를 생성한다.

④ 진피에 존재하는 면역세포는 랑게르한스 세포이다.

25 피부의 주체를 이루는 층으로 망상층과 유두층으로 구분되며 피부조직 외에 부속기관인 혈관, 신경관, 림프관, 땀샘, 기름샘, 모발과 입모근을 포함하고 있는 곳은?

① 표피

② 진피

③ 피하조직

④ 피부 부속기관

26 기미에 대한 설명으로 틀린 것은?

① 피부 내에 멜라닌이 형성되지 않아 나타나는 것이다.

② 30~40대의 중년 여성에게 잘 나타나고 재발이 잘된다.

③ 선탠기에 의해서도 발생할 수 있다.

④ 경계가 명확한 갈색 점으로 나타난다.

27 각질층을 통한 흡수에 대한 설명으로 맞는 것은?

① 피부 전체에서 비율은 적은 편이지만 물질의 흡수가 각질층을 통과하는 것보다 진피층, 혈관까지의 흡수가 상대적으로 빠르다.

② 각질층에 의해서 조절되는 수동적인 확산작용이다.

③ 모낭, 피지선, 한선 등의 면적은 피부 표면의 약 0.1%밖에 되지 않아 경피흡수 전체에서 차지하는 비율은 적지만 분자량이 큰 물질이나 이온 등이 확산작용에 의해서 신속하게 통과된다.

④ 피지선, 에크린한선을 통한 피부 흡수 경로이다.

28 신경계에 대한 설명으로 옳은 것은?

① 뉴런 – 뉴런과 스냅스의 접속 부위
② 수상돌기 – 단백질을 합성
③ 축삭돌기 – 수용기 세포에서 자극을 받아 세포체에 전달
④ 신경초 – 말초신경섬유의 재생에 중요한 부분

29 세포 소기관 중 ATP의 생산기관은?

① 용해소체   ② 사립체
③ 골지체   ④ 중심소체

30 다음 설명에 해당되는 신경은?

• 제7뇌신경이다.
• 안면 근육운동 및 혀 앞 2/3 미각과 침샘에 관여하는 뇌신경 중 하나이다.

① 3차신경
② 설인신경
③ 안면신경
④ 부신경

31 핵에서 유전정보가 들어 있는 곳은?

① 골지체   ② 핵소체
③ RNA   ④ DNA

32 심장에 대한 설명 중 틀린 것은?

① 심장은 순환계를 담당하는 근육으로 이루어진 장기이다.
② 심장은 심방중격에 의해 좌·우심방, 심실은 심실중격에 의해 좌·우심실로 나누어진다.
③ 심장은 2/3가 흉골 정중선에서 좌측으로 치우쳐 있다.
④ 심장근육은 심실보다는 심방에서 매우 발달되어 있다.

33 척주골에 대한 설명으로 적절하지 않은 것은?

① 척주의 주된 기능은 척수를 보호하는 것이다.
② 걷거나 서 있을 때 체중을 전달하는 역할을 한다.
③ 성인의 척주를 옆에서 보면 4개의 만곡이 존재한다.
④ 경추 5개, 흉추 11개, 요추 7개, 천골 1개, 미골 2개로 구성된다.

34 뼈의 구조에 대한 설명 중 옳은 것을 모두 고른 것은?

> 가. 골막은 뼈의 둘레 성장과 재생, 영양에 관계한다.
> 나. 골소강 내에 골세포가 존재한다.
> 다. 해면골의 벽을 이루는 것은 골소주이다.
> 라. 골조직의 표면은 해면골, 중심부는 치밀골로 구성되어 있다.

① 가, 나, 다
② 가, 다
③ 나, 라
④ 가, 나, 다, 라

35 고주파 피부미용기기의 사용방법 중 간접법에 대한 설명으로 옳은 것은?

① 얼굴에 적합한 크림을 바르고 손으로 마사지한다.
② 고객의 얼굴에 적합한 크림을 바르고 그 위에 전극봉으로 마사지한다.
③ 고객의 얼굴에 마른 거즈를 올린 후 그 위를 전극봉으로 마사지한다.
④ 고객의 손에 유리 전극봉을 잡게 한 후 얼굴에 마른 거즈를 올리고 손으로 눌러준다.

36 지성 피부에 적용되는 관리방법 중 적합하지 않은 것은?

① 이온 영동기기의 양극봉으로 디스인크러스테이션을 해 준다.
② 자켓법을 이용한 관리는 디스인크러스테이션 후에 시행한다.
③ 코와 주위의 피지 및 노폐물 등을 안면 진공흡입기로 제거한다.
④ 지성 피부의 상태를 호전시키기 위해 고주파기의 직접법을 적용시킨다.

37 적외선 램프에 대한 설명으로 가장 적합한 것은?

① 색소침착을 일으킨다.
② 근적외선, 중적외선, 원적외선으로 나뉘고, 원적외선 파장이 가장 짧다.
③ 소독, 멸균의 효과가 있으므로 자주 쐬어준다.
④ 온열작용을 통해 화장품의 흡수를 도와준다.

38 초음파 미용기기의 효과가 아닌 것은?

① 세정효과
② 혈액순환 촉진
③ 신진대사 촉진
④ 심부열 발생

39 피부 분석 시 육안으로 보기 힘든 피지나 민감도, 색소침착, 모공의 크기, 트러블 등을 세밀하고 정확하게 분석할 수 있는 기기는?

① 이온 영동기기
② 디스인크러스테이션
③ 우드 램프
④ pH 측정기

40 컬러테라피의 색상 중 혈액순환 촉진, 세포재생 및 활성화, 근조직 이완, 셀룰라이트 개선 효과를 나타내는 것은?

① 빨간색　　　② 노란색
③ 초록색　　　④ 파란색

41 여드름 피부용 화장품에 사용되는 성분과 가장 거리가 먼 것은?

① 라놀린　　　② 글리콜산
③ 아줄렌　　　④ 살리실산

42 기능성 화장품의 표시 및 기재사항이 아닌 것은?

① 제품의 명칭
② 내용물의 용량 및 중량
③ 제조자의 이름
④ 제조번호

43 자외선 차단제의 설명으로 옳은 것은?

① 자외선 차단제는 크게 자외선 산란제와 자외선 흡수제로 구분된다.
② 자외선 산란제는 투명하고, 자외선 흡수제는 불투명한 것이 특징이다.
③ 자외선 산란제는 화학적인 작용을 이용한 제품이다.
④ 자외선 흡수제는 물리적인 작용을 이용한 제품이다.

44 화장수의 설명 중 잘못된 것은?

① 피부에 남아 있는 잔여물을 닦아준다.
② 피부 유형에 따라 적절한 화장수의 종류를 선택할 수 있다.
③ 피부의 각질층에 수분을 공급한다.
④ 피부의 각질을 제거할 목적으로 사용할 때는 화장솜을 사용한다.

45 방부제가 갖추어야 할 조건이 아닌 것은?

① 일정 기간 동안 효과가 있어야 한다.
② 독특한 냄새와 색상, 효과를 지녀야 한다.
③ 방부제로 인하여 효과가 상실되거나 변질되어서는 안 된다.
④ 적용 가능 농도에서 피부에 자극을 주어서는 안 된다.

46 에센셜 오일의 보관방법으로 적절하지 않은 것은?

① 뚜껑을 닫아 보관해야 한다.
② 직사광선을 피하는 것이 좋다.
③ 통풍이 잘되는 곳에 보관해야 한다.
④ 투명하고 공기가 통할 수 있는 용기에 보관하여야 한다.

47 광물성 오일이 아닌 것은?

① 미네랄 오일　② 스쿠알렌
③ 파라핀 오일　④ 바셀린

48 이·미용업의 상속으로 인한 영업자 지위 승계 시 신고 구비 서류가 아닌 것은?

① 영업자지위승계신고서
② 가족관계증명서
③ 양도계약서 사본
④ 상속인임을 증명할 수 있는 서류

49 감염병예방법상 7일 이내에 관할 보건소에 신고해야 하는 감염병은?

① 파상풍
② 콜레라
③ 사람유두종바이러스감염증
④ 디프테리아

50 공중위생관리법상 위생교육에 포함되지 않는 것은?

① 기술교육
② 시사상식 교육
③ 소양교육
④ 공중위생에 관하여 필요한 내용

51 알코올 소독의 미생물 세포에 대한 주된 작용 기전은?

① 할로겐 복합물 형성
② 단백질 변성
③ 효소의 완전 파괴
④ 균체의 완전 융해

52 다음 소독방법 중 용품이나 기구 등을 일차적으로 청결하게 세척하는 것은?

① 멸균   ② 방부
③ 살균   ④ 희석

53 환경오염의 발생 요인인 산성비의 가장 주요한 원인과 산도는?

① 이산화탄소, pH 5.6 이하
② 탄화수소, pH 6.6 이하
③ 염화불화탄소, pH 6.6 이하
④ 아황산가스, pH 5.6 이하

54 산업종사자와 직업병의 연결이 적절하지 않은 것은?

① 용접공 – 규폐증
② 인쇄공 – 납 중독
③ 광부 – 진폐증
④ 항공정비사 – 난청

55 석탄산의 희석배수 90배를 기준으로 할 때 어떤 소독약의 석탄산 계수가 4였다면 이 소독약의 희석배수는?

① 20배   ② 130배
③ 180배   ④ 360배

56 공중위생관리법의 목적으로 규정되어 있지 않은 것은?

① 위생수준 향상
② 국민의 건강 증진에 기여
③ 국민서비스 질 향상
④ 영업의 위생관리

57 보건행정의 특성과 가장 거리가 먼 것은?

① 공공성
② 과학성
③ 기술성
④ 조작성

58 공중보건사업 수행의 3대 요소는?

① 환경위생
② 보건행정
③ 인구와 보건
④ 예방의학

59 이·미용사의 면허증을 다른 사람에게 대여한 때 법적 행정처분 조치사항으로 옳은 것은?

① 시장·군수·구청장은 그 면허를 취소하거나 6월 이내의 기간을 정하여 면허의 정지를 명할 수 있다.
② 시장·군수·구청장은 그 면허를 취소하거나 1년 이내의 기간을 정하여 면허의 정지를 명할 수 있다.
③ 시·도지사는 그 면허를 취소하거나 6월 이내의 기간을 정하여 면허의 정지를 명할 수 있다.
④ 시·도지사는 그 면허를 취소하거나 1년 이내의 기간을 정하여 면허의 정지를 명할 수 있다.

60 인수공통감염병에 해당하지 않는 것은?

① 공수병
② 브루셀라증
③ 콜레라
④ 탄저병

정답 및 해설 p.200

01 포인트 메이크업 클렌징 과정 시 주의할 사항으로 옳은 것은?

① 아이섀도는 눈썹과 반드시 따로 아이패드를 한다.

② 아이라인 제거 시 밖에서 안으로 닦아낸다.

③ 마스카라를 짙게 한 경우 강하게 자극하여 닦아낸다.

④ 입술 화장을 지울 때는 윗입술은 위에서 아래로, 아랫입술은 아래에서 위로 닦는다.

02 피부미용의 관점에서 딥 클렌징의 목적이 아닌 것은?

① 피지와 각질층의 각질을 제거한다.

② 영양물질의 흡수를 용이하게 한다.

③ 화학적 방법과 물리적 방법을 동시에 하면 피부세포 재생을 촉진한다.

④ 피부 유형에 따라 1~2회 정도 실시한다.

03 비타민 C 팩의 주요 기능이 아닌 것은?

① 미백효과　　② 재생효과

③ 진정효과　　④ 항산화 효과

04 지루성 여드름 피부에 항염, 진정작용을 위해 사용하기 적합한 성분은?

① 콜라겐

② 유황

③ 나이아신아마이드

④ 스테로이드성 여드름 연고

05 매뉴얼 테크닉의 주의사항으로 옳은 것은?

① 테크닉 동작은 탄력을 위해 피부결의 반대 방향으로 한다.

② 청결하게 하기 위해서 마사지 중간중간 손을 씻고 작업한다.

③ 관리 중 고객의 얼굴이 붉어지면 혈액순환이 잘 되는 것이므로 더욱 강하게 마사지한다.

④ 일광으로 붉어진 피부나 상처 난 피부에는 매뉴얼 테크닉을 피한다.

06 신체 부위별 관리의 효과를 높이기 위한 방법은?

① 편안한 환경을 만들어 고객이 심리적 안정감을 갖도록 한다.
② 냉타월을 사용하여 고객의 몸을 이완시켜준다.
③ 시원한 물을 중간중간 마시게 하여 고객을 진정시킨다.
④ 배농을 돕기 위해 시원한 차를 마시게 한다.

07 피부관리를 위해 실시하는 피부 상담의 목적과 가장 거리가 먼 것은?

① 고객의 방문 목적 확인
② 피부 문제의 원인 파악
③ 피부관리 계획 수립
④ 고객의 개인정보 파악

08 노화 피부와 건성 피부에 효과적인 마스크로, 도포 후 온도가 40℃ 이상 올라가며 영양 흡수를 돕는 마스크는?

① 석고 마스크
② 벨벳 마스크
③ 고무 마스크
④ 알긴산 마스크

09 웜왁스를 이용하여 제모하는 방법으로 옳은 것은?

① 제모 전 보습 오일을 발라 피부를 보호한다.
② 왁스는 털이 난 반대 방향으로 바른다.
③ 왁스를 제거할 때는 털이 난 반대 방향으로 빠르게 제거한다.
④ 제모 후에는 온습포를 이용해 시술 부위를 진정시킨다.

10 딥 클렌징의 대상으로 적합하지 않은 피부는?

① 건조해지기 시작한 정상 피부
② 기미와 잔주름 많은 건성 피부
③ 개방성 상처가 있는 모세혈관 확장피부
④ 여드름 흉터가 많은 지성 피부

11 UV-B의 파장 범위는?

① 320~400nm
② 290~320nm
③ 200~290nm
④ 100~200nm

12 제모 시 유의사항이 아닌 것은?

① 장시간의 목욕이나 사우나 직후는 피한다.

② 아토피성 각질이 있는 부위는 제모로 각질 제거효과를 볼 수 있다.

③ 제모 부위는 유분기와 땀을 제거한 후 완전히 건조된 다음 실시한다.

④ 염증이나 상처, 피부질환이 있는 경우는 하지 말아야 한다.

13 팩의 효과로 옳지 않은 것은?

① 팩의 재료에 따라 진정작용, 수렴작용 등의 효과가 있다.

② 일시적으로 피부 온도를 높여 혈액순환을 촉진한다.

③ 피부와 외부를 일시적으로 차단하므로 치유작용을 한다.

④ 노화한 각질층을 팩제와 함께 제거하여 피부 표면을 청결하게 할 수 있다.

14 피지의 분비가 많은 지성, 여드름성 피부의 노폐물 제거에 가장 효과적인 팩은?

① 석고팩　　　② 클레이팩

③ 오이팩　　　④ 알로에젤팩

15 기기를 활용하여 피부의 모공 크기, 유분 정도, 예민 정도, 혈액순환 상태를 파악하는 피부 진단방법은?

① 견진　　　　② 촉진

③ 문진　　　　④ 판독

16 피부관리 시 마무리 단계에 해당되지 않는 것은?

① 두피 가볍게 풀어주기

② 얼굴의 경혈점을 지압하기

③ 자외선 차단제 도포하기

④ 목 뒷부분 근육 풀어주기

17 스웨디시 마사지의 유연법 중 강한 동작으로 피부를 집어 주름 잡듯이 행하는 동작은?

① 린징(wringing)

② 풀링(pulling)

③ 처킹(chucking)

④ 롤링(rolling)

18 아유르베다 마사지에 대한 설명 중 옳지 않은 것은?

① 인도의 전통마사지로 체내 모든 에너지 간의 균형을 유지하는 것이다.
② 부드럽고 약하게 마사지한다.
③ 천연 허브와 식물성 오일을 사용한다.
④ 인간의 4가지 본능을 충족시키기 위해 균형 있는 건강이 필요하다는 것이다.

19 다음 비타민에 대한 설명 중 틀린 것은?

① 비타민 A가 결핍되면 피부가 건조해지고 거칠어진다.
② 지용성 비타민은 A, C, D, E, K이다.
③ 레티노이드는 비타민 A를 통칭하는 용어이다.
④ 비타민 C는 교원질 형성에 중요한 역할을 한다.

20 면역의 개념 중 항원·항체반응과 관련이 적은 것은?

① 보체활성화 반응
② 침전반응
③ 회피반응
④ 응집반응

21 지성 피부에 대한 설명 중 틀린 것은?

① 지성 피부는 정상 피부보다 피지 분비량이 많다.
② 피부가 윤기가 없으며 푸석푸석하고 순환이 원활하지 않다.
③ 과각질화 현상이 있어 피부가 두껍게 보인다.
④ 지성 피부의 관리는 피지 제거 및 세정을 주목적으로 한다.

22 피부색을 결정짓는 데 주요한 요인이 되는 멜라닌 색소를 만들어 내는 피부층은?

① 표피의 과립층
② 진피의 망상층
③ 표피의 기저층
④ 진피의 유두층

23 진피에 자리하고 있으며 통증이 동반되고, 화농성 여드름 피부의 4단계에서 생성되는 것으로 치료 후 흉터가 남는 것은?

① 구진 　② 농포
③ 결절 　④ 낭종

24 아토피성 피부에 대한 설명으로 옳지 않은 것은?

① 유전적 소인이 있다.
② 환경적인 요인이 있다.
③ 환자의 면역학적 이상과 피부 보호막의 이상 등 여러 원인이 복합적이다.
④ 소아 습진과는 관계가 없다.

25 보습제의 작용 기전에 따른 기능이 아닌 것은?

① 다른 성분들의 흡수를 높이고 피부를 매끄럽게 하는 효과
② 수분 증발을 막고 피부를 부드럽게 하는 윤활제 역할
③ 수분방어막을 형성하여 유분 흡수를 막는 역할
④ 피부 장벽을 형성하여 수분 증발을 막는 역할

26 표피에서 촉감을 감지하는 세포는?

① 각질형성 세포
② 멜라닌 세포
③ 머켈 세포
④ 랑게르한스 세포

27 기미의 유형이 아닌 것은?

① 표피형 기미
② 진피형 기미
③ 피하조직형 기미
④ 혼합형 기미

28 인체의 3가지 형태의 근육 종류 명이 아닌 것은?

① 골격근
② 내장근
③ 심근
④ 평활근

29 성인의 척주를 형성하는 추골 중 흉추의 수는?

① 5개
② 7개
③ 12개
④ 33개

30 모공이 넓은 사람에게 갈바닉 기기를 이용하여 모공관리를 하고자 할 때 가장 적절한 내용은?

① 음극 전기로 세정효과를 부여한다.
② 양극 전기로 수렴효과를 부여한다.
③ 음극 전기로 진정효과를 부여한다.
④ 양극 전기로 이완효과를 부여한다.

31 세포분열 시 가장 활발한 기관은?

① 사립체
② 골지체
③ 리소좀
④ 중심체

32 뼈의 기본 구조가 아닌 것은?

① 골막
② 골외막
③ 골내막
④ 심막

33 다음 중 체간골격이 아닌 뼈는?

① 두개골
② 이소골
③ 견갑골
④ 갈비뼈

34 골격계의 기능이 아닌 것은?

① 보호기능
② 저장기능
③ 지지기능
④ 열 생산

35 수분 측정기로 피부 상태를 측정하고자 할 때 고려해야 하는 내용이 아닌 것은?

① 온도는 20~22℃에서 측정한다.
② 습도는 40~60%가 적당하다.
③ 운동 직후에는 충분한 휴식을 취한 후 측정하도록 한다.
④ 직사광선이나 직접조명 아래에서 측정한다.

36 고주파 기기의 효능이 아닌 것은?

① 노폐물 배출
② 살균효과
③ 혈액순환 촉진
④ 근육수축 효과

37 가열센서가 내장되어 있어 물통의 정수를 가열하면 증기가 발생되어 각질세포를 연화시키고 피부 이완 및 보습효과를 증진시켜 주는 안면 전용 기본관리기기는?

① 전동브러시
② 갈바닉 기기
③ 스티머
④ 초음파기

38 사람의 귀로 들을 수 없는 불가청 진동 음파이며, 18,000~20,000Hz 이상의 주파수 진동으로 피부조직에 미세한 마사지 효과를 주는 기기는?

① 초음파 기기　　② 저주파 기기
③ 고주파 기기　　④ 갈바닉 기기

39 미용기기로 사용되는 진공흡입기와 관련이 없는 것은?

① 피지 제거, 불순물 제거에 효과적이다.
② 피부에 적절한 자극을 주어 피부기능을 왕성하게 한다.
③ 혈액순환 및 림프순환 촉진에 효과가 있다.
④ 민감성 피부나 모세혈관 확장증에 적용하면 좋은 효과가 있다.

40 스티머 사용 시 주의사항과 가장 거리가 먼 것은?

① 오존을 사용하지 않는 스티머를 사용하는 경우는 아이패드를 하지 않아도 된다.
② 스팀이 나오기 전에 오존을 켜서 준비한다.
③ 눈 주위는 자연스럽게 스팀을 받도록 하고 모세혈관이 확장된 부위는 화장솜으로 덮어서 보호한다.
④ 스티머가 고객의 안면으로 쓰러지지 않도록 주의해야 하며, 특히 화상을 입지 않도록 주의해야 한다.

41 화장품과 의약품의 차이를 바르게 설명한 것은?

① 화장품의 사용 목적은 위생 및 질병의 개선이다.

② 화장품의 부작용은 최소한 어느 정도까지는 인정된다.

③ 화장품의 사용 대상은 정상적인 상태인 자이며, 의약품의 사용 대상은 환자로 되어 있다.

④ 의약품의 부작용은 인정되지 않는다.

42 세안용 화장품의 구비조건으로 부적당한 것은?

① 기포성 – 거품이 잘나고 세정력이 있어야 한다.

② 용해성 – 냉수나 온탕에 잘 풀려야 한다.

③ 안정성 – 물이 묻거나 건조해지면 형과 질이 잘 변해야 한다.

④ 자극성 – 피부를 자극시키지 않아야 한다.

43 피부에서 땀과 함께 분비되는 천연 자외선 흡수제는?

① 글리콜산   ② 우로칸산

③ 글루탐산   ④ 레틴산

44 AHA(Alpha Hydroxy Acid)와 관련한 내용으로 옳지 않은 것은?

① 미백작용

② 글리콜산, 젖산, 주석산, 사과산, 구연산이 주성분

③ 화학적 필링

④ 각질세포의 응집력 강화

45 글리세린의 가장 중요한 작용은?

① 소독작용

② 탈수작용

③ 수분 유지작용

④ 금속염 제거작용

46 천연 과일에서 추출한 필링제는?

① AHA

② BHA

③ 라틱산

④ PHA

47 박하(peppermint)에 함유된 시원한 느낌으로 혈액순환 촉진 성분은?

① 유칼립투스
② 멘톨
③ 알코올
④ 마조람 오일

48 소독에 영향을 미치는 인자는?

① 온도, 수분, 시간
② 온도, 대기압
③ 온도, 함량
④ 시간, 삼투압

49 바이러스에 대한 일반적인 설명으로 옳지 않은 것은?

① 항생제에 감수성이 있다.
② 병원체 중 가장 작아 전자현미경으로 관찰이 가능하다.
③ 핵산 DNA 바이러스와 RNA 바이러스가 있다.
④ 바이러스는 살아 있는 세포 내에서만 증식이 가능하다.

50 이·미용업소의 위생관리 기준으로 적합하지 않은 것은?

① 소독한 기구와 소독을 하지 아니한 기구를 분리하여 보관한다.
② 1회용 면도날을 손님 1인에 한하여 사용한다.
③ 피부미용을 위한 의약품은 따로 보관한다.
④ 영업장 안의 조명도는 75lx 이상이어야 한다.

51 청문을 실시하여야 하는 사항과 거리가 먼 것은?

① 이·미용사의 면허취소 처분을 하고자 하는 때
② 공중위생영업의 정지 처분을 하고자 하는 때
③ 영업소 폐쇄명령의 처분을 하고자 하는 때
④ 벌금으로 처벌하고자 하는 때

52 병원성 또는 비병원성 미생물 및 아포를 가진 것을 전부 사멸 또는 제거하는 것은?

① 방부　　　② 살균
③ 소독　　　④ 멸균

53 공중위생관리법상 위생교육에 대한 설명으로 옳지 않은 것은?

① 위생교육은 매년 수료하는 법정 의무 교육이다.
② 위생교육은 대리 교육이 가능하다.
③ 위생교육 시간은 3시간이다.
④ 이·미용업자는 위생교육 대상자이다.

54 당이나 혈청과 같이 열에 의해 변성되거나 불안정한 액체의 멸균에 이용되는 소독법은?

① 저온살균법
② 여과멸균법
③ 습열멸균법
④ 건열멸균법

55 공중위생관리법령에 따른 과징금의 부과 및 납부에 관한 사항으로 틀린 것은?

① 과징금을 부과하고자 할 때에는 위반행위의 종별과 해당 과징금의 금액을 명시하여 이를 납부할 것을 서면으로 통지하여야 한다.
② 통지를 받은 자는 통지를 받은 날부터 20일 이내에 과징금을 시장·군수·구청장이 정하는 수납기관에 납부해야 한다.
③ 과징금이 클 때는 과징금의 2분의 1 범위에서 각각 분할 납부가 가능하다.
④ 과징금의 징수절차는 보건복지부령으로 정한다.

56 공중위생감시원의 업무 범위가 아닌 것은?

① 공중위생 관련 시설 및 설비의 위생상태 확인·검사
② 공중위생영업소의 영업 재개명령 이행 여부의 확인
③ 공중위생업자의 위생교육 이행 여부의 확인
④ 공중위생업자의 위생지도 및 개선명령 이행 여부 확인

57 식품의 혐기성 상태에서 발육하여 신경독소를 분비하는 세균성 식중독 원인균은?

① 보툴리누스균
② 살모넬라균
③ 장염비브리오균
④ 황색포도상구균

58 감염병 유행의 3대 요인으로 거리가 먼 것은?

① 온도와 습도
② 병원소
③ 감수성이 높은 집단
④ 비말전파

59 사회보장의 분류에 속하지 않는 것은?

① 생활보호
② 산재보험
③ 자동차보험
④ 소득보장

60 수질오염에 대한 설명으로 옳은 것은?

① BOD가 높고 DO가 낮으면 오염도가 높은 것
② BOD가 높고 DO가 높으면 오염도가 낮은 것
③ BOD가 낮고 DO가 높으면 오염도가 높은 것
④ COD가 높고 DO가 낮으면 오염도가 낮은 것

01 매뉴얼 테크닉 방법에 대한 설명으로 옳지 않은 것은?

① 마사지 동작 시 크림류가 눈, 코, 입에 들어가지 않도록 유의한다.

② 전신에 손바닥을 밀착시키고 규칙적인 리듬을 타면서 체간(몸통)을 이용하여 관리한다.

③ 전신에 적용하는 매뉴얼 테크닉은 강하면 강할수록 효과가 좋다.

④ 매뉴얼 테크닉은 림프절이 흐르는 방향, 근육의 방향으로 실시한다.

02 세안에 대한 설명으로 옳지 않은 것은?

① 세안은 피부관리에 있어서 가장 먼저 행하는 과정이다.

② 클렌징제의 선택이나 사용방법은 피부 상태에 따라 고려되어야 한다.

③ 피부 표면은 약산성인 pH 4.5~6.5를 유지하여야 세균의 번식이 쉽지 않다.

④ 청결한 피부를 위해 약알칼리 세안제를 사용한다.

03 건성 피부의 화장품 사용법으로 적절하지 않은 것은?

① 클렌저는 밀크 타입이 적당하다.

② 화장수는 보습 성분이 함유된 제품을 사용한다.

③ 물세안만 하고 모든 제품은 유분 함량이 높은 것만 사용한다.

④ 영양, 보습 성분이 있는 오일, 에센스를 적절히 사용한다.

04 지성 피부의 화장품 적용 목적 및 효과로 가장 거리가 먼 것은?

① 항염, 항균작용

② 피지 분비 조절

③ 각질관리

④ 모공 수 감소

05 클렌징의 목적과 가장 거리가 먼 것은?

① 피부의 청결 유지

② 혈액순환 촉진

③ 피부의 보습과 영양 상태 유지

④ 관리의 준비단계

06 팩의 설명으로 옳지 않은 것은?

① 파라핀 팩은 모세혈관 확장피부에 효과적이다.

② peel-off 타입의 팩은 건조되면서 얇은 필름막을 형성하며 피부 청결에 효과적이다.

③ wash-off 타입의 팩은 도포 후 일정 시간이 지나면 미온수로 닦아내는 형태의 팩이다.

④ 신진대사와 노폐물 제거, 보습작용, 청정작용 등의 효과가 있다.

07 포인트 메이크업 제거방법으로 틀린 것은?

① 포인트 메이크업 전용 리무버를 사용한다.

② 눈 주위와 입술은 피부가 얇으므로 세심하게 지운다.

③ 클렌징 로션으로 세심하게 눈 주위의 색조 화장을 지운다.

④ 전용 리무버를 화장솜에 묻히고 눈이나 입에 제품이 들어가지 않도록 지운다.

08 딥 클렌징에 대한 설명으로 옳은 것은?

① 제품으로 효소, 스크럽, AHA, 고마쥐 등을 사용할 수 있다.

② 여드름성 피부나 지성 피부는 2주에 1회 정도 하는 것이 효과적이다.

③ 모든 피부는 주 1회 이상 딥 클렌징을 하여야 유효성분 흡수에 효과적이다.

④ 건성, 민감성 피부는 딥 클렌징을 삼가한다.

09 다음에서 설명하는 팩으로 가장 적합한 것은?

- 효과 : 피부 타입에 따라 다양하게 사용되며 유화 형태이므로 사용감이 부드럽고 침투가 쉽다.
- 사용방법 및 주의사항 : 사용량만큼 필요한 부위에 바르고 필요에 따라 포일, 랩, 적외선 램프를 사용한다.

① 크림팩　　　　② 분말팩
③ 석고팩　　　　④ 벨벳팩

10 우드 램프에 의한 피부의 분석 결과 중 옳지 않은 것은?

① 청백색 – 정상 피부

② 연보라색 – 건성 피부

③ 진보라색 – 여드름, 피지, 지루성 피부

④ 암갈색 – 색소침착 피부

11 제모의 종류와 방법 중 옳은 것은?

① 일시적 제모는 면도, 가위를 이용한 커팅법, 화학적 제모, 전기침 탈모법 등이 있다.

② 영구적 제모는 왁스, 전기탈모법, 전기 핀셋 탈모법, 탈색법이 있다.

③ 제모 시 사용되는 왁스는 크게 콜드왁스와 웜왁스로 구분할 수 있다.

④ 왁스를 이용한 제모법은 피부나 모낭 등에 화학적 해를 미치는 단점이 있다.

12 다음에서 설명하는 팩의 재료는?

> 열을 내어 혈액순환을 촉진시키고 피부를 완전 밀폐시켜 팩(마스크) 도포 전에 바르는 앰플과 영양액 및 영양크림의 성분이 피부 깊숙이 흡수되어 피부 개선에 효과를 준다.

① 해초　　　　② 석고

③ 꿀　　　　　④ 아로마

13 여드름 피부에 사용하기에 가장 좋은 아로마는?

① 유칼립투스

② 로즈메리

③ 페퍼민트

④ 티트리

14 건성 피부에 적용되는 화장품 사용법으로 적합하지 않은 것은?

① 낮에는 O/W형의 데이크림과 밤에는 W/O형의 나이트 크림을 사용한다.

② 강하게 탈지시켜 피지샘 기능을 균형 있게 해주고 모공을 수축해 주는 크림을 사용한다.

③ 봄, 여름에는 O/W형 크림을 사용하고 가을, 겨울에는 W/O형 크림을 사용한다.

④ 세라마이드 성분이 함유된 크림을 사용한다.

15 제모 관리에서 왁스 제모법의 장점이 아닌 것은?

① 광범위한 부위를 짧은 시간 내에 효과적으로 제거할 수 있다.

② 다른 일시적 제모제보다 제모효과가 4~5주 정도 오래 지속된다.

③ 털을 한 번에 제거하므로 즉각적인 결과를 가져온다.

④ 한 번 사용한 왁스는 재사용이 가능하므로 경제적이다.

16 천연보습인자의 설명으로 틀린 것은?

① NMF(Natural Moisturizing Factor)
라고 한다.
② 아미노산, 젖산, 요소 등으로 구성되어
있다.
③ 피부 진피층의 세포에 있다.
④ 피부 수분 보유량을 조절한다.

17 UV-A가 피부에 미치는 영향에 대한 설명
으로 옳은 것은?

① 색소침착 유발
② 홍반현상
③ 일광화상
④ 피부암 유발

18 필 오프 타입(peel-off type) 마스크의 특
징이 아닌 것은?

① 피부 유형에 따라 일주일에 1~2회 사용
한다.
② 젤 또는 액체 형태의 수용성으로, 바른
후 건조되면서 필름막을 형성한다.
③ 민감성 피부는 얇고 균일하게 바른 후
위에서 아래로 떼어낸다.
④ 팩 제거 시 피지나 죽은 각질세포가 제
거됨으로써 피부 청정효과를 준다.

19 다음 중 표피수분부족 피부의 특징은?

① 연령과 계절의 영향으로 발생한다.
② 피부조직에 표피성 잔주름이 형성된다.
③ 피부당김이 진피(내부)에서 심하게 느
껴진다.
④ 피부조직이 아주 얇게 보인다.

20 성인의 경우 피부가 차지하는 비중은 체중
의 약 몇 % 정도인가?

① 10~12%
② 15~17%
③ 20~27%
④ 30~37%

21 콜라겐과 엘라스틴이 주성분으로 이루어
진 피부조직은?

① 표피 과립층　　② 표피 기저층
③ 진피조직　　　　④ 피하조직

22 다음 중 자외선의 긍정적인 효과는?

① 비타민 D 합성
② 노화 촉진
③ 피부암 유발
④ 홍반반응

23 수정과 임신에 대한 설명 중 잘못된 것은?

① 임신에서 분만까지의 기간은 280일 정도이다.
② 모체와 태아 사이의 모든 물질 교환이 이루어지는 곳은 태반이다.
③ 임신기간이 지날수록 프로게스테론과 에스트로겐은 증가한다.
④ 임신 2개월 때 태아에 체모가 생기고 외음부에 남녀의 차이가 난다.

24 여드름 발생의 주요 원인과 가장 거리가 먼 것은?

① 여드름균의 군락 형성
② 모낭 내 이상 각화
③ 염증반응
④ 아포크린선의 분비 증가

25 비타민이 결핍되었을 때 발생하는 질병의 연결로 옳지 않은 것은?

① 비타민 A – 야맹증
② 비타민 B₁ – 구루병
③ 비타민 C – 괴혈증
④ 비타민 E – 불임증

26 단순포진이 나타나는 증상으로 가장 거리가 먼 것은?

① 피부 또는 점막에 홍반과 함께 군집을 이루는 작은 물집이 발생한다.
② 처음 홍반이 나타난 이후 군집을 이룬 반구형의 작은 물집이 발생한다.
③ 병변은 가렵거나 따갑기도 하다.
④ 성기 부위를 침범하는 1형과 입 주위를 침범하는 2형으로 구분된다.

27 피부 분석표 작성 시 피부 표면의 혈액순환 상태에 따른 분류가 아닌 것은?

① 홍반피부
② 모세혈관 확장피부
③ 주사성 피부
④ 과색소 피부

28 두개골 중에서 뇌하수체가 담기는 뼈의 이름은?

① 후두골   ② 서골

③ 접형골   ④ 측두골

29 혈관의 구조에 관한 설명으로 옳지 않은 것은?

① 동맥은 3층 구조이며 혈관벽이 정맥에 비해 두껍다.

② 동맥은 중막인 평활근 층이 발달해 있다.

③ 정맥은 3층 구조이며 혈관벽이 얇으며 판막이 발달해 있다.

④ 모세혈관은 혈관벽이 얇으며, 판막이 발달해 있어 혈액의 역류를 방지한다.

30 다음 중 발목관절을 형성하는 뼈를 모두 고른 것은?

가. 거골	나. 경골
다. 비골	라. 종골

① 가, 나, 다   ② 가, 다

③ 나, 라   ④ 가, 나, 다, 라

31 활막성 관절의 구조 중 관절의 형태를 보완해 주는 것은?

① 관절순   ② 관절강

③ 관절연골   ④ 관절낭

32 인체 내의 화학물질 중 근육수축에 주로 관여하는 것은?

① 남성호르몬과 여성호르몬

② 비타민과 미네랄

③ 액틴과 미오신

④ 단백질과 칼슘

33 담즙을 만들어 포도당을 글리코겐으로 저장하는 소화기관은?

① 위   ② 간

③ 십이지장   ④ 췌장

34 인체에 적혈구가 부족하면 주로 나타나는 증상은?

① 빈혈　　② 출혈
③ 감염　　④ 알레르기

35 고주파기의 효과에 대한 설명으로 틀린 것은?

① 피부의 생리 활성화로 노폐물 배출의 효과가 있다.
② 심부열을 발생하고, 내분비선의 분비를 활성화한다.
③ 림프와 혈액순환을 촉진한다.
④ 근육을 위축시키고, 염증을 일으킨다.

36 적외선등에 대한 설명이 옳지 않은 것은?

① 근육 이완에 효과적이다.
② 색소침착을 일으킨다.
③ 세포의 활성화를 도와준다.
④ 온열작용을 통해 화장품 유효성분의 흡수를 도와준다.

37 다음 중 프리마톨을 가장 잘 설명한 것은?

① 스프레이를 이용하여 모공의 피지와 불필요한 각질을 제거하기 위해 사용하는 기기이다.
② 회전 브러시를 이용하여 모공의 피지와 불필요한 각질을 제거하기 위해 사용하는 기기이다.
③ 석션 유리관을 이용하여 모공의 피지와 불필요한 각질을 제거하기 위해 사용하는 기기이다.
④ 초음파를 이용하여 모공의 피지와 불필요한 각질을 제거하기 위해 사용하는 기기이다.

38 열을 이용한 기기로 맞는 것은?

① 프리마톨
② 스티머
③ 컬러테라피 기기
④ 이온토포레시스

39 용액 내에서 이온화되어 전도체가 되는 물질은?

① 원자　　② 분자
③ 전해질　　④ 전기분해

40 피부 분석 시 사용하는 기기가 아닌 것은?

① 확대경
② 스킨 스코프
③ 우드 램프
④ 적외선 램프

42 화장품법상 화장품의 정의와 관련한 내용이 아닌 것은?

① 인체를 청결히 하고, 미화하고, 매력을 더하고 용모를 밝게 변화시키기 위해 사용하는 물품
② 피부·모발의 건강을 유지 또는 증진하기 위한 의약품을 포함한 물품
③ 인체에 바르고 문지르거나 뿌리는 등 이와 유사한 방법으로 사용되는 물품
④ 인체에 사용되는 물품으로서 인체에 대한 작용이 경미한 것

41 클렌징 제품에 대한 설명이 틀린 것은?

① 클렌징 로션은 O/W 타입으로 친수성이며 건성, 노화, 민감성 피부에만 사용할 수 있다.
② 클렌징 오일은 일반 오일과 다르게 물에 용해되는 특성이 있고, 탈수 피부, 민감성 피부, 악건성 피부에 사용하면 효과적이다.
③ 비누는 사용 역사가 가장 오래된 클렌징 제품이고 종류가 다양하다.
④ 클렌징 크림은 이중 세안을 해서 클렌징 제품이 피부에 남아 있지 않도록 해야 한다.

43 화장품 중 그 분류가 다른 것은?

① 클렌징 로션
② 클렌징 크림
③ 폼 클렌저
④ 클렌징 워터

44 땀의 분비로 인한 냄새와 세균의 증식을 억제하기 위해 주로 겨드랑이 부위에 사용하는 것은?

① 파우더
② 샤워 코롱
③ 바디 로션
④ 데오도란트 로션

45 다음 중 아줄렌 팩의 주된 효과는?

① 진정효과
② 미백효과
③ 주름 개선
④ 탄력효과

46 양모에서 추출한 동물성 왁스는?

① 라놀린　　　② 밀납
③ 레시틴　　　④ 바세린

47 계면활성제에 대한 설명으로 옳지 않은 것은?

① 계면활성제는 일반적으로 둥근 머리 모양의 친수성기와 막대 꼬리 모양의 소수성기를 가진다.
② 계면활성제의 피부에 대한 자극은 양쪽성 > 음이온성 > 양이온성 > 비이온성의 순으로 감소한다.
③ 비이온성 계면활성제는 피부 자극이 적어 화장수의 가용화제, 크림의 유화제, 클렌징 크림의 세정제 등에 사용된다.
④ 음이온성 계면활성제는 세정작용이 우수하여 비누, 샴푸 등에 사용된다.

48 공중보건에 대한 설명으로 가장 적절한 것은?

① 개인을 대상으로 한다.
② 집단 또는 지역사회를 대상으로 한다.
③ 예방의학을 대상으로 한다.
④ 사회의학을 대상으로 한다.

49 소독제 중에서 할로겐계에 속하지 않는 것은?

① 표백분
② 석탄산
③ 차아염소산나트륨
④ 아이오딘액

50 다음 중 홍역 등의 질병을 앓고 난 후에 획득된 면역은?

① 자연수동면역
② 자연능동면역
③ 인공능동면역
④ 인공수동면역

51 소독에 사용되는 약제의 이상적인 조건이 아닌 것은?

① 살균하고자 하는 대상물을 손상시키지 않아야 한다.
② 독성이 강하고, 사용방법이 복잡해야 한다.
③ 용해성이 높고, 안정성이 있어야 한다.
④ 살균력이 강해야 한다.

52 독소형 식중독의 원인균은?

① 장염비브리오균
② 병원성대장균
③ 황색포도상구균
④ 살모넬라균

53 미용사가 영업소 외의 장소에서 미용 업무를 한 경우 2차 위반 시 행정처분기준은?

① 영업정지 1월
② 영업정지 2월
③ 면허정지 3월
④ 영업장 폐쇄명령

54 오물 등의 소독에 사용하는 크레졸수의 농도로 가장 적합한 것은?

① 3~5%
② 6~10%
③ 12~18%
④ 20~30%

55 이·미용업 종사자가 손을 씻을 때 많이 사용하는 소독약은?

① 크레졸수   ② 페놀수
③ 과산화수소   ④ 역성비누

56 이·미용업 영업자의 지위를 승계한 자가 관계기관에 신고를 해야 하는 기간은?

① 1년 이내   ② 3월 이내
③ 6월 이내   ④ 1월 이내

57 공중위생관리법에서 공중위생영업에 해당되지 않는 업종은?

① 이용업
② 미용업
③ 건물위생관리업
④ 임대업

58 영업소의 폐쇄명령을 받고도 계속하여 영업을 하는 때에 관계공무원으로 하여금 영업소를 폐쇄할 수 있도록 조치를 취할 수 있는 자는?

① 시·도지사
② 시장·군수·구청장
③ 보건복지부장관
④ 보건소장

59 화학적 소독법에 해당하는 것은?

① 자비소독법
② 석탄산 소독법
③ 고압증기멸균법
④ 간헐멸균법

60 질병 발생 요인 중 병인의 생물학적 요인이 아닌 것은?

① 기생충   ② 유독성 물질
③ 세균   ④ 바이러스

↻ 정답 및 해설 p.209

01 매뉴얼 테크닉의 효과가 아닌 것은?

① 혈액순환을 촉진시킨다.

② 림프순환을 촉진시킨다.

③ 근육의 긴장을 감소시킨다.

④ 가슴과 복부 관리를 통해 생리 시, 임신 초기와 말기에 진정효과를 준다.

02 피부미용의 목적이 아닌 것은?

① 노화 예방을 통하여 건강하고 아름다운 피부를 유지한다.

② 화장이 들뜨지 않도록 유·수분 관리로 건강한 피부를 유지한다.

③ 심리적·정신적 안정을 통해 피부를 건강한 상태로 유지한다.

④ 질환적 피부 개선을 위해 의료기기를 사용하여 피부 상태를 개선시킨다.

03 클렌징 과정에서 제일 먼저 클렌징을 해야 할 부위는?

① 볼 부위 ② 눈 부위

③ 목 부위 ④ 입술 부위

04 피부미용 관리의 순서가 옳은 것은?

① 피부 분석 → 피부관리 → 피부관리 설명 → 다음 관리와 예약

② 피부관리 → 피부 분석 → 피부관리 설명 → 다음 관리와 예약

③ 피부 분석 → 피부관리 설명 → 피부관리 → 다음 관리와 예약

④ 피부관리 설명 → 피부 분석 → 피부관리 → 다음 관리와 예약

05 지성 피부의 세안방법으로 옳은 것은?

① 피지 분비량이 많으므로 물 온도를 뜨겁게 하여 세안한다.

② 피지 제거를 위해 차가운 물로 비누 세안을 자주 한다.

③ 잦은 세안은 피부에 자극이 되므로 클렌징 티슈로 닦고 물로만 헹군다.

④ 미온수를 이용해 잔여물이 남지 않도록 헹군다.

06 매뉴얼 테크닉을 적용할 때 그 효과에 영향을 주는 요소와 가장 거리가 먼 것은?

① 피부결의 방향
② 다양하고 현란한 기교
③ 속도와 리듬
④ 연결성

07 민감성 피부의 화장품 사용에 대한 설명으로 틀린 것은?

① 석고팩이나 피부에 자극이 되는 제품의 사용을 피한다.
② 화장품 도포 시 첩포시험을 하여 적합성 여부의 확인 후 사용하는 것이 좋다.
③ 피부의 진정, 보습효과가 뛰어난 제품을 사용한다.
④ 스크럽(scrub)이 들어간 세안제를 사용하고 알코올 성분이 들어간 화장품을 사용한다.

08 클렌징 크림의 조건과 거리가 먼 것은?

① 체온에 의하여 액화되어야 한다.
② 완만한 표백작용을 가져야 한다.
③ 피부에서 즉시 흡수되는 약제가 함유되어야 한다.
④ 소량의 물을 함유한 유화성 크림이어야 한다.

09 왁스를 이용한 제모의 부적용증과 가장 거리가 먼 것은?

① 당뇨병   ② 고혈압
③ 과민한 피부   ④ 정맥류

10 피부 유형에 맞는 화장품 연결로 적절하지 않은 것은?

① 지성 피부 – 수분만 보충할 수 있는 화장품
② 건성 피부 – 유분과 수분이 많이 함유된 화장품
③ 민감성 피부 – 향, 색소, 방부제를 함유하지 않거나 적게 함유된 화장품
④ 정상 피부 – 유분과 수분의 균형을 줄 수 있는 화장품

11 딥 클렌징의 효과와 거리가 먼 것은?

① 노화된 각질 제거
② 심한 민감성 피부의 민감도 완화
③ 모공의 노폐물 제거
④ 화장품의 피부 흡수를 도와줌

12 스크럽 성분의 딥 클렌징을 피하는 것이 가장 좋은 피부는?

① 모공이 넓은 지성 피부
② 블랙헤드가 많은 정상 피부
③ 모세혈관이 확장되고 민감한 피부
④ 지성 우세 복합성 피부

13 팩 사용 시 주의사항이 아닌 것은?

① 잔주름 예방을 위해 눈 위에 직접 덧바른다.
② 피부 유형에 알맞은 팩제를 사용한다.
③ 안에서 바깥 방향으로 바른다.
④ 한방팩, 천연팩 등은 즉석에서 만들어 사용한다.

14 눈썹이나 겨드랑이 등과 같이 연약한 피부의 제모에 사용하며, 부직포를 사용하지 않고 체모를 제거할 수 있는 왁스(wax) 제모방법은?

① 소프트(soft) 왁스법
② 물(water) 왁스법
③ 하드(hard) 왁스법
④ 콜드(cold) 왁스법

15 피부 상담 시 고려해야 할 점으로 가장 거리가 먼 것은?

① 필요한 제품을 판매하기 위해 고객이 사용하는 화장품의 종류를 체크한다.
② 관리 시 생길 수 있는 만약의 경우에 대비하여 병력사항을 반드시 상담하고 기록해 둔다.
③ 피부관리 유경험자의 경우 그동안의 관리 내용에 대해 상담하고 기록해 둔다.
④ 여드름을 비롯한 문제점 피부고객의 경우 과거 병원치료나 약물치료의 경험이 있는지 기록해 두어 피부관리 계획표 작성에 참고한다.

16 피부 유형에 따른 관리방법으로 적절하지 않은 것은?

① 민감성 피부 – 알코올이 함유되어 있지 않은 저자극성 제품을 사용한다.
② 복합성 피부 – T존 부위에는 되도록 제품을 사용하지 않는다.
③ 여드름 피부 – 피지조절과 항염작용, 진정작용이 있는 제품을 사용한다.
④ 조기노화 피부 – 주름 개선에 도움을 주는 제품을 사용한다.

17 마스크 적용 시 거즈를 사용하는 주목적에 해당되는 것은?

① 내용물이 흘러내리는 것을 방지
② 노폐물 제거
③ 온도 유지
④ 유효성분 흡수 촉진

18 팩의 도포방법으로 적절하지 않은 것은?

① 팩은 일정한 두께로 고르게 바른다.
② 팩 도포 시 아이패드로 눈을 보호한다.
③ 팩 브러시는 45°로 눕혀서 사용한다.
④ 석고팩은 베이스 크림을 생략하고 바른다.

19 피부에 존재하는 감각기관 중 가장 많이 분포하는 것은?

① 냉각점
② 온각점
③ 촉각점
④ 통각점

20 일반적인 피부 표면의 pH는?

① 약 2.5~3.5
② 약 4.5~5.5
③ 약 7.5~8.5
④ 약 9.5~10.5

21 피부의 피지막은 보통 상태에서 어떤 유화 상태로 존재하는가?

① W/O 유화
② W/S 유화
③ O/W 유화
④ S/W 유화

22 여드름 발생의 주요 원인과 가장 거리가 먼 것은?

① 여드름균의 군락 형성
② 모낭 내 이상 각화
③ 아포크린한선의 분비 증가
④ 염증반응

23 땀샘에 대한 설명으로 틀린 것은?

① 에크린선에서 분비되는 땀은 냄새가 거의 없다.
② 에크린선은 입술뿐만 아니라 전신 피부에 분포되어 있다.
③ 아포크린선에서 분비되는 땀은 분비량은 소량이나 나쁜 냄새의 요인이 된다.
④ 아포크린선에서 분비되는 땀 자체는 무취, 무색, 무균성이나 표피에 배출된 후, 세균의 작용을 받아 부패하여 냄새가 나는 것이다.

24 피부 노화에 대한 설명으로 옳은 것은?

① 내인성 노화보다는 광노화에서 표피의 두께가 두꺼워진다.
② 광노화에서는 내인성 노화와 달리 표피가 얇아지는 것이 특징이다.
③ 피부 노화에는 나이에 따른 노화의 과정으로 일어나는 광노화와 누적된 햇빛 노출에 의하여 야기되는 내인성 피부 노화가 있다.
④ 피부 노화가 진행되어도 진피의 두께는 그대로 유지된다.

25 사마귀(wart, verruca)의 원인은?

① 당뇨병   ② 진균
③ 내분비 이상   ④ 바이러스

26 직경 1~2mm의 둥근 백색 구진으로 안면(특히 눈 하부)에 호발하는 것은?

① 비립종   ② 표피낭종
③ 한관종   ④ 피지선 모반

27 노화 피부에 대한 전형적인 증세는?

① 수분이 80% 이상이다.

② 유분과 수분이 부족하다.

③ 지방이 과다 분비하여 번들거린다.

④ 항상 촉촉하고 매끈하다.

30 웃을 때 사용하는 근육이 아닌 것은?

① 안륜근

② 대협골근

③ 구륜근

④ 전거근

28 세포 내 소화기관으로 노폐물과 이물질을 처리하는 역할을 하는 기관은?

① 리보솜

② 미토콘드리아

③ 리소좀

④ 골지체

31 세포분열 시 방추사를 형성하는 것은?

① 중심소체

② 사립체

③ 리보솜

④ 리소좀

29 DNA를 구성하는 염기가 아닌 것은?

① 시토신

② 우라실

③ 아데닌

④ 티민

32 다음 중 뉴런과 뉴런의 접속 부위를 일컫는 것은?

① 랑비에 결절

② 신경원

③ 시냅스

④ 축삭종말

33 다음 뇌 중 체온을 조절하고 호르몬 분비, 갈증, 배고픔 등을 조절하는 부위는 무엇인가?

① 연수(숨뇌)
② 시상하부
③ 말초신경계
④ 자율신경계

34 피지의 세포 중 전해질 및 수분대사에 관여하는 염류피질호르몬을 분비하는 세포군은?

① 속상대   ② 망상대
③ 사구대   ④ 경팽대

35 피부 분석 시 육안으로 보기 힘든 피지, 민감도, 색소침착, 모공의 크기, 트러블 등을 세밀하게 분별할 수 있는 기기는?

① 스티머   ② 진공흡입기
③ 우드 램프   ④ 스프레이

36 교류 전류로 신경근육계의 자극이나 전기 진단에 많이 이용되는 감응 전류의 피부관리 효과와 가장 거리가 먼 것은?

① 혈액순환을 촉진한다.
② 근육 상태를 개선한다.
③ 산소의 분비가 조직을 활성화시켜 준다.
④ 세포의 작용을 활발하게 하여 노폐물을 제거한다.

37 고형의 파라핀을 녹이는 파라핀기의 적용 범위가 아닌 것은?

① 손 관리
② 혈액순환 촉진
③ 통증 완화
④ 살균

38 열을 이용한 기기가 아닌 것은?

① 진공흡입기   ② 스티머
③ 파라핀 왁스   ④ 왁스 워머

39 전동브러시의 효과가 아닌 것은?

① 클렌징   ② 딥 클렌징

③ 필링   ④ 앰플 침투

40 매우 낮은 전압의 직류를 이용하며, 이온 영동법과 디스인크러스테이션의 두 가지 중요한 기능을 하는 기기는?

① 저주파 기기   ② 갈바닉 기기

③ 고주파 기기   ④ 초음파 기기

41 아로마테라피에 사용되는 에센셜 오일에 대한 설명 중 가장 거리가 먼 것은?

① 에센셜 오일은 원액을 그대로 피부에 사용해야 한다.

② 에센셜 오일은 주로 수증기 증류법에 의해 추출된 것이다.

③ 에센셜 오일은 공기 중의 산소, 빛 등에 의해 변질될 수 있으므로 갈색병에 보관 하여 사용하는 것이 좋다.

④ 에센셜 오일을 사용할 때에는 안전성 확보를 위하여 사전에 패치테스트 (patch test)를 실시하여야 한다.

42 화장품의 제형에 따른 특징이 아닌 것은?

① 가용화 제품 – 물에 소량의 오일 성분이 계면활성제에 의해 투명하게 용해되어 있는 상태의 제품

② 유화제품 – 물에 오일 성분이 계면활성 제에 의해 우윳빛으로 백탁화된 상태의 제품

③ 현탁화 제품 – 물에 다량의 오일 성분이 계면활성제에 의해 현탁하게 혼합된 상 태의 제품

④ 분산제품 – 물 또는 오일 성분에 미세한 고체입자가 계면활성제에 의해 균일하 게 혼합된 상태의 제품

43 화장품의 분류 중 영유아용 제품류에서 제 시한 영유아의 연령은?

① 3세 이하   ② 3세 미만

③ 5세 이하   ④ 5세 미만

44 화장수의 역할이 아닌 것은?

① 피부에 수렴작용을 한다.

② 각질층에 수분을 공급한다.

③ 피부의 pH 균형을 유지시킨다.

④ 피부 노폐물의 분비를 촉진시킨다.

45 무기안료 중 백색안료로 연결된 것은?

① 산화아연과 산화철안료
② 탤크와 산화철안료
③ 이산화타이타늄과 산화아연
④ 세리사이트와 이산화타이타늄

46 다음에서 설명하는 성분은?

- 비타민 A 유도체
- 콜라겐 생성 촉진
- 케라티노사이트의 증식 촉진
- 표피의 두께 증가
- 히알루론산 생성 촉진
- 피부 주름 개선
- 피부 탄력 증대

① 세라마이드
② 코엔자임Q10
③ 히알루론산
④ 레티놀

47 피부 천연보습인자(NMF)의 약 40%를 차지하는 대표적인 보습 성분은?

① 아미노산   ② 소비톨
③ 세라마이드   ④ 젖산나트륨

48 공중보건학과 예방의학의 설명으로 적절하지 않은 것은?

① 공중보건학의 목적은 질병 예방, 수명 연장, 신체적·정신적 건강과 능률 향상에 있다.
② 예방의학은 질병 예방과 건강 증진이 목적이다.
③ 예방의학의 문제 해결은 보건관리와 봉사이다.
④ 공중보건학은 질병의 사회적 요인을 제거하고 집단의 건강 향상을 도모하는 것이다.

49 공중보건사업 수행의 3대 요소에 속하는 것은?

① 예방의학   ② 보건행정
③ 환경위생   ④ 인구와 보건

50 순도 100% 소독약 원액 2mL에 증류수 98mL를 혼합하여 100mL의 소독약을 만들었다면 이 소독약의 농도는?

① 2%   ② 20%
③ 9.8%   ④ 98%

51 감염병의 발생단계 중 가장 마지막 단계는 무엇인가?

① 병원소로부터 병원체의 탈출
② 감수성 있는 숙주의 감염
③ 새로운 숙주로 침입
④ 병원체의 전파

52 청문을 실시하여야 하는 사항과 거리가 먼 것은?

① 이·미용사의 면허취소, 면허정지
② 일부 시설의 사용 중지
③ 공중위생영업의 정지
④ 과태료 징수

53 보건교육의 내용과 관계가 가장 먼 것은?

① 생활환경 위생 – 보건위생 관련 내용
② 성인병, 노인성 질병 – 질병 관련 내용
③ 기호품 및 의약품의 외용, 남용 – 건강 관련 내용
④ 미용정보 및 최신 기술 – 산업 관련 기술 내용

54 세균성 식중독이 소화기계 감염병과 다른 점은?

① 균량이나 독소량이 소량이다.
② 대체적으로 잠복기가 길다.
③ 연쇄 전파에 의한 2차 감염이 드물다.
④ 원인 식품 섭취와 무관하게 일어난다.

55 공중위생관리법상 위생교육을 받지 아니 한 때 부과되는 과태료의 기준은?

① 30만 원 이하
② 50만 원 이하
③ 100만 원 이하
④ 200만 원 이하

56 파리가 매개할 수 있는 질병과 거리가 먼 것은?

① 이질
② 콜레라
③ 장티푸스
④ 발진티푸스

57 이·미용사의 면허증을 재발급 신청을 할 수 없는 경우는?

① 면허증이 헐어 못쓰게 된 때
② 면허증을 분실한 때
③ 면허증의 기재사항에 변경이 있을 때
④ 국가기술자격법에 의한 이·미용사 자격증이 취소된 때

58 공중위생감시원이 될 수 없는 자는?

① 위생사 또는 환경기사 2급 이상의 자격증이 있는 자
② 외국에서 공중위생감시원으로 활동한 경력이 있는 자
③ 3년 이상 공중위생 행정에 종사한 경력이 있는 자
④ 고등교육법에 따른 대학에서 화학, 화공학, 환경공학, 위생학 분야를 전공하고 졸업한 자

59 다음 중 승홍에 소금을 섞었을 때 일어나는 현상은?

① 세균의 독성을 중화시킨다.
② 소독 대상물의 손상을 막는다.
③ 용액의 기능을 2배 이상 증대시킨다.
④ 용액이 중성으로 되고 자극성이 완화된다.

60 국가의 공중보건을 평가하는 기초 자료로 가장 신뢰성 있게 인정되고 있는 것은?

① 질병이환률
② 영아사망률
③ 신생아사망률
④ 조사망률

제6회 | 모의고사

↻ 정답 및 해설 p.213

01 클렌징 시술 방법 중 옳지 않은 것은?

① 클렌징 동작은 근육결 방향으로, 턱에서 머리 쪽으로 향하게 하는 것이 좋다.

② 클렌징 동작 중 원을 그리는 동작은 얼굴의 위를 향할 때 힘을 빼고 내릴 때 힘을 준다.

③ 방수 마스카라를 한 고객의 경우에는 오일 성분의 아이 메이크업 리무버를 사용하는 것이 좋다.

④ 포인트 메이크업 제거 시 아이 립 메이크업 리무버를 사용한다.

02 피부 분석을 하는 목적으로 옳은 것은?

① 피부 분석을 통해 고객의 라이프 스타일에 대해 조언을 하기 위해서

② 피부 분석을 통해 운동요법을 처방하기 위해서

③ 피부의 증상과 원인을 파악하여 의학적 치료와 처방을 하기 위해서

④ 피부의 증상과 원인을 파악하여 올바른 피부관리 계획을 수립하기 위해서

03 딥 클렌징에 대한 설명으로 틀린 것은?

① 칙칙하고 각질이 두꺼운 지성 피부에 효과적이다.

② 민감성 피부는 효소와 같은 제품으로 가급적 자극을 주지 않는 것이 좋다.

③ 스크럽 제품은 여드름 피부나 염증 부위에 사용하면 염증 완화에 효과적이다.

④ 효소를 이용할 경우 스티머가 없을 시 온습포를 적용할 수 있다.

04 매뉴얼 테크닉의 종류 중 기본 동작이 아닌 것은?

① 두드리기(tapotement)

② 누르기(press)

③ 흔들어 주기(vibration)

④ 반죽하기(petrissage)

05 매뉴얼 테크닉 시술 시 주의해야 할 사항으로 옳은 것은?

① 피부 타입과 피부 상태의 필요성에 따라 동작을 조절한다.
② 피부미용사는 손의 온도를 고객의 체온으로 따뜻해질 수 있게 시술한다.
③ 처음과 마지막 동작은 진동법으로 부드럽게 마무리 시술한다.
④ 동작마다 변화된 리듬감을 주면서 빠르고 정확한 속도를 지키도록 한다.

06 피지와 땀의 분비 저하로 유·수분의 균형이 정상적이지 못하고, 피부결이 얇으며 탄력 저하와 주름이 쉽게 형성되는 피부는?

① 지성 피부
② 건성 피부
③ 모세혈관 확장피부
④ 민감 피부

07 림프 드레나지의 주된 작용은?

① 근육조직 강화
② 노폐물과 독소물질을 림프절로 운반
③ 혈액순환과 신진대사 저하
④ 면역작용 저하

08 피부미용의 영역이 아닌 것은?

① 신체 각 부위 관리
② 제모
③ 레이저 필링
④ 눈썹 정리

09 효소 필링제의 사용법으로 적절한 것은?

① 도포한 후 피부 근육결 방향으로 문지른다.
② 도포한 후 완전히 건조되면 젖은 해면을 이용하여 닦아낸다.
③ 도포한 후 효소의 작용을 촉진하기 위해 스티머나 온습포를 사용한다.
④ 도포한 후 약간 덜 건조된 상태에서 문지르는 동작으로 각질을 제거한다.

10 팩의 효과와 가장 거리가 먼 것은?

① 피부 보습작용
② 피부의 진정 및 수렴작용
③ 피부의 혈행 촉진 및 청정작용
④ 모공 이완을 통한 노폐물 배출

11 왁스와 머슬린(부직포)을 이용한 일시적 제모의 특징으로 가장 적합한 것은?

① 한 번 시술을 하면 다시는 털이 나지 않는다.

② 깨끗한 외관을 유지하기 위해서 반복 시술을 하지 않아도 된다.

③ 넓은 부분의 불필요한 털을 제거하기 위해서는 많은 시간과 비용이 든다.

④ 한 번에 털을 제거하여 즉각적인 결과를 가져온다.

12 민감성 피부관리로 적절한 것은?

① 세안을 자주 한다.

② 강한 필링을 한다.

③ 모든 마사지가 불가하다.

④ 자극에 민감하므로 피부를 진정시키고 보습관리를 한다.

13 파라핀 마스크에 대한 설명으로 옳지 않은 것은?

① 발한작용에 의한 슬리밍 효과가 있다.

② 발열작용으로 유효성분 흡수를 높인다.

③ 건성, 노화 피부는 사용을 피한다.

④ 진피층까지 수분을 공급한다.

14 피부 유형과 화장품 연결이 잘못된 것은?

① 지성 피부 - 아침에는 알코올 함유 스킨 토너와 에센스를 바르고, 저녁에는 세안 후 오일이 많이 함유된 영양 크림을 바른다.

② 정상 피부 - 유·수분을 균형을 맞춰 주고 pH가 약산성을 유지할 수 있도록 적절한 제품을 사용한다.

③ 건성 피부 - 건조한 부위에 피부 친화력이 좋은 호호바 오일, 올리브 오일 등 영양성분이 다량 함유된 제품을 사용한다.

④ 민감성 피부 - 자외선 흡수제는 자극이 될 수 있으므로, 자극이 적은 자외선 산란제를 사용한다.

15 딥 클렌징 방법 중 화학적인 방법으로 연결된 것은?

① 효소, 스크럽

② 스크럽, BHA

③ 고마쥐, AHA

④ AHA, BHA

16 여드름 피부관리 요소로 알맞은 것을 모두 고른 것은?

> 가. 박테리아 성장 억제
> 나. 피지 조절
> 다. 각질관리
> 라. 모공 수축

① 가, 나, 다
② 나, 다, 라
③ 가, 다
④ 가, 나, 다, 라

17 클렌징 젤(cleansing gel)에 대한 설명으로 옳지 않은 것은?

① 여드름 피부와 민감 피부에 적합하다.
② 피부 자극이 거의 없다.
③ 대부분 수성 성분이다.
④ 오일보다 사용감이 끈적인다.

18 클렌징 시 포인트 리무버로 제일 먼저 클렌징을 해야 할 부위는?

① 눈과 입술
② 볼과 입술
③ 눈과 볼
④ 입술과 턱

19 다당류인 전분을 이당류인 맥아당이나 덱스트린으로 가수분해하는 역할을 하는 타액 내의 효소는?

① 프티알린
② 인슐린
③ 말타아제
④ 리파제

20 난자를 형성하는 성선인 동시에, 에스트로겐과 프로게스테론을 분비하는 재분비선은?

① 태반
② 고환
③ 자궁
④ 난소

21 피부의 기능에 대한 설명으로 틀린 것은?

① 인체의 내부 기관을 보호한다.
② 체온을 조절한다.
③ 감각을 느끼게 한다.
④ 수용성 복합비타민을 생성한다.

22 다음 중 손발톱의 설명으로 틀린 것은?

① 손톱, 발톱은 피부의 부속기관으로 죽은 단백질과 케라틴으로 만들어져 있다.
② 개인에 따라 성장의 속도는 차이가 있지만 매일 1mm가량 성장한다.
③ 손끝과 발끝을 보호한다.
④ 조갑이 탈락되고 회복되는 데는 4~6개월 정도의 시간이 걸린다.

23 사춘기 이후에 주로 분비되며 세균에 의해 부패되어 독특한 체취를 발생시키는 것은?

① 에크린선　　② 아포크린선
③ 피지선　　　④ 갑상선

24 탄수화물에 대한 설명으로 적절하지 않은 것은?

① 탄수화물의 소화흡수율은 99%이다.
② 장에서 포도당, 과당 및 갈락토스로 흡수된다.
③ 지나친 탄수화물의 섭취는 신체를 알칼리성 체질로 만든다.
④ 신체의 중요한 에너지원으로, 과잉 섭취 시 지방으로 전환되어 저장한다.

25 광노화 현상과 관련 있는 내용을 모두 고른 것은?

> 가. 표피 두께 증가
> 나. 멜라닌 세포 수 증가
> 다. 색소침착
> 라. 진피 내의 모세혈관 확장

① 가, 나, 다
② 나, 다, 라
③ 가, 나, 라
④ 가, 나, 다, 라

26 피서 후의 피부 증상으로 틀린 것은?

① 강한 햇살과 바닷바람 등에 의해 각질층이 얇아져 피부 자체 방어반응이 저하되기도 한다.
② 멜라닌 색소가 자극을 받아 색소침착이 발생할 수 있다.
③ 화상의 증상으로 붉게 달아올라 따끔따끔한 증상을 보일 수 있다.
④ 많은 땀의 배출로 각질층의 수분이 부족해져 피부가 거칠어 보일 수 있다.

27 다음 중 티눈의 설명으로 적절한 것은?

① 주로 발바닥에 생기며 아프지 않다.
② 발뒤꿈치에만 생긴다.
③ 티눈의 핵은 각질 윗부분에 있어 자연스럽게 제거된다.
④ 각질층의 한 부위가 두꺼워져 생기는 각질층의 증식현상이다.

28 혈액의 기능이 아닌 것은?

① 체내의 유분을 조절하고 pH를 낮춘다.
② 조직에 영양을 공급하고 대사 노폐물을 제거한다.
③ 조직에 산소를 운반하고 이산화탄소를 제거한다.
④ 호르몬이나 기타 세포 분비물을 필요한 곳으로 운반한다.

29 흉곽을 이루는 뼈는 무엇인가?

① 견갑골, 전두골, 흉골
② 늑골, 견갑골, 척추뼈
③ 견갑골, 척추뼈, 흉골
④ 척추뼈, 늑골, 흉골

30 인체 중 운동 범위가 가장 넓은 관절은?

① 연골성 관절
② 활막성 관절
③ 섬유성 관절
④ 섬유연골결합

31 세포 내 소기관 중에서 세포 내의 호흡생리를 담당하고, 이화작용과 동화작용에 의해 에너지를 생산하는 기관은?

① 미토콘드리아
② 리소좀
③ 중심소체
④ 리보솜

32 림프순환에서 다른 사지와는 다른 경로인 부분은?

① 좌측 상지
② 우측 상지
③ 좌측 하지
④ 우측 하지

33 다음 중 산소 운반과 가장 관계가 있는 것은?

① 호중구
② 혈색소
③ 거대 핵 세포
④ 단핵구

34 심장에서 혈액의 펌프가 가능한 곳은?

① 심막강　　② 심근
③ 심내막　　④ 심외막

35 브러시(brush, 프리마톨) 사용법으로 옳지 않은 것은?

① 회전하는 브러시를 피부와 90° 직각으로 하여 사용한다.
② 화농성 여드름 피부는 브러시의 회전 속도를 조절하여 사용하면 염증 완화에 좋고, 모세혈관 확장피부는 사용을 피하는 것이 좋다.
③ 피부 상태에 따라 브러시의 회전 속도를 조절한다.
④ 브러시 사용 후 중성세제로 세척한다.

36 진공흡입기 적용을 금지해야 하는 경우와 가장 거리가 먼 것은?

① 건성 피부
② 염증이 있는 피부
③ 일광화상 피부
④ 모세혈관 확장피부

37 갈바닉 전류의 음극에서 생성되는 알칼리를 이용하여 피부 표면의 피지와 모공 속의 노폐물을 세정하는 방법은?

① 디스인크러스테이션
② 리프팅 트리트먼트
③ 이온토포레시스
④ 고주파 트리트먼트

38 우드 램프 사용 시 지성 부위의 코메도는 어떤 색으로 보이는가?

① 청백색
② 흰색 형광
③ 오렌지색
④ 밝은 보라색

39 전기에 대한 설명으로 틀린 것은?

① 전류란 전도체를 따라 움직이는 (−)전하를 지닌 전자의 흐름이다.
② 전류의 세기의 단위는 암페어(A)이다.
③ 전도체란 전류가 쉽게 흐르는 물질을 말한다.
④ 전류에는 직류와 교류가 있고, 테슬라 전류는 직류, 갈바닉 전류는 교류이다.

40 고주파 기기의 사용방법으로 적절하지 않은 것은?

① 스파킹을 할 때는 거즈를 안면에 사용한다.
② 스파킹을 할 때는 피부와 전극봉 사이의 간격을 7mm 미만으로 하여 고객에게 충격이 없도록 한다.
③ 스파킹을 할 때는 부도체인 합성섬유를 사용한다.
④ 스파킹을 할 때는 여드름용 무알코올 토너를 면포에 도포한 후 사용한다.

41 화장수의 작용이 아닌 것은?

① 피부에 남은 클렌징의 잔여물 제거작용
② 피부의 pH 밸런스 조절작용
③ 피부에 집중적인 영양 공급작용
④ 피부 진정 또는 쿨링효과

42 바디 샴푸에 요구되는 기능과 가장 거리가 먼 것은?

① 강력한 세정성 부여
② 높은 기포 지속성 유지
③ 부드럽고 치밀한 기포 부여
④ 피부 각질층 세포간지질 보호

43 다음에서 설명하는 유화기는?

> • 크림이나 로션 타입 제조 시 사용한다.
> • 터빈형의 회전날개를 원통으로 둘러싼 구조이다.
> • 균일하고 미세한 유화입자가 만들어진다.

① 디스퍼(disper)
② 호모믹서(homo-mixer)
③ 호모게나이저(homogenizer)
④ 프로펠러믹서(propeller mixer)

44 아로마 오일에 대한 설명으로 가장 적절하지 않은 것은?

① 수증기 증류법에 의해 얻어진 아로마 오일이 주로 사용되고 있다.

② 아로마 오일은 주로 베이스 노트이다.

③ 아로마 오일은 향기 식물의 잎, 줄기, 뿌리 부위 등 다양한 부위에서 추출된다.

④ 아로마 오일은 공기 중의 산소나 빛에 불안정하기 때문에 차광용기에 보관하여 사용한다.

45 여러 가지 꽃 향이 혼합된 세련되고 로맨틱한 향으로 아름다운 꽃다발을 안고 있는 듯, 화려하면서도 우아한 느낌을 주는 향수의 타입은?

① 플로럴 부케(florl bouquet)

② 시트러스(citrus)

③ 우디(woody)

④ 오리엔탈(oriental)

46 상피조직의 신진대사에 관여하며 각화 정상화 및 피부 재생을 돕고 노화 방지에 효과가 있는 비타민은?

① 비타민 A ② 비타민 C

③ 비타민 E ④ 비타민 K

47 필수지방산에 속하지 않는 것은?

① 리놀레산(linoleic acid)

② 리놀렌산(linolenic acid)

③ 타르타르산(tartaric acid)

④ 아라키돈산(arachidonic acid)

48 미용업자의 준수사항 중 틀린 것은?

① 소독한 기구와 하지 아니한 기구는 각각 다른 용기에 넣어 보관할 것

② 조명은 75lx 이상 유지되도록 할 것

③ 신고증과 함께 면허증 사본을 게시할 것

④ 1회용 면도날은 손님 1인에 한하여 사용할 것

49 식품 중 햄버거나 다짐육을 먹은 소아가 잘 걸리는 식중독으로 대장균 O-157이 원인인 식중독은?

① 살모넬라 식중독

② 보툴리누스균 식중독

③ 웰치균 식중독

④ 장출혈성대장균 식중독

50 백신 예방접종을 통하여 얻어지는 면역은?

① 인공능동면역

② 자연능동면역

③ 인공수동면역

④ 자연수동면역

51 수질오염으로 인체에 영향을 주는 유독물질이 아닌 것은?

① 수은 　　② 미네랄

③ 카드뮴 　　④ 구리

52 제1급 감염병으로만 연결된 것은?

① 페스트, 탄저

② 홍역, 백일해

③ 일본뇌염, 발진티푸스

④ 파상풍, 폴리오

53 면허의 정지명령을 받은 자는 그 면허증을 누구에게 제출해야 하는가?

① 시·도지사

② 시장·군수·구청장

③ 식품의약품안전처장

④ 보건복지부장관

54 이·미용업소에서 전염될 수 있는 트라코마에 대한 설명 중 틀린 것은?

① 감염원은 환자의 눈물, 콧물 등이다.

② 수건, 세면기 등에 의하여 감염된다.

③ 실명의 원인이 될 수 있다.

④ 예방접종으로 사전 예방할 수 있다.

55 석탄산 소독액에 관한 설명으로 옳지 않은 것은?

① 기구류의 소독에는 1~3% 수용액이 적당하다.

② 의료용기, 의류, 브러시, 고무제품 등에 적합하며, 금속기구의 소독에는 적합하지 않다.

③ 소독액 온도가 낮을수록 효력이 높다.

④ 세균 포자나 바이러스에 대해서는 작용력이 거의 없다.

56 이·미용업소 내에서 게시하지 않아도 되는 것은?

① 이·미용업 신고증

② 개설자의 면허증 원본

③ 근무자의 면허증 원본

④ 최종지급요금표

57 다음 중 동물과 감염병의 병원소 연결이 잘못된 것은?

① 소 – 결핵

② 쥐 – 말라리아

③ 돼지 – 일본뇌염

④ 개 – 공수병

58 다음 중 살균작용이 가장 강한 광선은?

① 가시광선　　② 근적외선

③ 자외선　　　④ 원적외선

59 보통 상처의 표면을 소독하는 데 이용하며 발생기 산소가 강력한 산화력으로 미생물을 살균하는 소독제는?

① 과산화수소　② 에탄올

③ 석탄산　　　④ 크레졸

60 과징금을 기한 내에 납부하지 아니한 경우에 이를 징수하는 방법은?

① 소득세 체납처분의 예에 의하여 징수

② 법인세 체납처분의 예에 의하여 징수

③ 지방행정제재·부과금의 징수 등에 관한 법률에 따라 징수

④ 부가가치세 체납처분의 예에 의하여 징수

01 피부미용사의 피부 분석방법을 모두 고른 것은?

가. 문진	나. 청진
다. 견진	라. 촉진

① 가, 나
② 가, 다, 라
③ 나, 다, 라
④ 가, 라

02 피부관리를 위해 피부 유형을 분석하는 시기로 가장 적합한 것은?

① 최초 상담 전
② 상담이 끝난 후
③ 클렌징이 끝난 후
④ 마지막 관리가 끝난 후

03 매뉴얼 테크닉의 기본 동작에 대한 설명으로 틀린 것은?

① 에플라지(effleurage) – 손바닥을 이용해 부드럽게 쓰다듬는 동작
② 프릭션(friction) – 손가락의 끝부분을 대고 나선을 그리듯 움직이는 동작
③ 타포트먼트(tapotement) – 손가락 전체로 피부를 집어 반죽하듯이 주무르는 동작
④ 바이브레이션(vibration) – 손 전체나 손가락에 힘을 주어 고른 진동을 주는 동작

04 피부 유형과 화장품의 사용 목적이 틀리게 연결된 것은?

① 건성 피부 – 피부에 유·수분을 공급하여 보습기능 활성화
② 색소침착 피부 – 멜라닌 생성 억제 및 피부기능 활성화
③ 민감성 피부 – 진정 및 쿨링
④ 노화 피부 – 리프팅 시술효과와 자외선 차단효과

05 홈케어 관리 시에 여드름 피부에 대한 조언 내용으로 옳지 않은 것은?

① 여드름 전용 제품을 사용
② 각질 제거를 위해 매일 저녁 세안 시 딥 클렌징 사용 추천
③ 지나친 당분이나 지방 섭취는 피함
④ 유황이 함유된 로션 타입을 사용

06 신체 부위별 관리의 효과를 극대화시키기 위한 방법과 가장 거리가 먼 것은?

① 편안한 환경을 만들어 고객이 심리적 안정감을 갖도록 한다.
② 온타월을 사용하여 고객의 몸을 이완시켜 준다.
③ 관리 후 배농을 돕기 위해 따뜻한 차를 마시게 한다.
④ 관리 후 피부 긴장을 통한 리프팅을 위해 시원한 차를 마시게 한다.

07 매뉴얼 테크닉 방법으로 적절한 것은?

① 무조건 강하게 한다.
② 심장에서 가까운 곳부터 시작한다.
③ 손의 밀착감, 연속성, 압력에 유의한다.
④ 5가지 동작 중 고객이 가장 선호하는 한 가지 동작만 사용하면 된다.

08 림프 드레나지의 주된 작용은?

① 부드러운 관리로 혈액순환과 신진대사를 저하
② 노폐물과 독소물질을 림프절로 운반
③ 피부조직 강화
④ 림프순환을 저하시켜 부종을 완화

09 신체 각 부위별 관리에서 매뉴얼 테크닉의 적용이 적합하지 않은 것은?

① 림프순환 장애로 부어 있는 경우
② 심한 운동으로 근육이 뭉친 경우
③ 스트레스로 인해 근육이 경직된 경우
④ 하체 부종이 심한 임산부의 경우

10 일시적 제모방법으로만 연결된 것은?

① 전기분해법을 이용한 제모와 레이저 제모
② 족집게 제모와 면도기를 이용한 제모
③ 왁스 제모와 전기분해법을 이용한 제모
④ 레이저 제모와 화학탈모제를 이용한 제모

11 콜라겐 벨벳 마스크의 특징이 아닌 것은?

① 콜라겐 등의 영양성분을 건조시킨 종이 형태의 마스크이다.
② 부직포로 되어 있는 시트 마스크이다.
③ 재생 및 보습이 필요한 피부에 효과적이다.
④ 정제수를 적셔서 사용한다.

12 클렌징의 목적으로 적절하지 않은 것은?

① 피부 노폐물과 오염을 제거한다.
② 화장을 청결하게 제거한다.
③ 피부 호흡을 원활하게 돕는다.
④ 피부 피지막을 제거한다.

13 다음 중 민감성 피부의 관리방법으로 가장 적합한 것은?

① 강한 마찰은 피하고 화학성분이 과다한 화장품을 피한다.
② 각질 제거를 자주 한다.
③ 뜨거운 물로 자주 세안한다.
④ 혈액순환을 촉진시켜 주는 팩을 한다.

14 에그팩에 대한 설명 중 맞는 것은?

① 레몬, 토마토, 딸기, 사과 등을 잘라서 과즙에 함유된 유효성분을 이용한다.
② 지방, 레시틴, 콜레스테롤 등을 이용해 미용상의 효과를 높이기 위한 팩으로 보습작용과 표백작용이 있다.
③ 당분과 단백질, 의산(개미산) 등의 유기산이나 효소, 비타민 C 등에 의한 수렴, 표백작용을 한다.
④ 피부에 세정효과를 주고 잔주름 개선효과가 있어 건조성 피부와 중년기의 쇠퇴한 피부에 효과적이다.

15 피부를 진단하는 방법 중 촉진으로 판별하는 것이 아닌 것은?

① 피부 보습 여부
② 모공 크기
③ 피부 탄력도 및 피부 두께감
④ 자극에 대한 민감도

16 피부의 모공 크기, 색소침착 정도, 피부의 거칠기 정도, 혈액순환 상태, 피부 유·수분량을 판독하는 방법은?

① 촉진
② 문진
③ 견진
④ 사진

17 다음 중 피부 분석표의 작성방법으로 옳은 것은?

① 피부 분석표 작성은 고객이 직접 하도록 한다.
② 분석표와 피부 타입은 일치하지 않아도 상관이 없다.
③ 제품의 주요 성분까지는 적지 않아도 된다.
④ 고객 시술에 대한 전체적인 소견 및 홈케어 조언을 기록한다.

18 다음 중 클렌징 순서로 가장 적합한 것은?

① 클렌징 손동작 → 화장품 제거 → 포인트 메이크업 클렌징 → 클렌징 제품 도포 → 해면 및 습포
② 화장품 제거 → 포인트 메이크업 클렌징 → 클렌징 제품 도포 → 클렌징 손동작 → 해면 및 습포
③ 포인트 메이크업 클렌징 → 클렌징 제품 도포 → 클렌징 손동작 → 화장품 제거 → 해면 및 습포
④ 클렌징 제품 도포 → 클렌징 손동작 → 포인트 메이크업 클렌징 → 화장품 제거 → 해면 및 습포

19 피부 표면의 pH에 가장 큰 영향을 주는 것은?

① 호르몬과 땀의 분비
② 땀과 피지의 분비
③ 각질생성 세포와 멜라닌 세포
④ 침과 땀의 분비

20 비대성 흉터를 남기는 여드름 종류는?

① 구진성 여드름
② 전격성 여드름
③ 응괴성 여드름
④ 켈로이드성 여드름

21 기미의 원인으로 가장 거리가 먼 것은?

① 임신 중이거나 피임약 복용
② 내분비 기능장애
③ 비타민 C 과다 복용
④ 질이 좋지 않은 화장품의 사용

22 여드름 피부의 설명으로 옳지 않은 것은?

① 여드름은 사춘기에 피지 분비가 왕성해
지면서 나타나는 비염증성, 염증성 피
부발진이다.
② 다양한 원인에 의해 피지가 많이 생기
며, 모공 입구의 폐쇄로 피지가 잘 배출
되지 않는다.
③ 선천적인 체질상 체내 호르몬의 이상현
상으로 지루성 피부에 발생되는 여드름
형태를 심상성 여드름이라 한다.
④ 여드름은 사춘기에 일시적으로 나타나
며 30대 정도에 모두 사라진다.

23 표피층에 존재하는 세포가 아닌 것은?

① 각질형성 세포
② 멜라닌 세포
③ 랑게르한스 세포
④ 비만세포

24 피부의 각질층에 존재하는 세포간지질 중
가장 많이 함유된 것은?

① 세라마이드
② 콜레스테롤
③ 스쿠알렌
④ 왁스

25 다리의 혈액순환 이상으로 피부밑에 형성
되는 검푸른 상태를 무엇이라 하는가?

① 모세혈관 확장증
② 혈관 어혈증
③ 하지정맥류
④ 혈관 축소

26 단백질 대사에 관여하며, 체내에 부족하면
구순염, 구각염, 설염을 유발하는 영양소
는 무엇인가?

① 비타민 A
② 비타민 B_2
③ 비타민 C
④ 비타민 K

27 콜라겐에 대한 설명으로 틀린 것은?

① 콜라겐은 섬유아세포에서 생성된다.
② 콜라겐은 피부의 표피에 주로 존재한다.
③ 콜라겐이 부족하면 피부의 탄력도가 떨어지고 주름이 발생하기 쉽다.
④ 콜라겐 함량이 저하되면 피부는 쉽게 노화된다.

28 세포막의 기능 설명이 틀린 것은?

① 3층 구조로 세포의 경계를 형성한다.
② 단백질을 합성하는 장소이다.
③ ATP 분해효소가 존재한다.
④ 조직을 이식할 때 자기 조직이 아닌 것을 인식할 수 있다.

29 심근에 혈액과 영양분을 공급하는 것은?

① 관상동맥　　② 폐동맥
③ 대정맥　　　④ 폐정맥

30 심장으로 혈액을 운반하는 혈관은?

① 동맥
② 세정맥
③ 정맥
④ 세동맥

31 인체에서 가장 큰 림프기관이며 혈액을 여과하는 큰 림프절과 같은 역할을 하는 복강 내 장기는?

① 간
② 편도
③ 비장
④ 소장

32 B림프구와 T림프구에 대한 설명으로 옳은 것은?

① 특이적 면역
② 비특이적 면역
③ 제1방어선
④ 혈색소

33 뇌, 척수를 보호하는 뼈가 아닌 것은?

① 두정골
② 척추
③ 측두골
④ 흉골

34 담즙과 췌액이 음식물과 섞이는 곳은?

① 위
② 대장
③ 직장
④ 소장

35 직류를 이용한 피부미용기기는?

① 초음파 기기
② 고주파 기기
③ 갈바닉 기기
④ 석션기 기구

36 우드 램프로 피부 상태를 판단할 때 민감성, 모세혈관 확장피부는 어떤 색으로 나타나는가?

① 흰색
② 오렌지색
③ 암갈색
④ 진보라

37 전류의 설명으로 옳지 않은 것은?

① 양(+)전자들이 음(-)극을 향해 흐르는 것이다.
② 음(-)전자들이 음(-)극을 향해 흐르는 것이다.
③ 전자들이 전도체를 따라 한 방향으로 흐르는 것이다.
④ 전류에는 직류와 교류가 있다.

38 엔더몰로지 사용방법으로 옳지 않은 것은?

① 시술 전 용도에 맞는 오일을 바른 후 시술한다.
② 전신체형 관리 시 10~20분 정도 적용한다.
③ 말초에서 심장 방향으로 밀어 올리듯 시술한다.
④ 지성 피부는 탈크 파우더를 약간 바른 후 시술한다.

39 컬러테라피의 색상 중 활력, 세포재생, 신경 긴장 완화, 호르몬 대사조절 효과를 나타내는 것은?

① 주황색 　　② 노란색
③ 파란색 　　④ 보라색

40 적외선 미용기기를 사용할 때 주의사항으로 옳지 않은 것은?

① 금속물질 및 콘택트 렌즈를 제거한 후 진행한다.
② 자외선 적용 전 단계에 사용하지 않는다.
③ 아이패드 깔고 화장수로 정리한 후 45~90cm 내외의 거리를 유지한다.
④ 간단한 금속류를 제외한 나머지 장신구는 허용되지 않는다.

41 클렌징 크림의 설명으로 알맞은 것은?

① 액상 타입으로 피부 표면을 정리할 때 사용한다.
② 클렌징 로션보다 유성 성분이 적다.
③ 피지나 기름때 등 물에 잘 닦이지 않는 오염물을 닦아내는 데 효과적이다.
④ 촉촉한 피부 보습을 위해서 이중 세안하지 않아도 좋다.

42 손을 대상으로 하는 제품 중 알코올을 주 베이스로 하며, 청결 및 소독을 주된 목적으로 하는 것은?

① 새니타이저(sanitizer)
② 핸드 워시(hand wash)
③ 비누(soap)
④ 핸드크림(hand cream)

43 글리콜산이나 젖산을 이용하여 각질층에 침투시키는 방법으로 각질세포의 응집력을 약화시키며 자연 탈피를 유도시키는 필링제는?

① TCA phenol
② BHA
③ AHA
④ phenol

44 정유(essential oil) 중 살균, 소독작용이 가장 강한 것은?

① 라임 오일(lime oil)
② 타임 오일(thyme oil)
③ 로즈 오일(rose oil)
④ 일랑일랑 오일(ylang-ylang oil)

45 팩에 사용되는 주성분 중 피막제 및 점도 증가제로 사용되는 것은?

① 카올린(kaolin), 탈크(talc)

② 구연산나트륨(sodium citrate), 아미노산류(aminoacids)

③ 유동파라핀(liquid paraffin), 스쿠알렌(squalene)

④ 폴리비닐알코올(PVA), 잔탄검(xanthan gum)

46 화장품 성분 중 무기안료의 특성으로 옳지 않은 것은?

① 체질안료, 착색안료, 백색안료, 진주광택안료로 구분된다.

② 내광성, 내열성이 우수하다.

③ 유기안료에 비해 색이 선명도가 떨어진다.

④ 유기안료에 비해 색의 종류가 다양하다.

47 세정제에 대한 설명으로 옳은 것은?

① 피부의 생리적 균형에 영향을 미치더라도 노폐물을 완벽하게 제거해 주는 제품을 사용하는 것이 바람직하다.

② 대부분 비누는 산성의 성질을 가지고 있어서 피부의 산, 염기 균형에 영향을 미치게 된다.

③ 피부 노화를 일으키는 활성산소로부터 피부를 보호하기 위해 비타민 C, 비타민 E를 사용한 기능성 세정제를 사용할 수도 있다.

④ 세정제는 피지선에서 분비되는 피지와 피부 장벽의 구성요소인 지질 성분을 제거하기 위하여 사용된다.

48 제3급 감염병인 것은?

① 결핵   ② 콜레라

③ 장티푸스   ④ 파상풍

49 자연능동면역 중 감염면역만 형성되는 감염병은?

① 홍역, 발진티푸스

② 매독, 임질

③ 백일해, 성홍열

④ 폴리오, 디프테리아

50 비타민이 결핍되었을 때 발생하는 질병의 연결로 옳지 않은 것은?

① 비타민 H – 각기병
② 비타민 D – 구루병
③ 비타민 B₆ – 악성빈혈
④ 비타민 E – 불임증

51 일반적인 미생물의 번식에 가장 중요한 요소로만 나열된 것은?

① 영양분 – 습도 – 온도
② 온도 – 습도 – 시간
③ 온도 – 자외선 – pH
④ 자외선 – 습도 – 온도

52 공중위생업소의 위생관리수준을 향상시키기 위하여 위생서비스 평가계획을 수립하는 자는?

① 대통령
② 보건복지부장관
③ 시·도지사
④ 시장·군수·구청장

53 다음 중 공중위생감시원을 둘 수 있는 곳을 모두 고른 것은?

가. 특별시
나. 광역시
다. 도
라. 군

① 가, 나
② 나, 다, 라
③ 가, 나, 다
④ 가, 나, 다, 라

54 자비소독을 하기에 가장 적합한 것은?

① 플라스틱 스패츌러
② 피부관리용 팩 볼과 붓
③ 스테인리스 볼
④ 제모용 고무장갑

55 오늘날 인류의 생존을 위협하는 대표적인 3요소는?

① 인구 – 환경오염 – 인간관계
② 인구 – 환경오염 – 빈곤
③ 인구 – 환경오염 – 교통문제
④ 감염병 – 환경오염 – 전쟁

56 이 · 미용사 면허의 발급자는?

① 시 · 도지사

② 시장 · 군수 · 구청장

③ 보건복지부장관

④ 주소지를 관할하는 보건소장

57 인공수동면역에 대한 설명으로 옳은 것은?

① 질병이환 후 형성되는 면역

② 예방접종으로 얻어지는 면역

③ 모체로부터 태반이나 수유를 통해 얻어지는 면역

④ 인공제제를 투입하여 질병에 대한 방어를 획득하는 면역

58 독소형 식중독의 원인균은?

① 황색포도상구균

② 살모넬라균

③ 장염비브리오균

④ 병원성 대장균

59 오염된 주사기, 면도날 등으로 인해 감염되는 만성감염병은?

① 트라코마

② B형간염

③ 렙토스피라증

④ 파라티푸스

60 호기성 세균이 아닌 것은?

① 결핵균

② 디프테리아균

③ 가스괴저균

④ 백일해균

제 1 회 | 모의고사 정답 및 해설

↻ 모의고사 p.111

01	④	02	②	03	④	04	①	05	①	06	④	07	①	08	④	09	④	10	①
11	②	12	①	13	③	14	④	15	④	16	④	17	③	18	④	19	②	20	①
21	④	22	②	23	③	24	②	25	④	26	③	27	②	28	②	29	②	30	②
31	①	32	①	33	①	34	④	35	②	36	③	37	②	38	①	39	③	40	①
41	③	42	②	43	②	44	②	45	④	46	②	47	②	48	②	49	④	50	②
51	③	52	②	53	④	54	③	55	④	56	①	57	②	58	②	59	④	60	④

01 ④ 근육과 관절 치료는 의료 분야이다.
피부관리는 안면 및 전신의 피부를 분석하여 마사지와 피부미용기기를 이용해 인체의 혈액순환을 도와 신진대사를 촉진시키는 것이다. 의약품을 사용하지 않고 피부 상태를 아름답고 건강하게 만드는 데 목적이 있다.

02 매뉴얼 테크닉의 쓰다듬기(effleurage)는 마사지의 시작과 끝을 알리는 동작으로, 손바닥 전체로 피부를 부드럽게 쓰다듬어 피부의 긴장을 완화하고 신경을 안정시킨다.

03 조선시대 때 연지와 곤지, 입술을 빨갛게 하는 응장이라는 혼례 미용법이 발달하였으며, 다양한 목욕용품이 성행하였다.

04 석고팩은 온열효과가 있으므로 염증성 여드름 피부에는 사용을 삼간다. 건성 피부와 노화 피부에 적합하다.

05 지성 피부는 피부결이 거칠고 두꺼우며 모공이 넓다. 피지 분비량이 많아 번들거린다.

06 클렌징 크림은 세정력이 뛰어나 짙은 화장을 지우는 데 적합하며, 유분이 많아 이중 세안을 해야 한다.

07 **경찰법** : 손바닥으로 피부 표면을 쓰다듬는 동작으로, 마사지의 처음과 마지막에 사용한다.

08 콜라겐 벨벳 마스크는 콜라겐을 냉동·건조시켜 종이 형태로 만든 것으로, 증류수 등을 사용해 피부에 흡수시킨다. 사용 시 기포가 생기지 않도록 잘 제거해야 한다.

09 ④ 알부틴 : 티로시나아제 효소에 작용해 색소 생성을 억제하는 미백성분으로 민감성 피부 사용 시 주의
① 병풀 추출물(시카) : 진정작용, 염증반응 완화, 상처 치유
② 알로에베라 : 진정작용
③ 아줄렌 : 카모마일에서 추출한 성분으로 피부 진정, 항염증 효과

10 개인의 피부 유형, 피부 상태는 수시로 변화하므로 매회 피부관리 전에 피부 분석을 실시하는 것이 바람직하다.

11 자외선 차단제를 바를 때는 전체 피부에 고르게 발라준다.

12 민감성 피부는 알레르기 반응에 민감하므로 제품을 무분별하게 사용하면 안 된다.

13 딥 클렌징제를 사용한 다음에는 진정, 보습관리 등 필요한 관리를 진행한다.

14 입술 화장을 지울 때는 입술을 적당히 벌리고 가볍게 윗입술은 위에서 아래로, 아랫입술은 아래에서 위로, 외곽 부위에서 중앙으로 립스틱을 닦아낸다.

15 유연법(petrissage, 반죽하기) : 손가락 전체로 피부를 집어 반죽하듯이 주무르는 동작

16 팩과 마스크의 사용 목적
- 피부 내에 화장품의 특정 유효성분을 흡수시키거나 표피의 피지와 노폐물 등 오염물질을 제거한다.
- 팩과 마스크가 건조되면서 오염물질을 흡착하고 건조된 팩과 마스크를 떼어낼 때 함께 탈락하도록 한다.

17 클렌징 동작은 근육결에 따르고, 머리 쪽을 향하게 한다.

18 신체 각 부위(팔, 다리 등)의 관리
- 뱀부테라피 : 뱀부(대나무)를 이용해 세포의 신진대사를 도와주는 마사지
- 아유르베다 : 인도 전통마사지로 체내 모든 에너지 간의 균형을 유지하는 마사지
- 스톤테라피 : 돌에 대자연의 에너지를 담아 활력을 몸속 깊이 전해 신체의 균형과 리듬을 원활히 하는 고대 치료요법

19 멜라닌 세포 수는 인종과 성별에 관계없이 같다.

20 필라그린은 중간 세섬유와 이황화결합하여 각질세포 껍질을 형성하는 데 기여하는 표피의 과립층에서 형성되는 단백질이다.

21 각화란 피부세포가 기저층에서 각질층까지 분열되어 올라가 죽은 각질세포로 되는 현상으로 턴오버 주기는 28일이다.

22 필수지방산은 우리 몸에 필요하지만 체내에서 만들어지지 않는 지방산이다. 다가불포화지방산(필수지방산)은 n-3계와 n-6계로 분류되며 식물성 기름 등에 많이 포함되어 있다. 즉, 식물성 지방이 동물성 지방보다 더 낮은 포화지방과 콜레스테롤 함유량을 가진다. 불포화지방산은 상온에서 액체 상태를 유지하며, 종류로는 리놀렌산, 리놀레산, 아라키돈산 등이 있다.

23 림프액의 기능
- 죽은 세포나 혈구 등의 노폐물이나 소화관에서 흡수된 지방 운반
- 혈장으로 영양분 공급
- 백혈구와 림프액 등 면역 관련 기능
- 세균이나 바이러스로부터 몸을 지키는 면역 기능

24 자외선 B(UV-B)는 자외선을 방출하는 다양한 인공 램프를 이용하여 건선, 백반증, 피부 T세포 림프종 치료에도 사용된다.

자외선의 종류

구분	파장	특징
UV-A (장파장)	320~400nm	• 진피층까지 침투 • 즉각 색소침착 • 광노화 유발 • 피부탄력 감소
UV-B (중파장)	290~320nm	• 표피 기저층까지 침투 • 홍반 발생, 일광화상 • 색소침착(기미) • 홍반, 수포 유발
UV-C (단파장)	200~290nm	• 오존층에서 흡수 • 강력한 살균작용 • 피부암 원인 • 가장 에너지가 강한 자외선

25 **광노화의 증상** : 건조한 피부, 얼룩진 과색소침착증, 굵고 깊은 주름, 모세혈관 확장, 자반과 주위의 가성반흔, 이완, 피지선 과형성, 일광각화증, 피부암 등

26 유극층은 표피 중 가장 두꺼운 층으로 유핵세포로 구성된다.

27 모피질은 모발의 80~90%를 차지하며, 주성분은 케라틴 단백질이다. 멜라닌 색소를 함유하며, 간충물질로 채워져 있다.

28 뼈 속에 있는 골수강 내의 골수는 조혈기관으로 적혈구나 백혈구를 생산한다.

29 모양체는 맥락막과 홍채를 잇고 있으며, 모양체에 있는 가는 섬유로 수정체를 고정함과 동시에 모양체근에 의해 수정체의 곡률을 변화시켜 초점을 조절한다.

30 **시냅스**
• 뉴런이 모여 있는 부위
• 돌기 사이의 신호 전달
• 한 뉴런의 축삭돌기 말단과 다음 뉴런의 수상돌기 사이의 연접 부위

31 이산화탄소와 노폐물은 폐와 신장을 통하여 체외로 배출된다.

32 ① 신장 집합관은 단층입방상피이다.
상피조직에는 입방상피, 단층편평상피, 다층편평상피, 단층원주상피, 거짓다층섬모원주상피 등이 있다. 그중 단층편평상피는 폐포의 상피, 혈관·림프관의 내부 표면을 덮는 상피, 심막·흉막·복막 등의 장막을 말한다.

33 소화란 섭취한 음식물을 분해하여 영양분을 흡수하기 쉬운 형태로 변화시키는 작용이다.

34 연골은 혈관이 없는 치밀결합조직으로 기질 안에 분포하는 섬유 종류에 따라 초자성연골, 탄력성연골, 섬유성연골로 나눌 수 있다. 탄력성연골은 탄력성이 아주 좋은 연골로 귀 등을 이루며, 노란빛을 띠고 불투명하다.

35 **고주파(high frequency) 기기**
• 직접법 : 관리사가 직접 전극봉을 잡고 관리하는 방법이다. 관리 시 안면과 목에 고객의 얼굴에 적합한 크림을 바르고, 고객의 얼굴에 마른 거즈를 올린 후 그 위에 전극봉으로 가볍게 작은 원을 그리며 관리한다. → 살균효과, 소독작용
• 간접법 : 고객이 전극봉을 잡은 상태에서 관리사의 손을 이용한 마사지를 통해 고주파 전류가 고객의 피부로 전달되는 관리방법이다. → 심부열 발생, 영양 공급

36 스킨 스크러버는 상처 부위에는 사용을 금한다.

37 스킨 스코프는 내장 카메라를 이용하여 일반 조명, 자외선 아래에서 피부를 분석한다. 모니터를 통해 고객이 직접 자신의 피부 상태를 확인할 수 있다.

38 **갈바닉 기기**
• 디스인크러스테이션(disincrustation) : 피부 표면의 피지, 각질 제거, 노폐물을 배출시키는 딥 클렌징
• 이온토포레시스(iontophoresis) : 이온 영동법으로, 갈바닉 전류의 음극과 양극을 이용해 수용성 물질을 침투

39 안면진공흡입기는 과도한 피지, 노폐물 등을 제거하며, 혈액순환 및 림프순환 촉진효과가 있다. 예민 피부, 일광화상 피부, 모세혈관 확장피부는 사용이 부적합하다.

40 ① 갈바닉 기기는 직류를 이용한 기기이다. 교류란 일정한 시간과 간격으로 방향과 세기가 주기적으로 변하는 전류이다.

교류의 분류

감응 전류	• 비대칭적 전류 • 감응 전류의 종류 − 저주파 전류 : 1∼1,000Hz − 중주파 전류 : 1,000∼10,000Hz − 고주파 전류 : 100,000Hz 이상
정현파 전류	대칭적 전류
격동 전류	전류의 세기가 순간적으로 강해지거나 약해지는 전류

41 고급 알코올은 유성원료로 탄소(C) 수가 6개 이상인 알코올이다. 원료별로 고체와 액체 상태이고, 자체적으로 유화력은 없으나 유화 안정 보조제로 쓰인다.

42 티로시나아제 활성화는 멜라닌 색소 생성의 원인이 된다.

43 바디 클렌저(body cleanser)는 인체 세정용 제품류이므로 각질 제거능력보다는 안전한 세정효과가 있어야 한다.

44 헤어 크림, 나이트 크림, 클렌징 크림은 W/O형 에멀션, 모이스처라이징 로션은 O/W형 에멀션이다.

45 에멀션이란 한 액체가 미세한 입자로 되어 다른 액체 속에 고르게 섞인 끈끈한 용액을 말한다.

46 체취방지용 제품류로 데오도란트가 있다.

47 ④ 아데노신 : 주름 개선

48 ② 폴리오는 제2급, 페스트는 제1급 감염병이다.
③ 중증급성호흡기증후군(SARS)은 제1급, 일본뇌염은 제3급 감염병이다.
④ 파라티푸스는 제2급, 공수병은 제3급 감염병이다.
제1급 감염병 : 에볼라바이러스병, 마버그열, 라싸열, 크리미안콩고출혈열, 남아메리카출혈열, 리프트밸리열, 두창, 페스트, 탄저, 보툴리눔독소증, 야토병, 신종감염병증후군, 중증급성호흡기증후군(SARS), 중동호흡기증후군(MERS), 동물인플루엔자 인체감염증, 신종인플루엔자, 디프테리아

49 **위생관리등급의 구분 등(규칙 제21조)**
• 최우수업소 : 녹색등급
• 우수업소 : 황색등급
• 일반관리대상 업소 : 백색등급

50 **벌칙(법 제20조 제2항)**
다음의 어느 하나에 해당하는 자는 1년 이하의 징역 또는 1천만 원 이하의 벌금에 처한다.
• 신고를 하지 아니하고 공중위생영업(숙박업 제외)을 한 자
• 영업정지명령 또는 일부 시설의 사용중지명령을 받고도 그 기간 중에 영업을 하거나 그 시설을 사용한 자 또는 영업소 폐쇄명령을 받고도 계속하여 영업을 한 자

51 **열탕소독** : 수건을 100℃ 이상의 물속에 10분 이상 끓여준다.

52 상수의 대표적인 오염지표는 대장균 수이다.

53 행정처분권자는 위반사항의 내용으로 보아 그 위반 정도가 경미하거나 해당 위반사항에 관하여 검사로부터 기소유예의 처분을 받거나 법원으로부터 선고유예의 판결을 받은 때 영업정지 및 면허정지의 경우에는 개별기준에 불구하고 그 처분기준 일수의 2분의 1의 범위 안에서 경감할 수 있다(규칙 [별표 7]).

54 행정처분기준(규칙 [별표 7])
점빼기 · 귓불뚫기 · 쌍꺼풀수술 · 문신 · 박피술 그 밖에 이와 유사한 의료행위를 한 경우
• 1차 위반 : 영업정지 2월
• 2차 위반 : 영업정지 3월
• 3차 위반 : 영업장 폐쇄명령

55 명예공중위생감시원의 자격(영 제9조의2 제1항)
명예공중위생감시원은 시 · 도지사가 다음에 해당하는 자 중에서 위촉한다.
• 공중위생에 대한 지식과 관심이 있는 자
• 소비자단체, 공중위생 관련 협회 또는 단체의 소속직원 중에서 해당 단체 등의 장이 추천하는 자

56 건강보균자는 임상적 증상을 전혀 나타내지 않고, 보균상태를 지속하고 있는 자이다.

57 특정 수질오염 물질 : 구리와 그 화합물, 시안화합물, 테트라클로로에틸렌, 페놀 등
※ 물환경보전법 시행규칙 [별표 2] 참고

58 잠함병은 이상고압 환경(1.4~1.6기압 이상)에서 작업할 때 호흡 과정에서 체내로 유입된 질소(N_2)가 체외로 배출되지 못하여 발생하는 질병이다.

59 의사 등의 신고(감염병의 예방 및 관리에 관한 법률 제11조 제1항)
의사, 치과의사 또는 한의사는 다음의 어느 하나에 해당하는 사실(표본감시 대상이 되는 제4급 감염병으로 인한 경우는 제외)이 있으면 소속 의료기관의 장에게 보고하여야 하고, 해당 환자와 그 동거인에게 질병관리청장이 정하는 감염방지방법 등을 지도하여야 한다. 다만, 의료기관에 소속되지 아니한 의사, 치과의사 또는 한의사는 그 사실을 관할 보건소장에게 신고하여야 한다.
• 감염병환자 등을 진단하거나 그 사체를 검안한 경우
• 예방접종 후 이상반응자를 진단하거나 그 사체를 검안한 경우
• 감염병환자 등이 제1급 감염병부터 제3급 감염병까지에 해당하는 감염병으로 사망한 경우
• 감염병환자로 의심되는 사람이 감염병병원체 검사를 거부하는 경우

60 환경오염의 종류 : 대기오염, 수질오염, 소음, 진동, 토양오염, 해양오염 등

🔄 모의고사 p.124

01	③	02	④	03	④	04	②	05	④	06	③	07	①	08	①	09	④	10	①
11	③	12	④	13	④	14	②	15	②	16	②	17	①	18	②	19	①	20	②
21	③	22	②	23	④	24	④	25	④	26	①	27	②	28	④	29	②	30	②
31	④	32	④	33	④	34	④	35	④	36	①	37	④	38	④	39	④	40	①
41	①	42	③	43	④	44	④	45	②	46	④	47	②	48	③	49	③	50	④
51	②	52	④	53	④	54	①	55	④	56	③	57	④	58	②	59	①	60	③

01 여드름 치료는 의료 행위로, 피부미용의 목적은 여드름 완화이다.

02 매뉴얼 테크닉은 혈액과 림프순환 촉진으로 반사작용을 촉진시킨다.

03 효소나 고마쥐를 이용한 묵은 각질 제거는 딥 클렌징의 목적이다.

04 ② 림프순환에 도움을 주는 것은 마사지의 효과이다.

05 팩 마무리 단계로 냉습포가 바람직하다.

06 팩은 잔주름을 예방하고 피부 건조를 개선한다.

07 페이셜 스크럽은 주로 정상 피부와 지성 피부에 사용한다.

08 여드름의 주요 원인으로는 피지선의 과도한 분비, 피지선과 모세혈관의 염증, 생활습관과 자외선, 계절, 기후 등 환경적 요인, 호르몬 변화(테스토스테론, 프로게스테론 분비 증가), 유전적인 요인 등이 있다.

09 매뉴얼 테크닉 작업 시 속도, 리듬, 연결성, 강약조절을 기본으로 손동작은 머뭇거리지 않도록 하며 손목이나 손가락의 움직임은 유연하게 한다.

10 화학적 제모는 털의 모간 부분만 제거된다.

11 디스인크러스테이션은 전기를 이용한 딥 클렌징의 방법으로 주 1회 시술이 적당하다.

12 콜라겐은 분자 구조가 커서 피부 진피까지 수분을 공급하기 어렵다. 콜라겐 벨벳 마스크는 표피에 수분을 공급한다.

13 냉습포의 목적은 모공 수축 및 피부 진정이다.

14 **수요법(하이드로테라피)** : 물의 고체, 액체, 기체 상태에서 인체에 적용시켜 통증, 피로, 경직 등 건강 유지 및 회복, 혈액순환을 원활하게 하여 체온 조절에 도움을 주는 마사지이다.

15 **림프 드레나지 적용 가능 피부** : 민감 피부, 문제성 지성 피부, 여드름 피부, 모세혈관 확장피부, 부종이 심한 경우, 홍반 피부 등

16 피부미용의 역사
- 고대 이집트 : 고대 미용의 발상지, 피부미용을 위해 천연재료를 사용
- 고대 로마 : 갈렌의 콜드크림 개발
- 중세시대 : 현대 아로마의 시초가 되는 약초 스팀법 개발
- 르네상스 시대 : 위생에 대한 관념이 부족하여 체취를 감추기 위해 강한 향수를 사용
- 근대시대 : 위생과 청결 개념이 중요시되면서 비누 사용이 보편화

17 세라마이드는 세포간지질의 주성분으로 보습효과가 있다.

18 강찰법(friction, 문지르기)은 손가락의 끝부분을 대고 나선을 그리듯 움직이는 동작이다.

19 기저층
- 표피의 가장 아래 위치, 원주형의 단층으로 구성된 유핵세포
- 기저세포(각질형성 세포)는 세포분열을 통해 새로운 세포 생성
- 멜라닌 세포가 존재하여 피부의 색을 결정
- 각질형성 세포와 멜라닌 세포가 존재
- 촉각을 담당하는 머켈 세포(merkel cell) 존재

20 성인이 하루에 분비하는 피지의 양은 약 1~2g이다.

21 비타민의 효과
- 비타민 A(레티놀) : 피부재생을 돕고 노화 방지, 시력 유지에 관여
- 비타민 B 복합체 : 수용성 비타민의 복합체로 면역 비타민
- 비타민 C(아스코르빈산) : 미백제로 이용
- 비타민 E(토코페롤) : 항산화 비타민으로 노화 예방

22 ② 항산화제는 산화를 막아 노화를 예방한다.

피부의 노화 원인

아미노산 라세미화	• 열이나 화학반응에 의해 광학 활성 화합물이 라세미 형태(광학 비활성 형태)로 전환되는 것이다. • 일반적으로 대부분의 생화학 반응은 입체 선택적이므로 하나의 입체 이성질체만 의도한 생성물을 생성하고 다른 하나는 반응에 참여하지 않거나 부작용을 일으킬 수 있다. • 아미노산의 L 형태와 당(주로 포도당)의 D 형태가 일반적으로 생물학적 반응 형태이다.
텔로미어	• 진핵생물의 염색체 말단에 존재하는 염기서열로, 세포분열 시 유전정보를 담은 DNA가 손상되지 않도록 완충 역할을 한다. • 노화를 일으키는 핵심 요소 중 하나로 지목되어 연구가 활발하게 진행되고 있다.

23 팽진
- 표재성의 일시적인 부종으로 붉거나 창백함
- 다양한 크기로 부어올랐다가 사라지며 가려움증을 동반
- 말초혈관의 투과성 증가로 인한 단백질과 수분의 유출로 인하여 발생하거나 말초혈관 주위에 있는 비만세포로부터 히스타민의 분비가 증가하기 때문에 생기는 발진

24 세포성 면역과 체액성 면역

세포성 면역	• 활성화된 세포독성 T림프구가 항원에 감염된 세포나 항원을 직접 공격하여 일어나는 면역 • 체내 세포에 들어온 병원체에 대한 방어
체액성 면역	• B림프구에서 분화한 형질세포가 생성한 항체가 항원과 반응해 일어나는 면역 • 항체는 체액에 존재하며 면역글로불린이라는 당단백질로 구성

※ 보체 : 면역계에 작용하는 혈청 안의 단백질 또는 당단백질들

25 표피와 진피
- 표피 : 각질층, 투명층, 과립층, 유극층, 기저층으로 구분
- 진피 : 유두층과 망상층, 혈관, 피지선, 한선, 신경 등 분포

26 기미는 멜라닌에 의한 과색소 질환이다.

27 각질층을 통한 흡수는 각질층에 의해서 조절되는 수동적인 확산작용을 한다.

28 신경계 관련 용어
- 뉴런 : 신경조직의 최소 단위
- 시냅스 : 뉴런과 뉴런의 접속 부위
- 수상돌기 : 수용기 세포에서 자극을 받아 세포체에 전달
- 축삭돌기 : 세포체로부터 받은 정보를 다른 세포로 전달

29 사립체(미토콘드리아)는 세포 내 주요 에너지 대사장치로 생명활동에 필요한 ATP를 합성하는, 즉 세포호흡을 담당하는 세포 소기관이다.

30 7번째 뇌신경을 안면신경이라고 하며, 대추체신경(greater petrosal nerve)과 혀 앞쪽 2/3의 미각과 침샘에 관여하는 고삭신경이 있다.

31 DNA는 생명체의 유전정보를 담고 있는 화학물질의 일종이다.

32 전신에서 보내온 탈산소화(산소가 소모)된 혈액을 우심방에서 받아, 우심실이 이를 폐로 보내면 폐에서 이 혈액을 산소화(산소를 공급)해 좌심방으로 보내고, 좌심실이 이 산소화된 혈액을 전신에 공급하는 방식이다. 따라서 심장근육은 심방보다 심실이 더 발달해야 한다.

33 사람은 경추골이 7개, 흉추골이 12개, 요추골이 5개이며, 천추골은 5개인데 하나로 융합되었다. 미추골은 4개이며 하나로 융합되었는데 융합된 미추를 미골(尾骨)이라 한다.

34 골조직의 표면은 치밀골, 중심부는 해면골로 이루어져 있다.

35 간접법 시술 시 고객에게 한 손에 전극봉을 잡게 하고 관리사는 고객의 얼굴에 적합한 크림을 바르고 손으로 마사지한다.

36 지성 피부는 갈바닉 기기의 음극봉을 이용하여 디스인크러스테이션으로 노폐물을 배출시킨다.

37 적외선 램프는 온열작용을 통해 화장품의 흡수를 도와준다.

38 **초음파 미용기기의 효과** : 세정작용, 세포 활성화, 혈액순환, 림프순환, 신진대사 촉진, 지방과 셀룰라이트 분해 등

39 우드 램프는 특수 자외선 파장을 이용한 안면피부분석기기로, 육안으로 보기 힘든 피지, 민감도, 색소침착, 모공의 크기 등을 분별할 수 있다.

40 컬러테라피 효과
- 빨간색 : 혈액순환 촉진, 세포재생 및 활성화, 근조직 이완, 셀룰라이트 개선
- 노란색 : 정화작용, 소화기계 기능 강화, 결합섬유 생성 촉진, 노화, 슬리밍, 튼살 관리
- 초록색 : 신경안정, 지방 분비기능 조절, 스트레스성 여드름, 색소 관리, 비만
- 파란색 : 진정효과, 부종 완화, 모세혈관 확장증, 지성 피부 염증성 여드름 관리

41 라놀린은 양모 그리스(grease)나 양모 왁스를 정제한 것이다. 간혹 여드름을 유발할 수 있어 유의해야 한다.

42 **기능성 화장품의 표시 및 기재사항** : 제품의 명칭, 내용물의 용량 및 중량, 제조번호 등

43 자외선 차단제는 크게 자외선 산란제(물리적 차단제)와 자외선 흡수제(화학적 차단제)로 구분된다.

44 화장수는 피부 잔여 노폐물을 정돈하고 피부에 수분을 공급하며, 피부 유연효과가 있다. 피부 유형에 따라 화장수를 선택해야 한다.

45 방부제는 독특한 냄새와 색상을 지니지 않아도 된다.

46 에센셜 오일은 빛이 차단되는 차광용기(갈색병)에 보관하여야 한다.

47 스쿠알렌은 상어의 간이나 올리브, 쌀겨 등에 함유된 불포화 탄화수소이다. 인체에서도 피부의 지방샘 등에서 생성되며 체내에서 콜레스테롤과 스테로이드 호르몬, 비타민 D 등의 합성에 활용된다.

48 **영업자의 지위승계신고(규칙 제3조의5)**
영업자의 지위승계신고를 하려는 자는 영업자지위승계신고서에 다음의 구분에 따른 서류를 첨부하여 시장·군수·구청장에게 제출해야 한다.
 • 영업양도의 경우 : 양도·양수를 증명할 수 있는 서류 사본
 • 상속의 경우 : 상속인임을 증명할 수 있는 서류(가족관계등록전산정보만으로 상속인임을 확인할 수 있는 경우는 제외)

49 감염병 발생 또는 유행 시 제1급 감염병은 즉시, 제2·3급 감염병은 24시간 이내, 제4급 감염병은 7일 이내 신고하여야 한다.
파상풍은 제3급 감염병, 콜레라는 제2급 감염병, 사람유두종바이러스감염증는 제4급 감염병, 디프테리아는 제1급 감염병이다.

50 **위생교육(규칙 제23조 제2항)**
위생교육의 내용은 공중위생관리법 및 관련 법규, 소양교육(친절 및 청결에 관한 사항을 포함), 기술교육, 그 밖에 공중위생에 관하여 필요한 내용으로 한다.

51 알코올은 단백질을 변성시킨다.

52 **소독의 정의**
 • 멸균 : 병원균이나 포자까지 완전히 사멸시켜 제거한다.
 • 살균 : 미생물을 물리적, 화학적으로 급속히 죽이는 것(내열성 포자 존재)이다.
 • 소독 : 유해한 병원균 증식과 감염의 위험성을 제거한다(포자는 제거되지 않음). → 병원성 미생물의 생활력을 파괴 또는 멸살시켜 감염 및 증식력을 없애는 것이다.
 • 방부 : 병원성 미생물의 발육을 정지시켜 부패나 발효를 방지한다.

53 **산성비** : 대기 중의 황산화물과 질소산화물이물, 산소, 기타 화학물질과 반응하여 형성된 황산, 질산, 염산 등의 산성 물질이 지표면에 내리는 현상으로 빗물의 pH가 5.6 이하이다.

54 규폐증은 규산 성분이 있는 돌가루가 폐에 쌓여 생기는 질병으로 광부, 석공, 도공, 연마공 등에서 주로 볼 수 있는 직업병이다.

55

$$석탄산 \ 계수 = \frac{소독제의 \ 희석배수}{석탄산의 \ 희석배수}$$

$$4 = \frac{x}{90}$$

$$\therefore \ x = 360$$

56 공중위생관리법은 공중이 이용하는 영업의 위생관리 등에 관한 사항을 규정함으로써 위생수준을 향상시켜 국민의 건강 증진에 기여함을 목적으로 한다(법 제1조).

57 보건행정의 특성 : 공공성, 사회성, 교육성, 과학성, 기술성, 봉사성, 조장성 등

58 공중보건사업 수행의 3대 요소 : 보건교육, 보건행정, 보건관계법규

59 시장·군수·구청장은 이용사 또는 미용사의 면허를 취소하거나 6월 이내의 기간을 정하여 그 면허의 정지를 명할 수 있다(법 제7조 제1항).

60 인수공통감염병으로 공수병(광견병), 브루셀라증, 탄저병, 살모넬라 등이 있다.

↻ 모의고사 p.135

01	④	02	③	03	③	04	②	05	④	06	①	07	④	08	①	09	③	10	②
11	②	12	②	13	③	14	②	15	①	16	②	17	②	18	②	19	②	20	③
21	②	22	③	23	④	24	④	25	③	26	③	27	③	28	④	29	③	30	②
31	④	32	④	33	③	34	④	35	④	36	④	37	③	38	①	39	④	40	④
41	③	42	③	43	②	44	④	45	③	46	①	47	②	48	①	49	①	50	③
51	④	52	④	53	②	54	②	55	③	56	②	57	①	58	①	59	③	60	①

01 포인트 메이크업 클렌징은 눈과 입술에 자극이 되지 않도록 꼼꼼하게 닦아낸다.

02 딥 클렌징의 효과
- 모공 속의 피지와 불순물 제거
- 피부의 각질 제거
- 영양성분의 침투 용이

03 비타민 C는 화장품에서도 강력한 항산화 작용과 콜라겐 생합성을 촉진하는 것으로 알려져 미백 제품 등에 널리 사용된다.

04 유황(sulfur)은 살균, 항염, 진정작용이 있어 지루성 여드름 피부에 적용한다.

05 일광으로 붉어진 피부나 상처가 난 피부에는 매뉴얼 테크닉을 피한다.

06 피부관리 시에는 시원한 물보다 따뜻한 차를 마시게 하여 배농을 돕고, 온타월을 사용하여 고객의 몸을 이완시켜 심신 안정감을 갖도록 한다.

07 피부 상담을 통해 고객의 방문 목적과 피부의 문제를 파악하여 피부관리 계획을 수립한 후 효과적인 관리를 할 수 있다.

08 석고 마스크는 도포 후 온도가 40℃ 이상 올라가며, 노화 피부와 건성 피부에 필요한 영양 흡수효과를 높이는 데 효과적이다.

09 제모 전에는 유·수분을 모두 제거하고 왁스를 털이 난 방향으로 바르며, 제거할 때는 털의 반대 방향으로 빠르게 제거한다. 제모 후에는 냉습포, 진정 젤을 발라 시술 부위를 진정시킨다.

10 흉터나 개방성 상처가 있는 모세혈관 확장피부는 딥 클렌징의 대상으로 부적합하다.

11 자외선의 종류

구분	파장	특징
UV-A (장파장)	320~400nm	• 진피의 상부까지 침투 • 즉각 색소침착 • 피부탄력 감소 및 주름 형성 • 콜라겐과 엘라스틴 파괴
UV-B (중파장)	290~320nm	• 표피의 기저층, 진피의 상부까지 침투 • 홍반현상, 일광화상 • 비타민 D 합성
UV-C (단파장)	200~290nm	• 피부암 유발 • 살균작용

12 제모는 염증이나 상처, 아토피를 포함한 피부질환이 있는 경우에는 하지 않는 것이 좋다.

13 ③ 치유작용은 의료 분야이다.

14 클레이팩은 흡착능력이 있어 지성 및 여드름성 피부의 피지와 노폐물 제거에 효과적이다.

15 견진은 육안과 피부진단기기를 통해 피부의 모공 크기, 유분 정도, 예민 정도, 혈액순환 상태 등을 파악할 수 있다.

16 혈점 지압은 피부관리 영역이 아니다.

17 스웨디시 마사지의 유연법
- 린징(wringing) : 짜듯이 비트는 기법
- 풀링(pulling) : 피부를 집어 주름 잡듯이 끌어당기는 기법
- 처킹(chucking) : 가볍게 치는 기법
- 롤링(rolling) : 나선형으로 굴려주는 기법

18 ② 강약을 조절하는 마사지 요법이다.
아유르베다는 인도 전통마사지이다. 모든 인간은 종교적 본능, 경제적 본능, 생식적 본능, 자유를 향한 본능의 4가지 본능이 있는데, 이러한 본능을 충족시키기 위해 균형 있는 건강이 필요하다는 것이 기본 철학이다.

19 비타민
- 지용성 비타민 : A, D, E, K
- 수용성 비타민 : C, B 복합체

20 항체를 생산시키는 면역원과 생성된 항체가 결합하여 침전반응, 응집반응, 보체활성화 반응, 탐식작용, 증강반응, 알레르기 반응 등의 항원·항체반응을 나타낸다.

21 피부가 윤기가 없으며 푸석푸석하고 순환이 원활하지 않은 피부는 건성 피부이다.

22 멜라닌 색소는 표피의 기저층에 존재한다.

23 화농성 여드름 발생의 4단계

구진	• 세균 감염으로 염증 초기 단계 • 피부가 붉게 솟은 증상
농포	• 구진 형태로 2~3일 이내 염증이 약간 진정된 시기 • 농이 발생하는 형태
결절	• 여드름 상태가 단단하게 느껴지고 검붉은 색상을 띰 • 피부 깊은 곳까지 진행되어 작은 결절이 생김 • 흉터 발생 가능성이 있음
낭종	• 여드름 중 염증 상태가 가장 크고 깊으며, 생성 초기부터 심한 통증 수반 • 진피층으로부터 생성된 반고체성 종양(제4기 여드름으로 진피에 자리잡고 통증을 유발, 흉터가 남음)

24 아토피 피부는 소아 습진과 관계가 있다. 보통 태열이라고 부르는 영아기 습진은 아토피 피부염의 시작으로 보며, 환자의 유전적인 소인과 환경적인 요인, 환자의 면역학적 이상과 피부 보호막의 이상 등 여러 원인이 복합적으로 작용한다.

25 보습제의 작용 기전에 따른 기능
- 습윤제 : 다른 성분들의 흡수를 높이고 피부를 매끄럽게 하는 효과
- 연화제 : 수분 증발을 막고 피부를 부드럽게 하는 윤활제 역할
- 밀폐제 : 피부 장벽을 형성하여 수분 증발을 막는 역할

26 머켈 세포는 아주 미세한 전구체인 촉각 수용체로 촉각을 감지하는 촉각세포이다.

27 기미의 유형
- 표피형 기미 : 옅은 갈색
- 진피형 기미 : 청푸른색
- 혼합형 기미 : 표피와 진피에 침착(동양인에게 많이 분포)

28 근육은 구성 위치에 따라 골격근, 내장근, 심근으로 분류된다.

29 척주
- 경추 7개, 흉추 12개, 요추 5개, 천추 5개(융합 1개), 미추 4개(융합 1개) 총 33개(26개)의 척추뼈와 추간원판이 겹쳐져서 형성되어 몸통을 받치는 기둥
- 축의 역할
- 척수를 싸고 있으며, 신경 및 혈관을 보호하는 중요한 기능

30 갈바닉 기기의 효과

갈바닉 (+)극 anode	갈바닉 (−)극 cathode
• 산성 반응 • 진정, 수렴, 염증 예방 • 모공 수축, 혈관 수축 • 조직 강화, 신경 안정 • 피부탄력 효과	• 알칼리성 반응 • 피부 연화효과, 활성화 작용 • 모공 세정 및 피지 용해, 혈관 확장 • 조직 이완, 신경 자극 • 혈액순환 촉진

31 중심체 : 동식물의 세포질 내의 핵 주변에 위치해 세포분열에 관여하는 기관

32 심막 : 심장을 둘러싸고 있는 막으로, 심장의 기능을 대행하고 심장을 보호하는 장부

33 ③ 견갑골은 쇄골과 함께 체지골격의 상지대이다.
체간골격은 몸 중앙, 장축을 형성하는 80개의 뼈로, 몸의 장기를 보호하고 지지하며 근육 등의 부착점이 된다.

34 열 생산은 근육계의 기능이다.

35 수분 측정기로 피부 상태를 측정하고자 할 때 일정한 온도(20~22℃)와 습도(50~60%)에서, 세안 후 30분 정도 지나 측정한다. 운동 직후에는 충분한 휴식을 취한 후 측정한다. 직사광선이나 직접조명 아래에서의 측정은 피한다.

36 고주파 기기는 근육 이완효과가 있다.

37 스티머는 안면 전용 기본관리기기로, 가열센서가 내장되어 있어 물통의 정수를 가열하여 증기를 발생시킨다. 증기는 각화된 각질세포를 연화시켜 노화 각질 제거에 도움을 주고, 피부 이완 및 보습효과를 증진시켜 준다.

38 초음파는 18,000~20,000Hz 이상의 진동 주파수로, 사람의 귀로 들을 수 없는 불가청 진동 음파이다. 피부조직에 미세한 진동을 일으켜 신진대사, 혈액순환 촉진 및 마사지 효과를 준다.

39 진공흡입기의 부적용 대상
- 일광화상 피부
- 모세혈관 확장피부, 민감 피부, 상처 부위
- 피부와 습진, 단순포진, 화농성 여드름 피부, 각종 피부염 및 피부질환이 있는 사람
- 감기, 독감으로 열이 있는 사람
- 면역 억제제 및 항생제 등을 복용하는 사람
- 임산부
- 심장병, 혈압 이상증과 방사선 치료 병력
- 출혈 부위, 피부 이식 직후, 순환 장애
- 늘어진 피부
- 축농증 등의 염증이 있는 경우

40 오존 사용 시 스팀이 분사된 후에 오존을 켜서 사용한다.

41 화장품과 의약외품, 의약품의 사용 구분

구분	화장품	의약외품	의약품
사용 대상	정상인	정상인	환자
사용 목적	청결, 미화	위생, 미화	질병 진단 및 치료
사용 기간	장기간, 지속적	장기간, 단기간	일정 기간
사용 범위	전신	특정 부위	특정 부위
부작용	인정하지 않음	인정하지 않음	인정함
허가 여부	제한 없음	승인	허가

42 세안용 화장품의 구비조건
- 안정성 : 제형이 변색, 변취, 분리 등에 안정적이어야 한다.
- 용해성 : 냉수나 온탕에 잘 풀려야 한다.
- 기포성 : 거품이 잘나고 세정력이 있어야 한다.
- 자극성 : 피부를 자극시키지 않고 쾌적한 방향이 있어야 한다.

43 우로칸산은 천연보습인자이자 천연 자외선 흡수제이다.

44 AHA는 각질세포의 응집력을 약화시켜 각질세포의 자연 탈피를 유도하는 필링제이다.

45 글리세린은 3개의 하이드록시기를 갖고 있어 친수성을 띠고, 수분을 고정하는 보습력이 있다.

46 AHA(Alpha Hydroxy Acid)의 주성분은 글리콜산, 젖산, 주석산, 사과산, 구연산이다.

47 멘톨은 강한 박하의 향미를 가지는 결정성 유기화합물로, 박하유의 70~90%는 멘톨이다.

48 소독에 영향을 미치는 인자 : 온도, 수분, 시간

49 바이러스는 크기가 가장 작은 미생물로서 살아 있는 세포 내에만 존재하고 동식물이나 세균에 기생하며 살아간다.

50 피부미용 시 의약품은 사용하지 아니한다.

51 청문(법 제12조)
보건복지부장관 또는 시장·군수·구청장은 다음의 어느 하나에 해당하는 처분을 하려면 청문을 하여야 한다.
- 이용사와 미용사의 면허취소 또는 면허정지
- 공중위생영업소의 영업정지명령, 일부 시설의 사용중지명령 또는 영업소 폐쇄명령

52 소독의 정의
- 멸균 : 병원균이나 포자까지 완전히 사멸시켜 제거한다.
- 살균 : 미생물을 물리적, 화학적으로 급속히 죽이는 것(내열성 포자 존재)이다.
- 소독 : 유해한 병원균 증식과 감염의 위험성을 제거한다(포자는 제거되지 않음). → 병원성 미생물의 생활력을 파괴 또는 멸살시켜 감염 및 증식력을 없애는 것이다.
- 방부 : 병원성 미생물의 발육을 정지시켜 부패나 발효를 방지한다.

53 위생교육은 대리 교육이 불가하며, 위생교육을 받지 않은 경우 200만 원 이하의 과태료에 처한다(법 제22조).

54 여과멸균법

- 열이나 화학약품, 방사선을 이용할 수 없는 물질, 물리·화학적 작용에 변질되기 쉬운 물질 등을 여과기에 통과시켜 세균을 제거하는 방법이다.
- 혈청, 불안정한 액체, 조직배양용 배지, 항생제 용액, 당류 및 시약 등의 미생물 제거를 목적으로 사용한다.

55 시장·군수·구청장이 과징금의 납부기한을 연기하거나 분할 납부하게 하는 경우 납부기한의 연기는 그 납부기한의 다음 날부터 1년을 초과할 수 없고, 분할 납부는 12개월의 범위에서 분할 납부의 횟수를 3회 이내로 한다(영 제7조의3).

56 공중위생감시원의 업무 범위(영 제9조)

- 규정에 의한 시설 및 설비의 확인
- 공중위생영업 관련 시설 및 설비의 위생상태 확인·검사, 공중위생영업자의 위생관리의무 및 영업자 준수사항 이행 여부의 확인
- 위생지도 및 개선명령 이행 여부의 확인
- 공중위생영업소의 영업의 정지, 일부 시설의 사용중지 또는 영업소 폐쇄명령 이행 여부의 확인
- 위생교육 이행 여부의 확인

57 보툴리누스균은 아포를 형성하는 그람양성의 혐기성 간균이다. 혐기성 조건을 가진 식품에서 발아 증식하면 외독소를 생산하는데, 그 독소를 지닌 음식을 먹으면 식중독을 일으킨다.

58 감염병 발생의 3대 요인

감염원, 감염경로, 감수성 숙주

59 사회보험은 국가의 책임으로 시행하고, 공공부조와 사회서비스는 국가와 지방자치단체의 책임으로 시행하는 것을 원칙으로 한다.

- 사회보험 : 소득보장(연금보험, 고용보험, 산재보험), 의료보장(의료보험, 산재보험, 장기요양보험)
- 공적부조 : 최저 생활을 보장을 위한 생활보호, 의료보호
- 공공서비스 : 사회복지서비스(노령연금, 장애인연금), 보건의료서비스(개인보건서비스, 공공보건서비스)

60 생물학적 산소요구량(BOD)이 높고 용존산소량(DO)이 낮으면 오염도가 높은 것이고, BOD가 낮고 DO가 높으면 오염도가 낮은 것이다.

↻ 모의고사 p.146

01	③	02	④	03	③	04	④	05	③	06	①	07	③	08	①	09	①	10	③
11	③	12	②	13	④	14	②	15	④	16	③	17	①	18	③	19	②	20	②
21	③	22	①	23	④	24	④	25	②	26	④	27	④	28	③	29	④	30	①
31	①	32	③	33	②	34	①	35	④	36	②	37	②	38	③	39	④	40	④
41	①	42	②	43	③	44	④	45	②	46	①	47	②	48	②	49	②	50	②
51	②	52	③	53	②	54	①	55	④	56	④	57	④	58	②	59	②	60	②

01 매뉴얼 테크닉은 강약을 조절하여 알맞은 속도와 리듬감을 주며 연결성 있게 시술한다.

02 피부 표면은 약산성인 pH 4.5~6.5를 유지하는 것이 중요하다.

03 클렌징은 메이크업 정도에 따라 적절히 사용하고 유분과 수분의 균형을 맞추어 제품을 사용하는 것이 바람직하다.

04 화장품 사용으로 모공 수축은 가능하나 모공 수를 줄일 수는 없다.

05 클렌징은 노폐물, 피지 등을 제거하여 피부를 청결하게 하고, 혈액순환을 촉진한다. 클렌징은 트리트먼트의 준비단계이다.

06 파라핀 팩은 열에 의한 팩이므로 열에 예민한 모세혈관 확장피부는 사용을 피한다.

07 눈과 입술은 전용 리무버를 사용하여 제거한다.

08 딥 클렌징 적용은 지성 피부는 주 1~2회, 건성, 민감성 피부는 2주에 1회 정도가 적당하다.

09 유화 형태의 제품은 크림팩으로 피부 유형별로 사용 가능하다.

10 피부 상태별 우드 램프의 색상

피부 상태	색상
정상 피부	청백색
건성 피부, 수분부족 피부	밝은(옅은) 보라색
민감성, 모세혈관 확장피부	진보라색
색소침착 피부	암갈색
노화된 각질	백색
피지, 면포, 지성 피부	주황(오렌지)색
화농성 여드름, 산화된 피지	담황색, 유백색(크림색)

11 ① 일시적 제모는 면도기, 핀셋 등을 이용하는 물리적 제모와 화학적 제모 등이 있다.
② 영구적 제모는 전기분해법, 전기응고법, 레이저 제모 등이 있다.
④ 왁스 제모는 피부나 모낭 등에 화학적 해를 미치지 않는다.

12 석고팩
• 미네랄 성분이 함유된 분말 형태로 생수나 특수 용액에 섞어서 사용한다.
• 단, 민감 피부(모세혈관 확장피부) 및 여드름 피부에는 사용을 금지한다.

13 에센셜 오일의 종류와 특징

- 유칼립투스 : 살균, 정혈, 호흡기질환 예방
- 페퍼민트 : 두통, 소염, 해열 등에 효과
- 티트리 : 살균, 소독, 항바이러스, 발한작용
- 로즈메리 : 피로회복, 혈액순환 촉진

14 건성 피부는 강하게 탈지시키면 피지샘 기능이 저하되어 피부를 악화시킬 수 있다.

15 ④ 왁스는 재사용하지 않는다.

16 천연보습인자는 표피의 각질층에 있다.

17 자외선의 종류

구분	파장	특징
UV-A (장파장)	320~400nm	• 진피층까지 침투 • 즉각 색소침착 • 광노화 유발 • 피부탄력 감소
UV-B (중파장)	290~320nm	• 표피 기저층까지 침투 • 홍반 발생, 일광화상 • 색소침착(기미) • 홍반, 수포 유발
UV-C (단파장)	200~290nm	• 오존층에서 흡수 • 강력한 살균작용 • 피부암 원인 • 가장 에너지가 강한 자외선

18 필 오프 타입은 떼어 낼 때 자극이 될 수 있기 때문에 민감성 피부나 여드름 피부는 사용을 자제한다. 건조된 피막은 아래에서 위 방향으로 떼어낸다.

19 표피수분부족 피부는 피부조직에 표피성 잔주름이 형성된다.

20 성인의 경우 피부가 차지하는 비중은 체중의 약 15~17%이다.

21 진피는 콜라겐과 엘라스틴, 기질 등으로 구성되며 콜라겐은 피부의 탄력, 강도, 유연성에 도움을 준다.

22 자외선의 영향

- 긍정적 영향 : 비타민 D 합성, 살균 및 소독, 강장효과, 혈액순환 촉진
- 부정적 영향 : 홍반, 피부 색소침착, 노화, 일광화상, 피부암

23 임신 1~2개월에 성별, 피부색, 머리카락 등 대부분의 유전형질이 결정되고, 임신 5~6개월이 되면 태아의 생식기가 발달하고 체모와 손톱 등이 생긴다.

24 아포크린선 분비 증가 시 세균 번식을 촉진하여 땀냄새의 원인이 된다.

25 비타민 B_1 결핍증은 각기병, 비타민 D 결핍증은 구루병이다.

26 단순포진은 주로 입 주위를 침범하는 1형과 성기 부위를 침범하는 2형으로 구분된다.

27 과색소 피부는 햇빛 노출, 호르몬 변화, 피부 손상 등 다양한 요인에 의해 발생한다.

28 접형골은 머리뼈를 구성하는 뼈의 하나이다. 관자뼈의 앞쪽에 자리잡고 있는 나비 모양의 뼈로, 관자뼈 앞쪽에 있어서 관자뼈처럼 두 개로 보이지만 좌우의 뼈가 연결된 하나의 뼈이다. 중앙에 뇌하수체를 넣는 뇌하수체오목이 있다.

29 모세혈관은 혈관벽이 얇으며, 혈액이 빠져나가는 구멍이 있고, 전신에 그물 모양으로 퍼져 있다. 정맥은 동맥에 비해 혈관벽이 얇으며, 판막이 발달해 있어 혈액의 역류를 방지한다.

30 발목관절은 종아리뼈(비골)와 정강뼈(경골)의 원위부와 발목뼈(거골은 발목뼈 중 하나)를 연결하는 관절로, 발을 굽히고 접는 운동이 가능하도록 한다. 종골은 발꿈치에 있는 발목뼈이다.

31 관절순은 소량의 섬유연골과 함께 치밀한 섬유결합조직으로 구성되어 관절의 형태를 보완해준다.

32 액틴과 미오신의 교차결합은 근육조직 내에서 근육의 수축에 관여한다.

33 간은 복강 내에 위치한 생명 유지의 필수적인 기관으로 해독작용, 식균작용, 혈액응고 작용, 대사기능, 저장기능, 답즙 생산기능이 있다.

34 적혈구 수가 부족하면 혈중의 산소 운반능력이 저하되어 피로, 두통, 빈혈의 증상이 나타난다.

35 고주파는 근육을 이완하고, 염증반응을 조절하고 완화시킨다.

36 적외선등은 근육 이완, 세포의 활성화, 혈액순환 촉진, 온열작용 등으로 화장품과 영양분의 흡수를 도와준다.

37 프리마톨은 회전 브러시를 이용하여 모공의 피지와 불필요한 각질을 제거하기 위해 사용하는 기기이다. 피부에 클렌징 제품을 도포 후 브러시를 직각으로 한 후에 가볍게 얼굴에 적용한다.

38 스티머는 열을 이용한 기기이다.

39 전해질은 물에 녹아 전하를 띠는 물질이다.

40 적외선 램프는 온열효과가 있어서 팩 관리 후 적용하면 팩의 흡수력이 높아진다.

41 클렌징 로션은 O/W 타입으로 친수성이며, 가벼운 화장한 후 사용하기 좋고, 건성, 민감성, 노화 피부뿐만 아니라 모든 피부 타입에 사용 가능하다.

42 화장품이란 인체를 청결·미화하여 매력을 더하고 용모를 밝게 변화시키거나 피부·모발의 건강을 유지 또는 증진하기 위하여 인체에 바르고 문지르거나 뿌리는 등 이와 유사한 방법으로 사용되는 물품으로서 인체에 대한 작용이 경미한 것을 말한다. 다만, 의약품에 해당하는 물품은 제외한다.

43 폼 클렌저는 인체 세정용 제품류이고, 클렌징 워터, 클렌징 로션, 클렌징 크림은 기초화장용 제품류이다.

44 데오도란트 로션은 땀의 분비로 인한 냄새와 세균의 증식을 억제하는 체취방지용 제품이다.

45 아줄렌은 캐모마일 꽃에 함유된 성분으로 진정 효과가 뛰어나다.

46 라놀린은 양모에서 추출한 동물성 왁스이다.

47 계면활성제의 피부에 대한 자극은 양이온성 > 음이온성 > 양쪽성 > 비이온성의 순으로 감소한다.

48 공중보건의 대상은 지역사회 전체 주민이다.

49 화학적 소독법의 분류

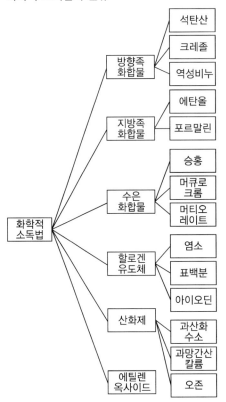

50 능동면역은 숙주 스스로 항체를 형성하여 면역을 획득하는 것이다. 자연능동면역은 질병 이환 후 획득하는 면역을 말한다.

51 소독약의 구비조건
- 살균력이 강해야 한다.
- 독성이 약하여 인체에 해가 없어야 한다.
- 경제적이고 사용방법이 간편해야 한다.

52 ①, ②, ④는 감염형 식중독 원인균이다.

53 행정처분기준(규칙 [별표 7])
영업소 외의 장소에서 미용 업무를 한 경우
- 1차 위반 : 영업정지 1월
- 2차 위반 : 영업정지 2월
- 3차 위반 : 영업장 폐쇄명령

54 크레졸은 3% 수용액으로 손, 오물 등의 소독에 사용한다.

55 역성비누는 세정력은 거의 없으나 살균력이 좋아 기구, 손 소독 시 용이하다.

56 공중위생영업자의 지위를 승계한 자는 1월 이내에 보건복지부령이 정하는 바에 따라 시장·군수 또는 구청장에게 신고하여야 한다(법 제3조의2 제4항).

57 공중위생영업이라 함은 다수인을 대상으로 위생관리서비스를 제공하는 영업으로서 숙박업, 목욕장업, 이용업, 미용업, 세탁업, 건물위생관리업을 말한다(법 제2조제1항).

58 **공중위생영업소의 폐쇄 등(법 제11조 제5항)**
시장·군수·구청장은 공중위생영업자가 영업소 폐쇄명령을 받고도 계속하여 영업을 하는 때에는 관계공무원으로 하여금 해당 영업소를 폐쇄하기 위하여 다음의 조치를 하게 할 수 있다. 공중위생영업의 신고를 하지 아니하고 공중위생영업을 하는 경우에도 또한 같다.
- 해당 영업소의 간판 기타 영업표지물의 제거
- 해당 영업소가 위법한 영업소임을 알리는 게시물 등의 부착
- 영업을 위하여 필수불가결한 기구 또는 시설물을 사용할 수 없게 하는 봉인

59 자비소독법, 간헐멸균법, 고압증기멸균법은 물리적 소독법이다.

60 병인의 생물학적 요인으로 세균, 바이러스, 기생충 등이 있다.

↻ **모의고사** p.157

01	④	02	④	03	②	04	③	05	④	06	②	07	④	08	③	09	②	10	①
11	②	12	③	13	①	14	③	15	①	16	②	17	①	18	④	19	④	20	②
21	①	22	③	23	②	24	①	25	④	26	①	27	②	28	③	29	②	30	④
31	①	32	③	33	②	34	③	35	③	36	③	37	④	38	①	39	④	40	②
41	①	42	④	43	①	44	④	45	②	46	④	47	①	48	④	49	②	50	①
51	②	52	④	53	④	54	③	55	④	56	④	57	④	58	②	59	④	60	②

01 임신기에는 복부에 매뉴얼 테크닉을 적용하는 것을 금한다.

02 질환적 피부관리를 위한 의료기기 사용은 피부미용의 영역이 아니다.

03 클렌징 순서는 눈 → 입술 → 데콜테 → 목 → 턱 → 볼 → 코 → 이마 순으로 진행한다.

04 고객과의 상담이 끝나면 피부 분석을 하고 피부관리에 대해 설명한 후 피부관리를 실시한다. 그리고 다음 관리와 예약 순으로 진행한다.

05 지성 피부는 미온수를 이용해 잔여물이 남지 않도록 헹군다.

06 매뉴얼 테크닉 관리 시 피부결의 방향으로 적당한 속도와 리듬, 연결성을 주는 것이 좋다.

07 스크럽과 알코올 성분은 피부를 더 예민하고 건조하게 만들 수 있으므로 민감성 피부에는 사용을 삼가야 한다.

08 흡수 시 피부 트러블을 일으키므로 피부에 흡수되지 않아야 한다.

09 왁스 제모는 고혈압이 있는 사람에게도 적용 가능하다.

10 ① 지성 피부 : 피지조절제가 함유된 화장품

11 **딥 클렌징의 효과**
- 모공 속의 피지와 노화 각질, 불순물 제거
- 혈액순환 촉진
- 영양성분의 침투 용이

12 딥 클렌징 중 스크럽은 물리적 방법으로 자극성이 있으므로 민감한 피부는 피하는 것이 좋다.

13 아이크림 도포 후 눈에 들어가는 것을 방지하기 위해 아이패드를 하고 팩을 도포한다.

14 하드(hard) 왁스법은 부직포를 사용하지 않고 제모를 하는 방법이다.

15 피부 상담 시 고객이 사용하고 있는 화장품의 종류를 점검하는 것은 피부 유형에 맞는 제품을 사용하는지를 알기 위함이지 제품을 판매하기 위한 목적이 되는 것은 아니다.

16 복합성 피부의 경우 T존 부위는 지성 피부용 제품과 필요에 따라 피지조절 제품을 바르고, U존 부위는 유·수분 제품을 사용한다.

17 마스크 적용 시 거즈를 사용하는 것은 피부 자극을 최소화하고 재료가 흘러내리는 것을 방지하기 위함이다.

18 석고팩의 베이스 크림은 온도가 올라갈 때와 제거 시 자극을 줄여줄 수 있다.

19 피부에 가장 많이 분포하는 감각기관은 통각점으로 100~200개가 분포한다. 그 다음으로는 압각점이 많다. 손끝이나 입술 및 혀끝에 존재하는 촉각점은 25개 정도, 혀끝으로 느끼는 냉각점은 6~23개, 혀끝으로 느끼는 온각점은 가장 적은 1~2개가 분포한다.
  ※ 감각기관 : 통각점 > 압각점 > 촉각점 > 냉각점 > 온각점

20 일반적인 피부 표면의 pH는 약 4.5~6.5의 약산성이다.

21 피지막은 보통 상태에서 기름 속에 수분이 일부 섞인 유중수형 상태이다. 피부 표면에 얇은 막을 형성하여 피부의 수분을 유지하고 외부로부터의 자극으로부터 피부를 보호한다.

22 여드름은 피지와 죽은 피부세포가 모공을 막아 생기는 경우가 많으며 호르몬 변화, 식습관, 화장품 및 약물 부작용에 의해 발생할 수 있다. 아포크린한선과는 관련이 없다.

23 에크린선(소한선)은 입술, 음부, 손톱을 제외한 전신에 분포되어 있다.

24 피부 노화

분류	생리적 노화(내인성)	광노화(외인성)
표피	• 표피의 두께가 얇아짐 • 색소침착 증가	• 표피의 두께가 두꺼워짐 • 색소침착 증가
진피	• 진피의 두께가 얇아짐 • 콜라겐, 엘라스틴의 감소 • 혈액순환 감소	• 진피의 두께가 두꺼워짐 • 콜라겐 변성과 파괴

25 사마귀는 대부분 인유두종 바이러스에 의해 감염되며 피부나 점막에 발생한다.

26 비립종은 1~2mm의 작은 크기의 혹으로 각질세포가 제대로 배출되지 않고 모공이나 피지선에 축적되면 발생한다. 통증은 유발하지 않으나 대부분 미용적인 문제로 간주된다.

27 **노화 피부** : 노화로 인해 유·수분이 줄어들면서 피부가 건조해진다. 건조한 피부는 탄력이 감소하면서 주름이 생기게 된다.

28 리소좀은 다양한 가수분해효소(핵산, 단백질, 다당류와 같은 거대분자를 분해할 수 있는 생물학적 촉매)가 들어 있는 주머니 모양의 세포 내 소기관으로, 노폐물과 이물질을 자가 용해한다.

29 우라실은 RNA의 구성 성분으로 유전정보의 전사 및 번역과정을 통해 유전정보를 DNA에서 RNA로 전달하는 역할을 한다.

30 전거근은 상체의 측면에 위치한 근육으로 어깨의 움직임과 안정에 중요한 역할을 한다.

31 중심소체는 세포분열과 세포주기의 조절에 중요한 역할을 하는 세포 내 소기관이다. 세포가 분열할 때 방추사(미세소관)의 조직과 형성을 조절하는 역할을 한다.

32 시냅스는 신경세포(뉴런) 간 또는 신경세포와 다른 세포 간에 정보를 전달하는 접합부이다. 신경 신호의 전달 및 조절을 담당한다.

33 시상하부는 뇌 중 몸의 항상성을 유지하는 핵심 기관으로, 자율신경계와 호르몬 분비 등을 조절한다. 이를 통해서 대사의 조절, 체온과 수면의 주기, 갈증, 배고픔, 피로의 조절 등 기초적인 신체대사를 유지한다.

34 부신피질의 가장 얇은 바깥층인 사구대(토리층)는 염류피질호르몬(염류코티코이드)이 분비된다.

35 우드 램프는 자외선 램프가 피부 상태에 따라 다른 색을 내는 원리를 이용한 것이다.

36 감응 전류는 저주파, 중주파, 고주파 전류의 효과로 정맥과 림프순환을 도와 부종과 염증을 완화시켜 준다. 그 외 살균, 통증 완화, 피부 진정효과 등이 있다. 그러나 산소의 분비가 조직을 활성화시켜 주는 것과는 거리가 멀다.

37 파라핀기는 손 관리 시 주로 사용하며, 혈액순환 촉진과 통증 완화효과가 있다.

38 **진공흡입기(vacuum suction)** : vacuum은 '진공', suction은 '빨아올림', '흡입력'이라는 뜻으로 진공으로 빨아올리는 공기압이 작용하는 유리컵(벤토즈)을 피부에 접촉하여 흡입하는 기기이다.

39 전동브러시는 딥 클렌징 단계에서 사용되는 기기로 각질 제거효과가 있다.

40 갈바닉 기기는 영양물질을 침투시키는 이온 영동법과 세정작용의 디스인크러스테이션이 있다.

41 에센셜 오일은 원액이므로 캐리어 오일에 희석하여 사용한다.

42 화장품의 제조 원리는 가용화, 유화, 분산이다.

43 **3세 이하의 영유아용 제품류**
- 영유아용 샴푸, 린스
- 영유아용 로션, 크림
- 영유아용 오일
- 영유아 인체 세정용 제품
- 영유아 목욕용 제품

44 **화장수의 역할**
- 피부 정돈
- 수렴작용
- 수분 공급
- pH 균형 유지

45 백색안료는 색조 외 피복력을 조정하기 위해 사용되며, 이산화타이타늄과 산화아연이 있다.

46 비타민 A 유도체는 레티놀이다.

47 천연보습인자(NMF)는 피부 표피의 각질세포에 있는 아미노산과 이들의 대사산물로 구성되며, 각질층에서 수분을 붙잡는 역할을 도와준다. 아미노산 40%, 피롤리돈 카르본산 12%, 젖산염 12%, 요소 7%, 나트륨 5%, 칼륨, 암모니아, 칼슘, 마그네슘, 기타 성분으로 구성되어 있다.

48 예방의학의 문제 해결은 진료와 투약이고, 공중보건학은 보건관리와 봉사이다.

49 **공중보건사업 수행의 3대 요소** : 보건교육, 보건행정, 보건관계법규

50 소독약 원액 2mL에 증류수 98mL를 혼합하여 만든 100mL의 소독약은 원액의 양이 농도이다.

51 감염병의 발생단계
병원체 → 병원소 → 병원소로부터 병원체의 탈출 → 병원체의 전파 → 새로운 숙주로의 침입 → 감수성 있는 숙주의 감염

52 청문(법 제12조)
보건복지부장관 또는 시장·군수·구청장은 다음의 어느 하나에 해당하는 처분을 하려면 청문을 하여야 한다.
- 이용사와 미용사의 면허취소 또는 면허정지
- 공중위생영업소의 영업정지명령, 일부 시설의 사용중지명령 또는 영업소 폐쇄명령

53 보건교육의 내용은 보건위생, 건강과 질병에 관련한 사항이다.

54 세균성 식중독은 살모넬라균, 장염비브리오 외에는 2차 감염이 드물고, 면역성이 없으며 잠복기가 짧다. 예방을 위해 건전한 식품 취급, 조리 및 올바른 보관이 중요하다.

55 과태료(법 제22조 제2항)
다음의 어느 하나에 해당하는 자는 200만 원 이하의 과태료에 처한다.
- 이·미용업소의 위생관리 의무를 지키지 아니한 자
- 영업소 외의 장소에서 이용 또는 미용 업무를 행한 자
- 위생교육을 받지 아니한 자

56 파리가 매개체인 질병 : 콜레라, 장티푸스, 이질, 파라티푸스 등

57 면허증의 재발급 등(규칙 제10조 제1항)
이용사 또는 미용사는 면허증의 기재사항에 변경이 있는 때, 면허증을 잃어버린 때 또는 면허증이 헐어 못쓰게 된 때에는 면허증의 재발급을 신청할 수 있다.

58 공중위생감시원의 자격 및 임명(영 제8조 제1항)
특별시장·광역시장·도지사 또는 시장·군수·구청장은 다음의 어느 하나에 해당하는 소속 공무원 중에서 공중위생감시원을 임명한다.
- 위생사 또는 환경기사 2급 이상의 자격증이 있는 사람
- 「고등교육법」에 따른 대학에서 화학·화공학·환경공학 또는 위생학 분야를 전공하고 졸업한 사람 또는 법령에 따라 이와 같은 수준 이상의 학력이 있다고 인정되는 사람
- 외국에서 위생사 또는 환경기사의 면허를 받은 사람
- 1년 이상 공중위생 행정에 종사한 경력이 있는 사람

59 승홍수는 강력한 살균력이 있어 소독 대상물의 살균이나 피부 소독에는 0.1% 용액을, 매독성 질환에는 0.2% 용액을 사용한다. 그러나 점막이나 금속기구를 소독하는 데는 적합하지 않다. 승홍에 소금을 넣으면 용액이 중성으로 되고 자극성은 완화된다.

60 영아사망률 : 출생아 수 1,000명당 1년 이내에 사망한 영아(생후 1년 미만의 아기)의 수를 의미한다. 한 국가의 건강 수준을 나타내는 지표로서 가장 대표적인 보건 수준의 평가지표이다.

제6회 | 모의고사 **정답 및 해설**

↻ 모의고사 p.168

01	②	02	④	03	③	04	②	05	①	06	②	07	②	08	③	09	③	10	④
11	④	12	④	13	③	14	①	15	④	16	④	17	①	18	①	19	①	20	④
21	④	22	②	23	②	24	③	25	④	26	①	27	④	28	①	29	④	30	②
31	①	32	③	33	①	34	②	35	②	36	①	37	①	38	③	39	④	40	③
41	③	42	④	43	②	44	②	45	①	46	①	47	③	48	①	49	④	50	①
51	②	52	①	53	②	54	④	55	③	56	③	57	②	58	③	59	①	60	③

01 클렌징 동작 중 원을 그리는 동작은 얼굴의 위를 향할 때 힘을 주고 내릴 때 힘을 뺀다.

02 피부 분석의 목적 및 효과
- 고객의 피부 상태와 피부 유형을 정확히 분석하기 위하여 클렌징을 먼저 실시한 후 피부 문진, 견진, 촉진을 통해 피부의 탄력감이나 매끄러운 정도, 조직의 두께, 유분 함량, 수분 보유량, 각질화 상태 등을 파악한다.
- 피부 분석에 따른 적절한 피부관리가 이뤄질 수 있도록 하는 과정으로 관리과정에서 일어날 수 있는 문제를 최소화하기 위한 절차이다.

03 딥 클렌징
모공 깊숙하게 있는 피지와 불필요한 각질 제거를 목적으로 영양물질의 흡수를 용이하게 하고, 피부 안색을 맑게 하며, 피부결을 매끈하게 한다. 스크럽 제품은 염증 부위, 상처 부위에 사용을 금한다.

04 매뉴얼 테크닉의 기본 동작
- 경찰법(effleurage, 쓰다듬기)
- 강찰법(friction, 문지르기)
- 유연법(petrissage, 반죽하기)
- 고타법(tapotement, 두드리기)
- 진동법(vibration, 떨기, 흔들어 주기)

05 ② 피부미용사는 손의 온도를 따뜻하게 하여 고객이 차갑게 느끼지 않도록 한다.
③ 처음과 마지막 동작은 쓰다듬기 방법으로 부드럽게 시술한다.
④ 동작마다 일정한 리듬을 유지하면서 정확한 속도를 지키도록 한다.

06 건성 피부의 특징
- 유·수분의 균형이 깨져 건조함이 느껴지는 피부이다.
- 피부가 윤기가 없으며 푸석푸석하고 순환이 원활하지 않다.
- 외관상 모공이 작고 피부결이 섬세해 보이며 잔주름이 잘 생긴다.
- 각질층의 수분 함량이 10% 이하로 부족하여 각질이 쉽게 생긴다.

07 림프는 우리 몸의 제2의 순환계로, 림프 드레나지는 노폐물과 과잉 수분을 제거하고, 체내 순환을 촉진시켜 독소를 제거해 준다.

08 레이저 필링은 의료 영역이다.

09 효소 필링제는 단백질을 분해하는 효소가 촉매제로 작용하여 죽은 각질을 분해하는 것으로, 피부에 도포한 후 적절한 온도와 습도를 만들어 주면 효과적이다.

10 ④ 모공 수축효과가 있다.

11 **왁싱** : 제모하고자 하는 털을 한 번에 즉각적으로 제거할 수 있으며 비용은 많이 들지 않지만, 주기적으로 왁싱을 하여 제모해야 한다(일시적).

12 민감성 피부는 자극에 민감하므로 피부를 안정감 있게 유지·보호하기 위해 진정, 보습 및 쿨링 효과가 있는 제품으로 관리한다.

13 **파라핀 마스크의 효과**
- 진피층까지 수분을 공급한다.
- 발열작용으로 혈액순환을 촉진시킨다.
- 유효성분의 흡수를 높여 건성 피부와 노화 피부에 효과적이다.
- 발한작용에 의한 슬리밍 효과가 있다.

14 **지성 피부 관리**
아침에는 피지를 조절할 수 있는 스킨 토너와 에센스를 바르고, 저녁에는 세안 후 오일 함량이 많지 않은 영양 크림을 바른다.

15 **딥클렌징 종류**
- 물리적 딥클렌징 : 스크럽, 고마쥐 등
- 화학적 딥클렌징 : AHA, BHA
- 효소 딥클렌징 : 단백질 분해효소 이용

16 **여드름 피부관리** : 박테리아의 성장 억제, 피지 조절, 각질관리, 모공 수축 등

17 클렌징 젤은 대부분 수성 성분이므로 여드름 피부와 민감 피부에 적합하다. 사용감은 산뜻하다.

18 포인트 리무버를 사용하여 눈과 입술의 포인트 메이크업을 가장 먼저 지운다.

19 프티알린이 작용하는 최적 pH는 6.6 정도이고, pH 4.0 이하에서는 불활성이 된다. 전분은 입으로 들어가면 침과 섞이게 되고, 타액 중에 프티알린의 작용을 받아 덱스트린과 맥아당으로 분해된다.

20 난소는 난자를 형성하는 성선으로 난자는 여성의 난소에서 출발하여 고정관을 통해 자궁으로 이동한다. 난소에서 12~24시간 생존하며, 주기에 따라 에스트로겐 분비, 배란 촉진, 에스트로겐과 프로게스테론 수치 감소가 나타난다.

21 ④ 비타민 D를 생성한다.

22 손톱은 한 달에 약 3mm 정도, 하루 평균 0.1mm 정도의 길이가 자란다. 나이나 건강상태, 생활습관, 주위 환경에 따라 개인 차이가 있을 수 있다.

23 대한선(아포크린선)은 사춘기 이후 발달되며, 액취증과 관련이 있다.

24 지나친 탄수화물의 섭취는 신체를 산성 체질로 만든다.

25 광노화는 장시간 자외선에 노출됨으로써 피부 건조, 탄력도 저하, 표피 두께 증가, 주름 생성, 과색소침착, 진피 내의 모세혈관 확장 등의 증상이 나타난다.

26 광노화 현상은 표피 각질층이 두꺼워지는 현상이 있다.

27 티눈은 원뿔 형태의 국한성 각질 비후증이다. 원뿔의 기저부가 피부 표면으로, 꼭지가 피부 안쪽으로 향하는 형태로 과도한 기계적 비틀림이나 마찰력이 만성적으로 작용하는 경우에 발생하며, 통증이 있다.

28 **혈액의 기능**
- 조직에 산소를 운반하고 이산화탄소를 제거하는 가스 교환작용
- 흡수 및 운반작용
- 수분, 체온, 산과 염기 조절
- 혈액의 pH는 7.4로 약간의 알칼리성을 나타내며, 정맥의 혈액은 이산화탄소를 다량으로 함유하고 있어서 pH 7.35 정도로 유지되고 있다.

29 흉곽은 척추와 연결된 늑골(갈비뼈, rib)과 흉골 (복장뼈, sternum)로 이루어진다. 견갑골은 흉곽의 뒷면에 좌우대칭으로 제2~제7늑골에 걸쳐 있으며 등의 표면에서 만질 수 있다.

30 **관절의 운동 범위** : 활막성 관절 > 연골성 관절 > 섬유성 관절

31 미토콘드리아는 사립체라고 하며, 진핵생물의 세포 안에 있는 생명활동에 필요한 ATP를 합성하고 세포 호흡을 담당하는 세포 소기관이다.

32 림프순환에서 오른쪽 머리, 목, 상지의 림프는 우림프관으로 흐른다. 림프관은 림프의 흐름을 한 방향으로 유지하며, 가슴림프관팽대는 정맥계로 수렴하는 림프를 저장하는 장소이다.

33 혈액은 혈관과 심장 안을 흐르며 성인 체중의 약 1/13을 차지하고 있다. 적혈구는 헤모글로빈 (혈색소)이라는 빨간 색소의 단백질에서 산소를 운반한다.

34 심근의 펌프작용으로 혈액을 순환시켜 조직에 산소와 영양분을 공급한다. 심장은 섬유성 주머니인 심장막 안에 들어 있다.

35 화농성 여드름 피부와 모세혈관 확장피부는 사용을 피하는 것이 좋다.

36 **진공흡입기**
- 진공 흡입과 석션 컵의 작용 원리로 피지 및 노폐물, 각질 관리에 도움을 준다.
- 건성 피부에 사용 가능하다.
- 예민 피부, 알레르기성 피부, 탄력이 많이 부족한 노화 피부, 일광화상 피부, 모세혈관 확장피부는 사용을 금지하는 것이 좋다.

37 **갈바닉 기기**
- 디스인크러스테이션 : 갈바닉 전류의 음극에서 생성되는 알칼리를 이용하여 피부 표면의 피지와 모공 속의 노폐물을 제거한다.
- 이온토포레시스 : 피부에 침투가 용이한 수용성 물질을 침투시키는 방법으로, 음이온 제품은 음(-)극, 양이온 제품은 양(+)극을 이용한다. 과색소침착 피부를 위한 비타민 C 투입이나 앰플을 주입할 때 사용한다.

38 **피부 상태별 우드 램프의 색상**

피부 상태	색상
정상 피부	청백색
건성 피부, 수분부족 피부	밝은(옅은) 보라색
민감성, 모세혈관 확장피부	진보라색
색소침착 피부	암갈색
노화된 각질	백색
피지, 면포, 지성 피부	주황(오렌지)색
화농성 여드름, 산화된 피지	담황색, 유백색(크림색)

39 전류에는 직류와 교류가 있고, 갈바닉 전류는 직류, 테슬라 전류는 교류이다.

40 고주파 기기의 직접법 적용 시 거즈를 사용한다. 스파킹은 살균·소독효과로 박테리아를 없애며, 여드름 피부에 효과적이다.

41 화장수의 작용
- 클렌징 잔여물이나 노폐물 제거
- 수분 공급
- pH 조절
- 피부 진정 및 쿨링

42 바디 샴푸는 피부 각질층 세포간지질을 보호할 수 있는 정도의 적당한 세정작용과 기포형성 작용이 필요하다.

43 호모믹서는 물과 기름이 효율적으로 유화가 되도록 사용하는 기기이다.

44 아로마 오일은 종류에 따라 탑 노트, 미들 노트, 베이스 노트로 나뉜다.

45 ② 시트러스(citrus) : 감귤류
③ 우디(woody) : 수목(나무)
④ 오리엔탈(oriental) : 동양의 신비로운 향기 (바닐라, 생강 등)

46 비타민 A : 시각작용, 생식기능, 상피조직 보호, 성장에 도움

47 타르타르산(tartaric acid)은 주석산, 포도에서 추출한 AHA의 성분이다.
필수지방산
- 신체의 성장과 여러 가지 생리적 정상 기능 유지에 필요
- 종류 : 리놀레산, 리놀렌산, 아라키돈산

48 영업소 내부에 미용업 신고증 및 개설자의 면허증 원본을 게시하여야 한다(규칙 [별표 4]).

49 장출혈성대장균 감염증의 주 원인균은 대장균 O−157이다. 이 균은 충분히 익히지 않은 육류, 샐러드 등 날것으로 먹는 음식 등을 통해 전파될 수 있다. 또한 소독되지 않은 우유나 감염된 사람과의 직접적인 접촉을 통해서도 감염될 수 있다.

50 면역
- 자연수동면역 : 신생아가 모체로부터 태반, 수유를 통해 얻는 면역
- 인공능동면역 : 생균백신, 사균백신 등 예방접종으로 감염을 일으켜 인위적으로 얻어지는 면역
- 인공수동면역 : 인공제제를 주사하여 항체를 얻는 방법
- 자연능동면역 : 감염병에 감염된 후 형성되는 면역

51 수질오염이 인체에 미치는 영향
- 수은 : 미나마타병
- 카드뮴 : 이타이이타이병
- 납 : 빈혈, 조혈기관 및 소화기, 중추신경계 장애
- 크롬 : 간장, 신장, 골수에 축적
- 구리 : 위장 카타르성 혈변, 혈뇨 등

52 제1급 감염병 : 에볼라바이러스병, 마버그열, 라싸열, 크리미안콩고출혈열, 남아메리카출혈열, 리프트밸리열, 두창, 페스트, 탄저, 보툴리눔독소증, 야토병, 신종감염병증후군, 중증급성호흡기증후군(SARS), 중동호흡기증후군(MERS), 동물인플루엔자 인체감염증, 신종인플루엔자, 디프테리아

53 면허가 취소되거나 면허의 정지명령을 받은 자는 지체 없이 관할 시장·군수·구청장에게 면허증을 반납하여야 한다(규칙 제12조 제1항).

54 트라코마는 감염 질환의 하나로, 종종 각막(검은자위) 및 결막(흰자위)에 영구적인 흉터성 합병증을 남겨 심한 시력장애를 초래하기도 한다. 감염원은 환자의 눈물, 콧물, 수건, 세면기 등이다.

55 석탄산 소독액은 3% 수용액을 많이 사용하며, 온도가 낮으면 효력도 낮다.

56 공중위생영업자가 준수하여야 하는 위생관리기준 등(규칙 [별표 4])
- 영업소 내부에 이·미용업 신고증 및 개설자의 면허증 원본을 게시하여야 한다.
- 영업소 내부에 최종지급요금표를 게시 또는 부착하여야 한다.

57 매개체별 감염병
- 모기 : 말라리아
- 쥐 : 렙토스피라증, 신증후군출혈열
- 파리 : 콜레라, 장티푸스, 이질
- 진드기 : 쯔쯔가무시, 신증후군출혈열
- 이 : 발진티푸스, 재귀열

58 UV-C는 200nm~290nm 파장의 자외선으로, 265nm 부근의 파장이 바이러스나 박테리아를 살균하는 데 가장 효과적이지만 인체에 많이 노출되면 화상이나 피부암, 백내장을 일으킨다.

59 과산화수소는 강한 산화력을 가지고 있다. 상처가 났을 때 소독약으로 사용된다.

60 시장·군수·구청장은 과징금을 납부하여야 할 자가 납부기한까지 이를 납부하지 아니한 경우에는 대통령령으로 정하는 바에 따라 과징금 부과처분을 취소하고, 영업정지 처분을 하거나 「지방행정제재·부과금의 징수 등에 관한 법률」에 따라 이를 징수한다(법 제11조의2 제3항).

제 **7** 회 | 모의고사 **정답 및 해설**

↺ 모의고사 p.179

01	②	02	③	03	③	04	④	05	②	06	④	07	③	08	②	09	④	10	②
11	②	12	④	13	①	14	④	15	②	16	③	17	④	18	③	19	②	20	④
21	③	22	④	23	④	24	①	25	③	26	②	27	②	28	②	29	①	30	③
31	②	32	①	33	④	34	④	35	④	36	④	37	②	38	②	39	④	40	④
41	③	42	①	43	④	44	②	45	④	46	④	47	③	48	④	49	②	50	①
51	①	52	③	53	④	54	③	55	②	56	②	57	④	58	①	59	②	60	③

01 **피부 분석방법** : 문진, 견진, 촉진

02 피부 분석은 클렌징이 끝난 후 깨끗한 상태에서 분석한다.

03 ③ 손가락 전체로 피부를 집어 반죽하듯이 주무르는 동작은 페트리사지(petrissage)이다.
타포트먼트(tapotement) : 손가락을 이용하여 빠른 동작으로 리듬감 있게 토닥토닥하는 동작

04 화장품은 의약품이 아니다. 노화 피부의 화장품 사용 목적은 피부 보호, 주름 완화, 결체조직 강화, 새로운 세포의 형성 촉진 등이다.

05 여드름 피부의 딥 클렌징은 주 1~2회가 적당하다.

06 관리 후 따뜻한 차는 노폐물 배출에 효과적이다.

07 심장에서 먼 곳부터 시작하며 손의 밀착감, 연속성, 압력 강약 조절 등에 유의한다.

08 림프 드레나지는 림프순환, 혈액순환과 신진대사를 촉진시켜 노폐물의 배출을 돕고 면역을 강화시켜 주는 마사지 기법이다.

09 말기 임산부, 심장질환자, 감염성 피부질환, 피부염증이나 알레르기 등 피부질환이 있는 자 등은 매뉴얼 테크닉을 적용할 수 없다.

10 **일시적 제모방법** : 족집게를 이용한 제모, 면도기를 이용한 제모, 화학적 제모, 왁스를 이용한 제모

11 콜라겐 시트 마스크는 콜라겐 등 영양성분을 동결건조시킨 종이 형태의 시트 마스크이다.

12 클렌징은 피부의 노폐물과 메이크업을 제거하여 청결하고 위생적인 상태를 유지하고 피부 호흡, 신진대사를 원활하게 돕는다. 그러나 피부 피지막은 제거하지 않는다.

13 **민감성 피부 관리**
- 뜨거운 물로 세안을 자주 하면 탈수현상을 유발할 수 있다.
- 강한 필링을 할 경우 더 예민해지고 건조해질 수 있다.
- 부드러운 마사지를 한다.
- 예민해지지 않도록 진정, 쿨링효과를 주는 것이 좋다.

14 에그팩은 달걀을 이용하는 팩으로 달걀흰자는 거품을 내어 사용하면 피부에 세정효과를 주고, 달걀노른자는 잔주름 개선, 보습효과를 주어 노화 피부, 건조 피부 등에 효과적이다.

15 촉진으로 판별할 수 있는 것은 피부 보습 여부, 탄력도, 자극에 대한 민감도 등이며 모공의 크기는 견진을 통해 판별한다.

16 견진은 육안으로 직접 보면서 피부의 모공 크기, 색소침착 정도, 피부의 거칠기 정도, 혈액순환 상태, 피부 유·수분량을 판독하는 방법이다.

17 ① 피부 분석표는 문진·견진·촉진을 통해 관리자가 작성한다.
② 분석표와 피부 타입은 일치해야 한다.
③ 제품의 주요 성분을 기록한다.

18 클렌징 순서 : 포인트 메이크업 클렌징 → 클렌징 제품 도포 → 클렌징 손동작 → 화장품 제거 → 해면 및 습포

19 피부 표면의 pH는 땀과 피지의 영향을 가장 많이 받는다. 호르몬과 계절의 영향을 받기도 한다.

20 켈로이드성 여드름
• 모낭염이 모낭주위염으로 진행하면서 형성된 켈로이드가 치유되면서 나타나는 여드름 흉터이다.
• 동양인이나 흑인에게 잘 발생한다.
• 피부 염증이 생기고 두꺼워지며 흉터가 있는 부위(섬유증, 비대성 흉터 및 켈로이드)로 진행되며, 경증부터 중증까지 다양하다.

21 기미가 생기는 원인으로 유전적 요인, 호르몬적 요인, 환경적인 요인 등이 있다.

22 성인 여드름
• 사춘기 여드름과는 달리 주로 여성이 3배 이상 많다.
• 턱과 입 주위에 더 많이 발생한다.
• 계절에 관계없이 발생한다.
• 얼굴에 피지 분비가 많지 않아도 발생한다.
• 악화 요인은 스트레스, 약물, 담배, 생리 등이 있다.

23 진피층에 섬유아세포, 비만세포, 대식세포 등이 있다.

24 세포간지질은 세라마이드가 약 50% 정도로 가장 많이 함유되어 있다. 그 외 콜레스테롤, 유리 지방산으로 구성되어 있다.

25 하지정맥류는 하지정맥 일방 판막 기능장애로 인해 혈액이 역류하는 것을 포함하여 하지의 표재 정맥이 비정상적으로 부풀어 꼬불꼬불해져 있는 상태를 가리키는 질환이다.

26 비타민 결핍증
• 비타민 A : 야맹증
• 비타민 B_1 : 각기병
• 비타민 C : 괴혈병
• 비타민 K : 혈액응고 지연

27 콜라겐과 엘라스틴은 진피층에 존재한다.

28 세포막은 3층 구조로 내층(단백질), 중층(인지질), 외층(단백질과 탄수화물)으로 구성된다. 세포의 외형 유지, 흡수와 배설기능, 조직이나 기관 형성 시 세포의 인지능력과 항상성 유지 등의 기능을 한다. 리보솜(rRNA)은 유전암호에 따라 아미노산을 펩티드 결합해 단백질을 합성하는 장소다.

29 관상동맥은 대동맥이 시작되는 부위에서 나와 심장을 둘러싸고 있으며 심장에 혈액을 공급하는 동맥혈관이다.

30 정맥은 혈액이 허파 및 신체의 말초 모세관으로부터 심장으로 되돌아올 때 통하는 혈관이다.

31 비장은 일종의 림프절이며 신체 내 림프절 중 가장 크고, 신체 내 약 10% 이상의 혈액을 보유한다. 혈액 필터기능 및 면역기능을 담당하며 노화된 적혈구, 혈소판을 포함한 여러 혈액 세포들 및 면역글로불린이 결합된 세포들을 제거한다.

32 B림프구와 T림프구는 특이적 면역으로 병원체에 노출된 후 활성화되어 침입한 병원체에 대한 방어작용을 한다. B림프구는 체액성 면역, T림프구는 세포성 면역이다.

33 두개골(뇌머리뼈, cranial bone)은 뇌를 담는 뇌두개로, 전두골 1개, 두정골 2개, 측두골 2개, 후두골 1개, 사골 1개로 구성된다. 뇌에서 내려온 척수를 척추뼈가 감싸서 보호한다.

34 음식물이 소장으로 들어가면 담낭에서 나오는 담즙과 췌장에서 분비하는 소화액이 함께 섞인다.

35 직류는 일정한 시간이 지나도 흐르는 방향과 크기가 변하지 않는 전류이다. 갈바닉 전류는 조직의 분자가 이온화되어 음이온은 양극으로, 양이온은 음극으로 끌리게 된다.

36 피부 상태별 우드 램프의 색상

피부 상태	색상
정상 피부	청백색
건성 피부, 수분부족 피부	밝은(옅은) 보라색
민감성, 모세혈관 확장피부	진보라색
색소침착 피부	암갈색
노화된 각질	백색
피지, 면포, 지성 피부	주황(오렌지)색
화농성 여드름, 산화된 피지	담황색, 유백색(크림색)

37 전류는 양(+)극에서 음(-)극으로, 전자는 음(-)극에서 양(+)극으로 이동한다.

38 엔더몰로지 : 진동 펌프에서 나오는 음압이 볼과 롤러를 통해 피부의 결합조직에 인위적 물리 자극을 주어 셀룰라이트와 지방을 분해하고, 혈액순환과 림프순환을 촉진시킨다. 전신관리 시에는 40분 정도 적용한다.

39 ① 주황색 : 활력, 세포재생, 신경 긴장 완화, 호르몬 대사조절 효과, 신진대사 촉진

40 적외선 미용기기를 사용할 때는 45~90cm 내외의 거리를 두며, 장신구나 금속류 모두 사용하지 않는다. 적외선 기기는 온열작용으로 혈액순환 촉진, 영양분 침투 효과가 있다.

41 클렌징 크림은 친유성(W/O)으로, 피지나 기름 때, 짙은 화장과 같이 물에 잘 닦이지 않는 오염물을 닦아내는 데 효과적이다.

42 새니타이저는 알코올을 주 베이스로 한 살균제이다.

43 AHA는 글리콜산, 젖산, 주석산 등 과일산을 이용하여 각질세포의 응집력을 약화시키며 자연탈피를 유도시키는 필링제이다.

44 ② 타임 오일 : 살균, 방부
① 라임 오일 : 항균, 항염
③ 로즈 오일 : 피부 보습, 진정
④ 일랑일랑 오일 : 진정, 안정

45 피막제 및 점도 증가제 : 폴리비닐알코올, 폴리비닐피롤리돈, 셀룰로스 유도체, 잔탄검, 젤라틴 등

46 무기안료는 색상이 화려하지 않고, 빛, 산, 알칼리에 강하다.

47 ① 가능한 피부의 생리적 균형에 영향을 미치지 않는 제품을 사용한다.
② 대부분의 비누는 알칼리성의 성질을 가진다.
④ 세정제의 역할은 노폐물과 이물질 제거이다.

48 결핵, 콜레라, 장티푸스는 제2급 감염병이다.

49 감염면역은 생물이 몸 안에 병원체를 가지고 있는 동안, 그 병원체의 침입에 대하여 면역성을 가지는 것이다. 예 매독, 임질

50 ① 각기병 유발은 비타민 B_1의 결핍증이다.
비타민 H(비오틴) 결핍 시 비늘성 피부염, 신경염, 탈모를 유발한다.

51 미생물의 성장에 중요한 요소 : 영양원, 수분(습도), 온도, 수소이온농도(pH) 등

52 위생서비스수준의 평가(법 제13조 제1항)
시·도지사는 공중위생영업소(관광숙박업의 경우)의 위생관리수준을 향상시키기 위하여 위생서비스평가계획을 수립하여 시장·군수·구청장에게 통보하여야 한다.

53 공중위생감시원(법 제15조 제1항)
규정에 의한 관계공무원의 업무를 행하게 하기 위하여 특별시·광역시·도 및 시·군·구(자치구에 한함)에 공중위생감시원을 둔다.

54 자비소독은 100℃ 끓는 물에 10분 이상 끓여주는 것이다. 소독 대상으로 유리제품, 스테인리스 식기, 수건 등이 있다.

55 인류의 생존을 위협하는 대표적인 3요소는 인구, 환경오염, 빈곤이다.

56 이용사 또는 미용사가 되고자 하는 자는 보건복지부령이 정하는 바에 의하여 시장·군수·구청장의 면허를 받아야 한다(법 제6조 제1항).

57 ① 자연능동면역
② 인공능동면역
③ 자연수동면역

58 세균성 식중독
• 독소형 식중독 : 황색포도상구균, 보툴리누스균
• 감염형 식중독 : 살모넬라균, 장염비브리오균, 병원성 대장균

59 ① 트라코마 : 환자의 안분비물이 사람과 사람 간 접촉에 의해 직접 전파되기도 하고, 환자가 사용하던 타월, 옷 등을 통해 간접적으로 전파된다.
③ 렙토스피라증 : 사람과 동물에게 감염될 수 있으며(인수공통감염병), 특히 설치류(쥐류)에 감염되어 사람에게 전파된다.
④ 파라티푸스 : 살모넬라균에 감염되어 발생하는 소화기계 급성감염병이다. 오염된 음식이나 물에 의해 전파되기도 한다.

60 세균
• 호기성 세균 : 산소가 있어야만 살 수 있는 세균
예 디프테리아균, 백일해균, 결핵균
• 혐기성 세균 : 산소가 존재하지 않은 환경에서 생육하는 세균
예 가스괴저균, 파상풍균

우리 인생의 가장 큰 영광은 결코 넘어지지 않는 데 있는 것이 아니라
넘어질 때마다 일어서는 데 있다.

– 넬슨 만델라 –

얼마나 많은 사람들이
책 한 권을 읽음으로써
인생에 새로운 전기를 맞이했던가.

– 헨리 데이비드 소로 –

참고문헌 및 자료

- 권혜영 외 11인(2021). **공중위생관리학**. 메디시언.
- 김경영 외 7인(2020). **한 권으로 끝내는 화장품학**. 메디시언.
- 김기영 외 9인(2022). **NEW 해부생리학**. 메디시언.
- 김남연, 김현정(2017). **최신 피부미용학**. 구민사.
- 김봉인 외 8인(2019). **메디컬 에스테틱**. 메디시언.
- 김봉인 외 9인(2020). **에센스 미용기기학**. 메디시언.
- 김숙희, 이재남, 김미정(2022). **뷰티마사지테라피**. 구민사.
- 김유정 외 4인(2019). **피부미용학**. 구민사.
- 김은주, 손소희(2018). **피부미용학 개론**. 구민사.
- 김희진 외 10인(2020). **피부미용 얼굴관리**. 메디시언.
- 손은선, 윤천성(2015). **미용과 건강**. 메디시언.
- 안현경 외 5인(2018). **피부미용기기학**. 청구문화사.
- 이재남, 이혜영(2013). **기초전신관리학**. 구민사.
- 이재남, 이혜영(2017). **기초피부관리학**. 구민사.
- 장윤정 외 11인(2019). **에센스 아로마테라피**. 메디시언.
- 한국해부생리학교수협의회(2012). **해부생리학**. 현문사.
- 한정순 외 5인(2021). **에센스 미용영양학**. 메디시언.
- 한정순 외 6인(2011). **뷰티영양학**. 메디시언.

- 교육부(2019). **NCS 학습모듈(세분류 : 피부미용)**. 한국직업능력연구원.

좋은 책을 만드는 길, 독자님과 함께하겠습니다.

답만 외우는 미용사 피부 필기 CBT기출문제 + 모의고사 14회

초 판 발 행	2025년 01월 10일 (인쇄 2024년 06월 28일)
발 행 인	박영일
책 임 편 집	이해욱
편 저	정홍자
편 집 진 행	윤진영 · 김미애
표지디자인	권은경 · 길전홍선
편집디자인	정경일 · 박동진
발 행 처	(주)시대고시기획
출 판 등 록	제10-1521호
주 소	서울시 마포구 큰우물로 75 [도화동 538 성지 B/D] 9F
전 화	1600-3600
팩 스	02-701-8823
홈 페 이 지	www.sdedu.co.kr
I S B N	979-11-383-7410-1(13590)
정 가	20,000원